中国矿业大学研究生教育教学改革专项资助教材

高等应用数学

田守富　张田田　张慧星　主编

中国矿业大学出版社
·徐州·

内 容 提 要

本书系统地介绍了高等应用数学中微分方程的基本定理和常用求解方法.主要内容包括一阶微分方程的初等解法,高阶微分方程框架下解对初值的连续性和可微性定理,微分方程解的存在性和唯一性定理,线性微分方程组,微分方程的定性理论与分支理论,偏微分方程的基础理论,以及偏微分方程的求解方法(分离变量法,保角变换法).

本书可作为数学类各专业和其他理工类相关专业的参考资料.

图书在版编目(CIP)数据

高等应用数学 / 田守富,张田田,张慧星主编. —徐州 :中国矿业大学出版社,2023.9

ISBN 978-7-5646-5404-7

Ⅰ. ①高… Ⅱ. ①田… ②张… ③张… Ⅲ. ①应用数学—高等学校—教材 Ⅳ. ①O29

中国版本图书馆 CIP 数据核字(2022)第258626号

书　　名 高等应用数学
主　　编 田守富　张田田　张慧星
责任编辑 张　岩
出版发行 中国矿业大学出版社有限责任公司
(江苏省徐州市解放南路　邮编 221008)
营销热线 (0516)83885370　83884103
出版服务 (0516)83995789　83884920
网　　址 http://www.cumtp.com　**E-mail**:cumtpvip@cumtp.com
印　　刷 徐州中矿大印发科技有限公司
开　　本 787 mm×1092 mm　1/16　**印张** 11.25　**字数** 288 千字
版次印次 2023 年 9 月第 1 版　2023 年 9 月第 1 次印刷
定　　价 42.00 元
(图书出现印装质量问题,本社负责调换)

前　言

在高等应用数学中，微分方程具有悠久历史，在许多应用中起到重要作用，如物理、化工、电信、经济等领域中的许多现象可以用微分方程进行刻画；自然研究和实际问题的解决，产生了研究和求解微分方程的需求；同时微分方程在数学学科中也是至关重要的，是许多数学分支产生的动力.

高等应用数学中的常微分方程理论是数学专业的基础学科，也是数学学科的基本工具之一，许多实际问题的研究离不开常微分方程的求解. 如海王星的发现是基于常微分方程近似计算得到的. 20 世纪早期，由柯西奠定常微分方程理论基石——解的存在性和唯一性定理之后，常微分方程的定性理论和稳定性理论分别由庞家莱和李雅普诺夫建立，成为了当时最先进的分析非线性力学的方法. 到 21 世纪，常微分方程理论得到进一步发展，建立了拓扑动力系统、现代微分动力系统理论等许多出色成果.

偏微分方程在高等应用数学中也具有举足轻重的地位. 偏微分方程起源于 18 世纪欧拉、阿朗贝尔、伯努利、拉格朗日、拉普拉斯等的工作，作为描述连续力学的核心工具，被用作分析物理科学中模型的主要方式. 一方面，众多的物理现象都可以利用偏微分方程来刻画和描述，并且用偏微分方程建立的模型能够不限于描述物理学；同时，偏微分方程在工程技术以及应用科学中一直起着重要的作用. 另一方面，偏微分方程与几何学、拓扑学、金融数学、概率理论和统计分析以及动力系统等数学的其他许多领域紧密相关，并且作为一个重要的工具，偏微分方程促进了这些数学分支的发展. 例如，2006 年，百年难题 Poincaré 猜想的解决充分显示了偏微分方程作为一种重要分析工具的伟大性.

作为一门基础课程，我们主要介绍了高等应用数学中常微分方程和偏微分方程的基本定理和常用求解方法. 编写本书时综合考虑了学生要求，例题给出详细证明过程，有些地方进行了更详细的描述，同时配备一些习题，方便学生自学. 由于篇幅有限，对于微分方程的应用涉及较少，建议读者参阅相关书籍.

第 1 章介绍了微分方程及其解的定义和几何解释.

第 2 章着重介绍了一阶微分方程的初等解法，以恰当微分方程和积分因子为主线进行展开介绍.

在微分方程理论中，解的存在性和唯一性定理以及解对初值的连续性和可微性定理是最重要的基础理论，因此在第 3、4 两章中我们分别介绍了这两部分内容. 第 3 章在高阶微分方程的框架下讨论了解对初值的连续性和可微性定理；第 4 章主要介绍了微分方程中最重要的基础理论——解的存在性和唯一性定理，此外还介绍了佩亚诺存在定理和解的延伸. 第 4 章是本课程的重点之一，主要研究了线性微分方程理论，包含了齐次、非齐次以及高阶线性微分方程理论.

第 5 章介绍了线性微分方程组这一重点内容. 在介绍的过程中，我们应用向量、矩阵等工具来确保内容的严密性以及具体解法的实用性.

第 6 章介绍了微分方程某一解在初值或参数扰动下的稳定性理论、动力系统的奇点和极限环等基础知识.

第 7 章也是本课程的重点，介绍了偏微分方程的一些基础理论，包括偏微分方程的推导过程及研究意义. 而对于微分方程，不足以确定方程的解，因为未知量随空间和时间的变化还与其初始状态和边界情况有关，因此进一步分析了定解条件.

第 8 章介绍了解微分方程最基础的方法之一——分离变量法，它被广泛应用于求解各种初边值问题之中，包括直角坐标系、圆柱坐标系以及球坐标系等.

在边值问题中边界形状比较复杂时，分离变量法和格林函数法难以适用. 在第 9 章，我们介绍了保角变换法求解在边界形状比较复杂时，拉普拉斯方程的定解问题.

在本书的编写过程中，杨金杰、李志强、武新、周新梅、张小凡、程佳、吴志佳、殷喆勇、王子怡、周雯宇等同志提了许多建设性的意见. 利用这个机会，谨向他们表示衷心的感谢.

限于水平，书中难免有错误和不当之处，敬请读者批评指正.

编者

2022 年 05 月

目　录

第 1 章　基本概念 …… 1
1.1　微分方程及其解的定义 …… 1
习题 1-1 …… 7
1.2　微分方程及其解的几何解释 …… 7
习题 1-2 …… 10

第 2 章　一阶微分方程的初等积分法 …… 11
2.1　恰当方程 …… 11
习题 2-1 …… 14
2.2　变量分离的方程 …… 14
习题 2-2 …… 17
2.3　一阶线性方程 …… 18
习题 2-3 …… 21
2.4　初等变换法 …… 22
习题 2-4 …… 25
2.5　积分因子法 …… 26
习题 2-5 …… 30
2.6　应用举例 …… 30
习题 2-6 …… 33

第 3 章　高阶微分方程 …… 34
3.1　几个例子 …… 34
习题 3-1 …… 43
3.2　n 维线性空间中的微分方程 …… 44
3.3　解对初值和参数的连续依赖性 …… 47
3.4　解对初值的可微性 …… 51

第 4 章　一阶微分方程的解的存在唯一性定理 …… 54
4.1　解的存在唯一性定理与逐步逼近法 …… 54

习题 4-1 …… 61
4.2 佩亚诺存在定理 …… 61
习题 4-2 …… 66
4.3 解的延伸 …… 66
习题 4-3 …… 70

第 5 章 线性微分方程组 …… 71
5.1 一般理论 …… 71
习题 5-1 …… 77
5.2 常系数线性微分方程组 …… 78
5.3 高阶线性微分方程 …… 92
习题 5-3 …… 100

第 6 章 定性理论与分支理论初步 …… 102
6.1 相空间、轨线、动力学系统 …… 102
6.2 解的稳定性 …… 104
习题 6-2 …… 108
6.3 平面上的动力系统,奇点和极限环 …… 108

第 7 章 偏微分方程引论 …… 118
7.1 引言 …… 118
7.2 一阶偏微分方程 …… 120
7.3 偏微分方程定解问题的建立 …… 124
7.4 二阶偏微分方程的分类 …… 128
7.5 定解问题 …… 131
7.6 热传导方程的极值原理及其应用 …… 134
7.7 椭圆型方程的极值原理及其应用 …… 137
7.8 能量积分与三维波动方程解问题的唯一性 …… 140
习题 7-8 …… 141

第 8 章 分离变量法 …… 143
8.1 概述 …… 143
8.2 直角坐标系中的分离变量法 …… 147
8.3 柱坐标系中的分离变量法 …… 149
8.4 球坐标系中的分离变量法 …… 151
习题 8-4 …… 153

第 9 章　保角变换法 …… 155

9.1　简单的保角变换 …… 155

9.2　分式线性变换 …… 157

9.3　儒科夫斯基变换 …… 160

9.4　多边形区域与上半平面间的保角变换 …… 162

9.5　用保角变换解二元调和函数边值问题的例子 …… 166

习题 9-5 …… 170

参考文献 …… 171

第 1 章　基本概念

众所周知，微分方程广泛存在于物理学、化学、生物学、工程技术和某些社会科学的大量问题中，对其具体描述即可产生微分方程. 所谓微分方程，就是联系着自变量、未知函数及其导数在内的方程. 而由牛顿(Newton，1642—1727)和莱布尼茨(Leibniz，1646—1716)所创立的微积分，其产生和发展在求解微分方程中至关重要. 若将实际问题转化为微分方程，那我们也将对实际问题的求解转化为对微分方程的分析.

在本书中，我们将举出一些例子来引出微分方程，并介绍常微分方程的一些理论和方法. 在第 1 章我们首先给出微分方程及其解的定义，并给予相应的几何解释，这也是为后面的学习进行充分准备.

1.1　微分方程及其解的定义

在研究一些社会现象或者工程技术问题时，我们需要先对问题建立数学模型，然后对其进行分析求解或近似计算，再将实际的要求考虑在内对结果进行分析和探讨. 而包含自变量和未知函数的函数方程是数学模型中最常见的表达方式. 在很多情形下这类方程还包含未知函数的导数，它们就是微分方程.

现在，我们给出如下的一般定义.

定义 1.1　包含自变量 x，与自变量 x 相关的未知函数 $y=y(x)$，和它的导数 $y'=y'(x)$ 以及直到 n 阶导数 $y^{(n)}=y^{(n)}(x)$ 在内的方程

$$F(x,y,y',\cdots,y^{(n)})=0 \tag{1.1}$$

称为**常微分方程**，这里导数出现的最高阶数 n 称为常微分方程(1.1)的**阶**. 例如，以下均为常微分方程：

$$\frac{\mathrm{d}y}{\mathrm{d}x}+\frac{1}{x}y=x^3\ (x\neq 0), \tag{1.2a}$$

$$\frac{\mathrm{d}y}{\mathrm{d}x}=1+y^2, \tag{1.2b}$$

$$y''+yy'=x, \tag{1.2c}$$

$$\frac{\mathrm{d}^2\theta}{\mathrm{d}t^2}+a^2\theta=0. \tag{1.2d}$$

在前三个方程中，y 是未知函数，x 是自变量；在最后一个方程中，θ 是未知函数，t 是自变量($a>0$，且为常数). 前两个方程都是一阶的；后两个方程都是二阶的.

在常微分方程(1.1)中，若函数 F 对未知函数 y 和它的各阶导数 $y',\cdots,y^{(n)}$ 的全体都是一

次的，则称其为线性常微分方程，否则称为非线性常微分方程．例如，方程(1.2a)和方程(1.2d)是线性的；而方程(1.2b)和方程(1.2c)是非线性的．

在定义1.1中说的“常”字，指的是未知函数是一元函数．若未知函数是多元函数，那么在微分方程中将出现偏导数，这种方程叫作**偏微分方程**．

例如，方程

$$x\frac{\partial f}{\partial x}+y\frac{\partial f}{\partial y}+z\frac{\partial f}{\partial z}+f=0$$

是一阶线性偏微分方程，其中 x，y 和 z 为自变量，而 $f=f(x,y,z)$ 为未知函数；方程

$$\frac{\partial^2 u}{\partial x^2}+\frac{\partial^2 u}{\partial y^2}=0$$

为二阶线性偏微分方程，其中 x 和 y 为自变量，而 $u=u(x,y)$ 为未知函数．

本书主要介绍常微分方程，因此有时索性简称微分方程为方程．

定义 1.2 设函数 $y=\varphi(x)$ 在区间 J 上连续，且有直到 n 阶的导数，若把 $y=\varphi(x)$ 及其相应的各阶导数代入方程(1.1)，得到关于 x 的恒等式，即

$$F(x,\varphi(x),\cdots,\varphi^{(n)}(x))=0$$

对一切 $x\in J$ 都成立，则称 $y=\varphi(x)$ 为微分方程(1.1)在区间 J 上的一个解．

例如，从定义1.2我们可知：

(1) 函数 $y=\frac{1}{5}x^4$ 是方程(1.2a)在区间 $(-\infty,0)$ 或区间 $(0,\infty)$ 上的一个解；$y=\frac{1}{x}+\frac{1}{5}x^4$ 也是这个方程在同样区间上的一个解．而且对任意的常数 C，

$$y=\frac{C}{x}+\frac{1}{5}x^4$$

都是这个方程在同样区间上的解．但 $y=C+\frac{1}{5}x^4(C\neq 0)$ 不是这个方程的解．

(2) $y=\tan x$ 是方程(1.2b)在区间 $\left(-\frac{\pi}{2},\frac{\pi}{2}\right)$ 上的一个解；而 $y=\tan(x-C)$ 是这个方程在区间 $\left(C-\frac{\pi}{2},C+\frac{\pi}{2}\right)$ 上的一个解，其中 C 为任意常数．但 $y=C\tan x(C\neq 1)$ 不是解．

(3) 函数 $\theta=3\sin at$ 和 $\theta=7\cos at$ 都是方程(1.2d)在区间 $(-\infty,\infty)$ 上的解．而且对任意的常数 C_1 和 C_2，

$$\theta=C_1\sin at+C_2\cos at$$

也是这个方程在区间 $(-\infty,\infty)$ 上的解．

从上面的讨论中可见，微分方程的解可以包含一个或几个任意常数，这与方程的阶数有关，也可以不包含任意常数．为了确切表达任意常数的个数，我们给出下面的定义．

定义 1.3 设 n 阶微分方程(1.1)的解

$$y=\varphi(x,C_1,C_2,\cdots,C_n) \tag{1.3}$$

包含 n 个相互独立的任意常数 $C_1,C_2,\cdots,C_n$，则称它为通解，这里所说的 n 个任意常数 C_1，C_2，$\cdots$，C_n 是独立的，指的是其 Jacobi 行列式

$$\frac{D[\varphi,\varphi',\cdots,\varphi^{(n-1)}]}{D[C_1,C_2,\cdots,C_n]} \overset{d}{=} \begin{vmatrix} \frac{\partial\varphi}{\partial C_1} & \frac{\partial\varphi}{\partial C_2} & \cdots & \frac{\partial\varphi}{\partial C_n} \\ \frac{\partial\varphi'}{\partial C_1} & \frac{\partial\varphi'}{\partial C_2} & \cdots & \frac{\partial\varphi'}{\partial C_n} \\ \vdots & \vdots & & \vdots \\ \frac{\partial\varphi^{(n-1)}}{\partial C_1} & \frac{\partial\varphi^{(n-1)}}{\partial C_2} & \cdots & \frac{\partial\varphi^{(n-1)}}{\partial C_n} \end{vmatrix}$$

不等于 0，其中

$$\begin{cases} \varphi = \varphi(x,C_1,C_2,\cdots,C_n), \\ \varphi' = \varphi'(x,C_1,C_2,\cdots,C_n), \\ \cdots\cdots \\ \varphi^{(n-1)} = \varphi^{(n-1)}(x,C_1,C_2,\cdots,C_n). \end{cases}$$

如果微分方程(1.1)的解 $y=\varphi(x)$不包含任意常数，则称它为**特解**.

显然，当确定其中的常数后，通解即为特解.

例如，由定义 1.3 我们知道，$\theta=C_1\sin at+C_2\cos at$ 是式(1.2)中方程(1.2d)的通解；而 $\theta=3\sin at$ 和 $\theta=7\cos at$ 分别是该方程的特解.

下面我们以简单的自由落体为例，来具体描述微分方程及其通解和特解的一些实际背景. 自由落体运动指的是忽略空气阻力等其他影响只考虑重力对落体的作用(图 1-1). 这里，落体 B 作垂直于地面的运动. 因此，我们取坐标原点在地面上且 y 轴垂直向上，使落体 B 的位置为 $y=y(t)$. 这样，实际问题就归结为数学问题，即寻求满足自由落体规律的函数$y=y(t)$.

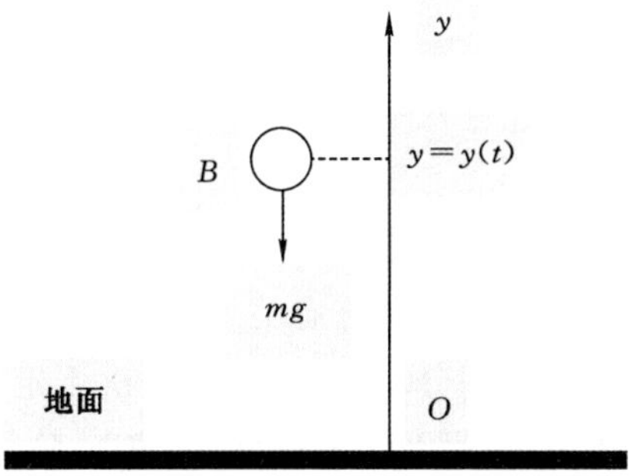

图 1-1

因为 $y=y(t)$表示 B 的位置坐标，所以 B 的瞬时速度 $v=v(t)$表示为它对 t 的一阶导数 $y'=y'(t)$；而 B 的瞬时加速度 $a=a(t)$表示为二阶导数 $y''=y''(t)$. 假定落体 B 的质量为 m，重力加速度为 g(在地面附近它近似于常数，通常取 $g=9.80\ \mathrm{m/s^2}$)，由牛顿第二运动定律可知

$$my''=-mg,$$

上式右端出现负号，是因为 B 所受的重力与 y 轴的正方向相反. 这样我们即可得到一个微分方程

$$y''=-g. \tag{1.4}$$

因此，为了得到落体 B 的运动 $y=y(t)$，我们需要对这个微分方程进行求解.

在微分方程(1.4)的两侧对 t 积分一次,则有

$$y' = -gt + C_1, \tag{1.5}$$

其中 C_1 是一个任意常数;再对式(1.5)进行积分可得

$$y = -\frac{1}{2}gt^2 + C_1 t + C_2, \tag{1.6}$$

其中 C_2 也是一个任意常数,即式(1.6)为微分方程(1.4)的通解.

式(1.6)所表示的是自由落体的一般运动,而在式(1.6)中由于包含两个任意的常数,因此方程(1.4)有无穷多个解. 为什么会出现这种求解结果的不确定性呢? 这是因为在最初的问题中,我们既没有指明下落物体在初始时刻 t_0 的位置,又没有给出它在初始时刻的速度,只假定其为自由落体运动,而方程(1.4)所表达的只是自由落体在瞬时时刻 t 的运动规律. 但是,自由下落的物体在同一初始时刻从不同的高度或初始速度开始,都将表现为不同的运动. 因此,为确定相应的运动,我们需要给出落体 B 在初始时刻(不妨设 $t_0=0$)的位置和速度,即如下初值条件:

$$y(0) = y_0, \quad y'(0) = v_0, \tag{1.7}$$

其中 y_0 和 v_0 是已知的.

现在,将初值条件(1.7)分别代入式(1.6)和式(1.5),即可确定 $C_2 = y_0$ 和 $C_1 = v_0$. 如此,在初值条件(1.7)下,微分方程(1.4)有唯一确定的解

$$y = -\frac{1}{2}gt^2 + v_0 t + y_0. \tag{1.8}$$

因此式(1.8)描述了具有初始高度 y_0 和初始速度 v_0 的自由落体运动.

我们称式(1.8)是初值问题(1.4)+(1.7)的解,亦即初值问题

$$\begin{cases} y'' = -g, \\ y(0) = y_0, \ y'(0) = v_0, \end{cases} \tag{1.9}$$

的解,初值问题又名柯西问题.

从上面例子中,我们可以得出如下结论.

第一,微分方程的求解与一定的积分运算有关. 因此常把求解微分方程的过程称为积分一个微分方程,而把微分方程的解叫作积分. 由于每进行一次不定积分运算,就会产生一个任意常数,因此对微分方程本身的积分(不顾及定解条件)而言,n 阶微分方程的解应该包含 n 个任意常数.

第二,微分方程所描述的是物体运动的瞬时(局部)规律. 求解微分方程即为从瞬时(局部)规律出发,去获得运动的全过程. 为此,需要给定运动的初值条件,从而确定运动的全过程. 对于 n 阶微分方程(1.1),一般初值条件为:

$$y(x_0) = y_0, \quad y'(x_0) = y_0', \quad \cdots, \quad y^{(n-1)}(x_0) = y_0^{(n-1)}, \tag{1.10}$$

其中 x_0 是自变量所取定的某个初值,而 $y_0, y_0', \cdots, y_0^{(n-1)}$ 是未知函数及其相应导数所取定的初值. 这样,不失一般性,n 阶微分方程的初值问题写为如下形式:

$$\begin{cases} y^{(n)} = F(x, y, y', \cdots, y^{(n-1)}), \\ y(x_0) = y_0, \ y'(x_0) = y_0', \ \cdots, \ y^{(n-1)}(x_0) = y_0^{(n-1)}. \end{cases} \tag{1.11}$$

进一步地思考:当函数 F 满足什么条件时,初值问题(1.11)的解是存在的,或者是存在而

且唯一的，这也是常微分方程理论中的一个基本问题. 在后面的章节中我们也将给出相关结论.

除了初值条件外，边值条件也是常见的定解条件(参看第 5 章的悬链线之例)，我们也将在第 9 章中对相应的边值问题作一简要的介绍.

如上所说，一个 n 阶微分方程的通解包含 n 个独立的任意常数. 反之，设 $y=g(x,C_1,C_2,\cdots,C_n)$ 是充分光滑的函数族，其中 x 是自变量，而 $C_1,C_2,\cdots,C_n$ 是 n 个独立的参数(任意常数)，则存在一个形如式(1.1)的 n 阶微分方程，使得它的通解恰好是上面给定的函数族 $y=g(x,C_1,C_2,\cdots,C_n)$.

其证明方法类似于如下例题.

例 1.1　求双参数函数族

$$y = C_1\mathrm{e}^x + C_2\mathrm{e}^{-x} \tag{1.12}$$

所满足的微分方程.

首先，对式(1.12)中的 x 先后求导两次，可得

$$y' = C_1\mathrm{e}^x - C_2\mathrm{e}^{-x}, \tag{1.13}$$

$$y'' = C_1\mathrm{e}^x + C_2\mathrm{e}^{-x}, \tag{1.14}$$

由式(1.12)和式(1.13)可知 Jacobi 行列式

$$\frac{D[y,y']}{D[C_1,C_2]} = \begin{vmatrix} \mathrm{e}^x & \mathrm{e}^{-x} \\ \mathrm{e}^x & -\mathrm{e}^{-x} \end{vmatrix} = -2 \neq 0.$$

这说明式(1.12)中包含的两个任意常数 C_1 和 C_2 互相独立. 据此，可从式(1.12)和式(1.13)中解出 C_1 和 C_2(作为 x,y 和 y' 的函数)，即

$$\begin{cases} C_1 = \mathrm{e}^{-x}[y+y']/2, \\ C_2 = \mathrm{e}^{x}[y-y']/2. \end{cases}$$

再将其代入式(1.14)，就得到一个二阶微分方程

$$y'' = y, \tag{1.15}$$

即为函数族式(1.12)所满足的微分方程；并且式(1.12)是微分方程(1.15)的通解.

例 1.2　试求在(x,y)平面上过坐标原点的一切圆所满足的微分方程.

事实上，平面上经过原点的圆族为：

$$(x+a)^2 + (y+b)^2 = a^2 + b^2, \tag{1.16}$$

其中 a 和 b 是两个任意常数. 在式(1.16)中，将 y 看成 x 的函数后再对 x 接连求导两次，并把求导结果与式(1.16)联立即得：

$$\begin{cases} (x+a) + (y+b)y' = 0, \\ 1 + y'^2 + (y+b)y'' = 0, \\ x^2 + 2ax + y^2 + 2by = 0. \end{cases} \tag{1.17}$$

再从式(1.17)中消去 a 和 b，我们就得到微分方程为：

$$(x^2 + y^3)y'' - 2(1+y'^2)(xy'-y) = 0.$$

最后，我们证明：设 $y=\varphi(x,C_1^0,C_2^0,\cdots,C_n^0)$ 是方程(1.1)的通解，则利用初值条件式(1.10)可以确定其中的任意常数为

$$\begin{cases} C_1^0 = C_1(x_0, y_0, \cdots, y_0^{(n-1)}), \\ C_2^0 = C_2(x_0, y_0, \cdots, y_0^{(n-1)}), \\ \cdots\cdots \\ C_n^0 = C_n(x_0, y_0, \cdots, y_0^{(n-1)}), \end{cases}$$

使得 $y=\varphi(x, C_1^0, C_2^0, \cdots, C_n^0)$是初值问题(1.1)+(1.10)的解.

事实上，由于分析方法的限制(这里是由于隐函数存在定理)，一般只能在局部范围内讨论通解.例如，我们假定在点

$$P: x = \xi, \quad C_1 = a_1, \quad \cdots, \quad C_n = a_n$$

的某个邻域 $N(P)$内考虑通解 $y=\varphi(x, C_1, C_2, \cdots, C_n)$.这样，在 $N(P)$内我们有

$$\begin{cases} y = \varphi(x, C_1, C_2, \cdots, C_n), \\ y' = \varphi'(x, C_1, C_2, \cdots, C_n), \\ \cdots\cdots \\ y^{(n-1)} = \varphi^{(n-1)}(x, C_1, C_2, \cdots, C_n). \end{cases} \tag{1.18}$$

然后，令

$$\begin{cases} \eta = \varphi(\xi, a_1, a_2, \cdots, a_n), \\ \eta' = \varphi'(\xi, a_1, a_2, \cdots, a_n), \\ \cdots\cdots \\ \eta^{(n-1)} = \varphi^{(n-1)}(\xi, a_1, a_2, \cdots, a_n). \end{cases}$$

因为在 P 点处的 Jacobi 行列式

$$\frac{D[\varphi, \varphi', \cdots, \varphi^{(n-1)}]}{D[C_1, C_2, \cdots, C_n]} \neq 0,$$

我们利用隐函数存在定理，可以在 P 点近旁从式(1.18)反解出

$$\begin{cases} C_1 = C_1(x, y, y', \cdots, y^{(n-1)}), \\ C_2 = C_2(x, y, y', \cdots, y^{(n-1)}), \\ \cdots\cdots \\ C_n = C_n(x, y, y', \cdots, y^{(n-1)}), \end{cases}$$

而且满足条件

$$\begin{cases} a_1 = C_1(\xi, \eta, \eta', \cdots, \eta^{(n-1)}), \\ a_2 = C_2(\xi, \eta, \eta', \cdots, \eta^{(n-1)}), \\ \cdots\cdots \\ a_n = C_n(\xi, \eta, \eta', \cdots, \eta^{(n-1)}). \end{cases}$$

这样，对$(\xi, \eta, \eta', \cdots, \eta^{(n-1)})$近旁的初值$(x_0, y_0, y'_0, \cdots, y_0^{(n-1)})$，可以确定常数

$$\begin{cases} C_1^0 = C_1(x_0, y_0, y'_0, \cdots, y_0^{(n-1)}), \\ C_2^0 = C_2(x_0, y_0, y'_0, \cdots, y_0^{(n-1)}), \\ \cdots\cdots \\ C_n^0 = C_n(x_0, y_0, y'_0, \cdots, y_0^{(n-1)}), \end{cases}$$

使得 $y=\varphi(x, C_1^0, C_2^0, \cdots, C_n^0)$是初值问题(1.1)+(1.10)的解.

由此可见，从微分方程的通解（在局部范围内）可以确定所有的解. 这是对通解一个名副其实的解释.

习　题　1-1

1. 验证下列函数是右侧相应微分方程的解或通解：

(1) $y=C_1e^{x}+C_2e^{-4x}$，　$y''-16y=0$；

(2) $y=\dfrac{\cos x}{x}$，　$xy'+y=\sin x$；

(3) $y=\begin{cases}-\dfrac{1}{4}(x-C_1)^2, -\infty<x<C_1,\\ 0, C_1\leqslant x\leqslant C_2,\\ \dfrac{1}{4}(x-C_2)^2, C_2<x<+\infty,\end{cases}$　　$y'=\sqrt{|y|}$.

2. 求下列初值问题的解：

(1) $y'''=x+1$，　$y(0)=a_0$，　$y'(0)=a_1$，　$y''(0)=a_2$；

(2) $\dfrac{dy}{dx}=x^2+1$，　$y(0)=0$；

(3) $\dfrac{dy}{dx}=x+y^2$，　$y(x_0)=y_0$.

1.2　微分方程及其解的几何解释

在上一节，我们已经分析了微分方程及其解的定义. 在本节，我们将针对这些定义就一阶方程的情形给出几何解释. 根据这些解释，我们可以从微分方程本身直接获取解的某些性质.

首先，一阶微分方程的一般表达式为

$$\frac{dy}{dx}=f(x,y), \tag{1.19}$$

其中 $f(x,y)$ 是平面区域 G 内的连续函数. 假设

$$y=\varphi(x)\quad(x\in I) \tag{1.20}$$

是方程的解，I 表示解的存在区间，则 $y=\varphi(x)$ 在 (x,y) 平面上的图形是一条光滑的曲线 Γ，称它为微分方程(1.19)的积分曲线.

接下来，我们任取一点 $P_0\in\Gamma$，它的坐标我们假设为 (x_0,y_0)，则 $y_0=\varphi(x_0)$. 因为 $y=\varphi(x)$ 满足方程(1.19)，所以根据微商的几何意义得知，积分曲线 Γ 在 P_0 点的切线斜率为

$$\varphi'(x_0)=f(x_0,\varphi(x_0)).$$

根据这个关系式，我们知道：积分曲线 Γ 在 P_0 点的切线方程为 $y=y_0+f(x_0,y_0)(x-x_0)$，尽管我们并不知道积分曲线 Γ：$y=\varphi(x)$ 是什么.

于是，在区域 G 内每一点 $P(x,y)$，我们可以作一个以 $f(P)$ 为斜率的（短小）直线段 $l(P)$，以标明积分曲线（如果存在的话）在该点的切线方向. 称 $l(P)$ 为微分方程(1.19)在 P 点的**线**

素;而称区域 G 连同上述全体线素为微分方程(1.19)的**线素场**或**方向场**.

由此可知,方程(1.19)的任何积分曲线 Γ 与它的线素场是吻合的(亦即,在任一点 $P\in\Gamma$,线素场的线素 $l(P)$与 Γ 在该点的切线是吻合的).

与之相反,如果在区域 G 内有一条光滑(连续可微)的曲线

$$\Lambda: y=\psi(x)\quad (x\in J), \tag{1.21}$$

它能够与方程(1.19)的线素场吻合,那么 Λ 是微分方程(1.19)的一条积分曲线.

实际上,在 Λ 上任取一点 $P(x,y)$(即 $y=\psi(x)$),则 Λ 在 P 点的斜率为 $\psi(x)$;而线素 $l(P)$的斜率为 $\psi'(x)$. 注意到线素场与曲线 Λ 是吻合的,即

$$\psi'(x)=f(x,\psi(x))\quad (x\in J),$$

曲线 Λ 是方程(1.19)的积分曲线.

当我们建立微分方程(1.19)的线素场时,首先通过关系式 $f(x,y)=k$ 来构造曲线 L_k,进而利用 L_k 来构造线素场,同时我们称 L_k 为线素场的**等斜线**. 显而易见,在等斜线 L_k 上各点线素的斜率都等于 k. 基于此,线素场逐点构造的方法就通过等斜线得到简化,进而在积分曲线的近似作图中有很大帮助.

接下来,对于微分方程(1.19)的初值问题,我们来作几何说明:

对于确定的微分方程(1.19),即给定一个线素场在平面区域 G 上. 于是,下面初值问题的求解

$$\frac{\mathrm{d}y}{\mathrm{d}x}=f(x,y),\quad y(x_0)=y_0, \tag{1.22}$$

就是求经过点(x_0,y_0)并且与线素场吻合的一条光滑曲线.

从线素场精确得到这样的光滑曲线是非常困难的,但是我们只取足够细密的小线素,线素场就会呈现出积分曲线的草图,进而就可以近似地描绘出初值问题(1.22)的积分曲线. 这种方法能够帮助我们在无法求得精确解时或者没有必要求解一个初值问题的精确解时,得到该问题的近似结果. 即使在已知微分方程的精确解时,从线素场我们也可以得到解的某些性质,甚至有些时候,线素场比精确解的作用更大.

这里我们有必要指出,一阶微分方程(1.19)在许多情况下可以取如下的形式:

$$\frac{\mathrm{d}y}{\mathrm{d}x}=-\frac{P(x,y)}{Q(x,y)}, \tag{1.23}$$

其中 $P(x,y)$和 $Q(x,y)$是区域 G 内的连续函数.

若 $Q(x_0,y_0)\neq 0$,那么方程(1.23)的右端函数 $P(x,y)/Q(x,y)$在(x_0,y_0)点的近旁是连续的. 因此,方程的线素场在点(x_0,y_0)的附近是完全确定的. 然而,若 $Q(x_0,y_0)=0$,那么线素场在点(x_0,y_0)就失去意义.

注意到,只要 $P(x_0,y_0)\neq 0$,我们就可以把方程(1.23)改写为

$$\frac{\mathrm{d}x}{\mathrm{d}y}=-\frac{Q(x,y)}{P(x,y)}, \tag{1.24}$$

这里需要把 $x=x(y)$看作未知数. 此时,微分方程(1.24)的右端函数 $Q(x,y)/P(x,y)$在点(x_0,y_0)近旁是连续的. 因此它在那里的线素场也是确定的.

于是可知,当 $P(x_0,y_0)$和 $Q(x_0,y_0)$不同时为零时,我们即可在点(x_0,y_0)附近考虑微分

方程(1.23),或者微分方程(1.24),尽管它们的未知函数略有不同.对于此种情形,我们可以把它们统一写成下面(关于 x 和 y)的对称形式:

$$P(x,y)\mathrm{d}x + Q(x,y)\mathrm{d}y = 0. \tag{1.25}$$

也即,当 $Q(x_0,y_0)\neq 0$ 时,方程(1.25)[在点(x_0,y_0)近旁]等价于方程(1.24).

若 $P(x_0,y_0)=Q(x_0,y_0)=0$ 时,无论是微分方程(1.23),还是微分方程(1.24)或(1.25)在点(x_0,y_0)处都是不定式,因此线素场在点(x_0,y_0)处没有意义.我们称这样的点(x_0,y_0)为相应微分方程的**奇异点**.

例 1.3　作出微分方程

$$\frac{\mathrm{d}y}{\mathrm{d}x} = \frac{y}{ax} \tag{1.26}$$

的线素场,a 为非零常数.

分析　显然,原点 O 是方程的奇异点.而线素场的等斜线为$\frac{y}{ax}=k$,即 $y=kax$.这说明线素斜率为 k 的所有点,是由直线 $y=kax$ 组成的.另一方面,直线 $y=kax$ 的斜率也是 k.由此可见,直线 $y=kax$ 与微分方程(1.26)的线素场相吻合(图 1-2).不难看出,以原点 O 为中心的射线 $\theta=\arctan\frac{y}{ax}=C$ 是微分方程(1.26),或相应的对称微分方程

$$y\mathrm{d}x - ax\mathrm{d}y = 0$$

的积分曲线.(其实,容易验证 $\arctan\frac{y}{ax}=C$ 是上述微分方程的积分,其中 C 是任意常数.)

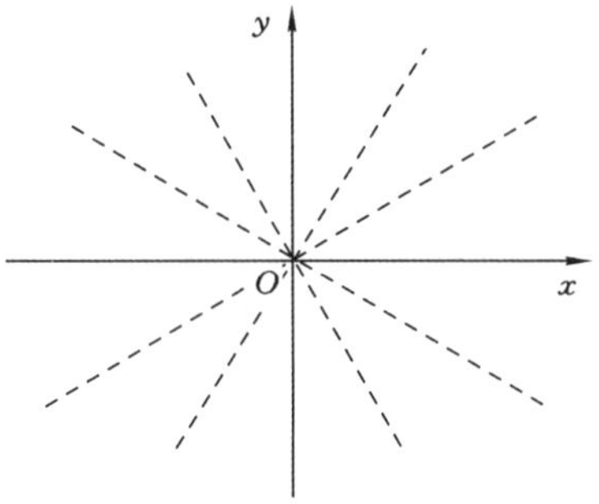

图 1-2

例 1.4　作出微分方程

$$\frac{\mathrm{d}y}{\mathrm{d}x} = -\frac{ax}{by} \tag{1.27}$$

的线素场.

分析　显然,原点 O 是方程的奇异点.而线素场的等斜线为$-\frac{ax}{by}=k$,即 $y=-\frac{ax}{kb}$.这说明线素斜率为 k 的所有点,是由直线 $y=-\frac{ax}{bk}$组成的.因此,通过点 $P(x,y)$的等斜线 $y=-\frac{ax}{bk}$与微分方程(1.27)在该点的线素 $l(P)$是垂直相交的.由线素场(图 1-3)不难看出,以 O 为中心

的同心圆 $r=\sqrt{(ax)^2+(by)^2}=C(C>0)$是微分方程(1.27),或相应的对称微分方程

$$ax\,\mathrm{d}x+by\,\mathrm{d}y=0$$

的积分曲线.(其实,容易验证$(ax)^2+(by)^2=C^2$ 是上述微分方程的通积分,其中 $C>0$ 是任意常数.)

从这些例子我们知道,虽然在奇异点微分方程是不定式,但是在积分曲线族的分布中奇异点是关键性的点.

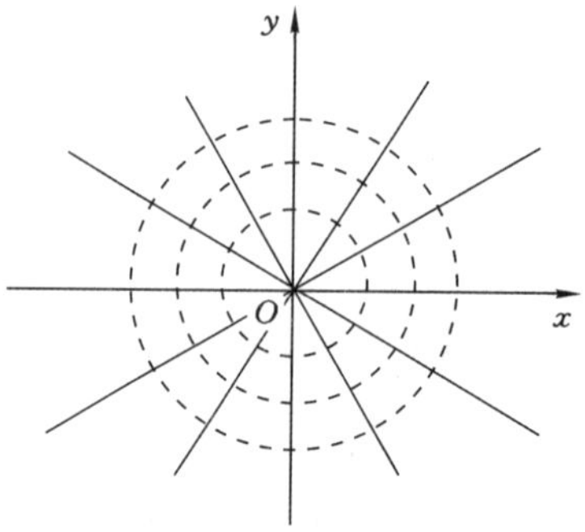

图 1-3

习 题 1-2

1. 作出如下微分方程的线素场:

(1) $y'=2xy$;

(2) $y'=(y+a)^2$.

2. 利用线素场研究下列微分方程的积分曲线族:

(1) $y'=1+2xy$;

(2) $y'=x^2+y^2$.

第 2 章　一阶微分方程的初等积分法

本章将微分方程的求解问题化为积分问题，利用初等函数和有限次积分的表达式来求解微分方程的方法，称之为微分方程的初等积分法. 对于一般的一阶常微分方程没有通用的初等解法. 在 1841 年，刘维尔(Liouville) 证明了极大多数微分方程不能用初等积分法求解，但在微分方程发展的早期，由牛顿、莱布尼茨、伯努利兄弟以及欧拉等发现的这些方法和技巧，仍然不失其重要性. 这类初等解法，既是常微分方程理论中很有自身特色的部分，也与实际问题有着密切的联系，值得我们去深思和学习.

2.1　恰 当 方 程

考虑对称形式的一阶微分方程

$$P(x,y)\mathrm{d}x + Q(x,y)\mathrm{d}y = 0. \tag{2.1}$$

若存在一个可微函数 $\Psi(x,y)$，使得它的全微分为

$$\mathrm{d}\Psi(x,y) = P(x,y)\mathrm{d}x + Q(x,y)\mathrm{d}y$$

也就是说，它的偏导数为

$$\frac{\partial \Psi}{\partial x} = P(x,y), \quad \frac{\partial \Psi}{\partial y} = Q(x,y), \tag{2.2}$$

则称方程(2.1)为**恰当方程**或**全微分方程**. 所以，当方程(2.1)为恰当方程时，可以将其改写为全微分的形式

$$\mathrm{d}\Psi(x,y) = P(x,y)\mathrm{d}x + Q(x,y)\mathrm{d}y = 0.$$

那么，以下式子就是方程(2.1)的一个通积分

$$\Psi(x,y) = C, \tag{2.3}$$

这里 C 是任意常数.

从另一种角度来说，将任意常数 C 取定后，选择逆推法容易验证得到，由式(2.3)所确定的隐函数 $y=f(x)$(或$x=g(y)$)就是方程(2.1)的一个解. 也就是说，如果 $y=f(x)$(或 $x=g(y)$)就是微分方程(2.1)的一个解，则有

$$\mathrm{d}\Psi(x,y) = P(x,y)\mathrm{d}x + Q(x,y)\mathrm{d}y = 0,$$

其中 $y=f(x)$(或 $x=g(y)$). 从而 $y=f(x)$(或 $x=g(y)$)满足式(2.3)，积分常数 C 决定于解 $y=f(x)$(或 $x=g(y)$)的初值(x_0,y_0)，所以说，$C=\Psi(x_0,y_0)$.

这样的话，我们自然地要去思考如下问题：

(1) 如何判断所给定的微分方程是否为恰当方程？

(2) 如果是恰当方程，那要如何求出相应全微分的原函数？

(3) 如果不是恰当方程，是否可以将它的求解问题转化为一个与之相关的恰当方程的求解问题？

定理 2.1 设函数 $P(x,y)$ 和 $Q(x,y)$ 在区域 $R:\alpha<x<\beta,\gamma<y<\tau$ 上连续，且有连续的一阶偏导数 $\frac{\partial P}{\partial y}$ 和 $\frac{\partial Q}{\partial x}$，则微分方程(2.1)是恰当方程的充要条件为恒等式

$$\frac{\partial P(x,y)}{\partial y}=\frac{\partial Q(x,y)}{\partial x} \tag{2.4}$$

在 R 内成立. 而且当式(2.4)成立时，方程(2.1)的通积分为

$$\int_{x_0}^{x}P(x,y)\mathrm{d}x+\int_{y_0}^{y}Q(x_0,y)\mathrm{d}y=C, \tag{2.5}$$

或者有

$$\int_{x_0}^{x}P(x,y_0)\mathrm{d}x+\int_{y_0}^{y}Q(x,y)\mathrm{d}y=C, \tag{2.6}$$

其中 (x_0,y_0) 是 R 中任意取的一点.

证明 先证必要性. 设方程(2.1)是恰当的，则存在函数 $\Psi(x,y)$ 满足

$$\frac{\partial\Psi}{\partial x}=P(x,y),\quad \frac{\partial\Psi}{\partial y}=Q(x,y). \tag{2.7}$$

分别对 y 和 x 求偏导，就可得到

$$\frac{\partial P}{\partial y}=\frac{\partial^2\Psi}{\partial y\partial x},\quad \frac{\partial Q}{\partial x}=\frac{\partial^2\Psi}{\partial x\partial y}. \tag{2.8}$$

由 $\frac{\partial P}{\partial y}$ 和 $\frac{\partial Q}{\partial x}$ 的连续性，假设偏导数 $\frac{\partial^2\Psi}{\partial x\partial y}$ 和 $\frac{\partial^2\Psi}{\partial y\partial x}$ 是连续的，从而 $\frac{\partial^2\Psi}{\partial x\partial y}=\frac{\partial^2\Psi}{\partial y\partial x}$. 因此，由式(2.8)推得式(2.4).

再证充分性. 设 $P(x,y)$ 和 $Q(x,y)$ 满足条件(2.4)，我们来构造可微函数 $\Psi(x,y)$ 使其满足式(2.7). 为了满足式(2.7)的第一式成立，我们可取

$$\Psi(x,y)=\int_{z_0}^{z}P(x,y)\mathrm{d}x+\varphi(y), \tag{2.9}$$

其中 $\varphi(y)$ 为待定函数，以使函数 $\Psi(x,y)$ 满足式(2.7)的第二式. 因此由式(2.9)得到

$$\frac{\partial\Psi}{\partial y}=\frac{\partial}{\partial y}\int_{z_0}^{z}P(x,y)\mathrm{d}x+\varphi'(y)=\int_{z_0}^{x}\frac{\partial}{\partial y}P(x,y)\mathrm{d}x+\varphi'(y).$$

再借助于条件(2.4)得到

$$\frac{\partial\Psi}{\partial y}=\int_{x_0}^{x}\frac{\partial}{\partial x}Q(x,y)\mathrm{d}x+\varphi'(y)=Q(x,y)-Q(x_0,y)+\varphi'(y).$$

由此可见，为了使式(2.7)的第二式成立，只要令 $\varphi'(y)=Q(x_0,y)$，也就是说只要取

$$\varphi(y)=\int_{y_0}^{y}Q(x_0,y)\mathrm{d}y$$

即可. 这样，就找到了满足式(2.7)的一个函数

$$\Psi(x,y)=\int_{x_0}^{x}P(x,y)\mathrm{d}x+\int_{y_0}^{y}Q(x_0,y)\mathrm{d}y. \tag{2.10}$$

如果在构造 $\Psi(x,y)$ 时，先考虑使式(2.7)的第二式成立，则可用同样的方法，得到满足式(2.7)的另一函数

$$\Psi_1(x,y)=\int_{x_0}^{x}P(x,y_0)\mathrm{d}x+\int_{y_0}^{y}Q(x,y)\mathrm{d}y. \tag{2.11}$$

因此,我们得到通积分式(2.5)或者式(2.6).定理证完.

注意,$\Psi(x,y)$ 和 $\Psi_1(x,y)$ 的全微分相同,所以它们之间只差一个常数.再通过关系 $\Psi(x_0,y_0)=\Psi_1(x_0,y_0)=0$ 可知 $\Psi(x,y)\equiv\Psi_1(x,y)$.

例 2.1　求解微分方程

$$(2x\sin y+3x^2y)\mathrm{d}x+(x^3+x^2\sin y+y^2)\mathrm{d}y=0. \tag{2.12}$$

因为

$$\frac{\partial P}{\partial y}=2x\cos y+3x^2=\frac{\partial Q}{\partial x},$$

所以方程(2.12)是恰当的.令函数 $\Psi(x,y)$满足

$$\frac{\partial\Psi}{\partial x}=2x\sin y+3x^2y,\quad \frac{\partial\Psi}{\partial y}=x^3+x^2\cos y+y^2.$$

第一式对 x 积分,得到

$$\Psi=x^2\sin y+x^3y+\varphi(y).$$

再将它代入上面第二式,即得

$$x^2\cos y+x^3+\varphi'(y)=x^3+x^2\cos y+y^2,$$

由此得出 $\varphi'(y)=y^2$,从而由积分可得 $\varphi(y)=\frac{1}{3}y^3$.所以

$$\Psi(x,y)=x^2\sin y+x^3y+\frac{1}{3}y^3=C \tag{2.13}$$

为方程(2.12)的通积分,其中 C 为任意常数.

注 2.1　对于某些恰当方程,可以采用更简便的分组凑全微分的方法求解.例如,对于方程(2.12)的左端,可用如下分组求积分的方法:

$$(2x\sin y+3x^2y)\mathrm{d}x+(x^3+x^2\cos y+y^2)\mathrm{d}y=\mathrm{d}(x^2\sin y+x^3y+\frac{1}{3}y^3),$$

由此可直接得到通积分(2.13).

注 2.2　构造相应全微分的原函数 $\Psi(x,y)$是求解恰当微分方程的关键点所在,而这恰恰就可以对应到场论中的位势问题.在单连通区域 R 上,条件(2.4)保证了曲线积分

$$\Psi(x,y)=\int_{(x_0,y_0)}^{(x,y)}P(x,y)\mathrm{d}x+Q(x,y)\mathrm{d}y \tag{2.14}$$

与积分的路径无关.因此,式(2.14)确定了一个单值函数 $\Psi(x,y)$.值得注意的是,式(2.10)与式(2.11)所取的积分路径仅仅是便于计算的两种特殊的路径.如果区域不是单连通的,那么一般而言 $\Psi(x,y)$也许是多值的.例如,对于方程

$$\frac{x\mathrm{d}y-y\mathrm{d}x}{x^2+y^2}=0,$$

容易验证条件(2.4)在非单连通的环域 R_0:$0<x^2+y^2<1$ 上成立.根据

$$\mathrm{d}(\arctan\frac{y}{x})=\frac{x\mathrm{d}y-y\mathrm{d}x}{x^2+y^2},$$

我们得到

$$\arctan \frac{y}{x} = C.$$

注意，在环域 R_0 上，$\Psi(x,y)=\arctan \dfrac{y}{x}$ 是一个多值的函数.

习 题 2-1

判断下列方程是否为恰当方程，并且对恰当方程求解.

(1) $(y+x)\mathrm{d}y+(x-y)\mathrm{d}x=0$；

(2) $(3x^2+6xy^2)\mathrm{d}x+(6x^2y+4y^3)\mathrm{d}y=0$；

(3) $(\cos x+\dfrac{1}{y})\mathrm{d}x+(\dfrac{1}{y}-\dfrac{x}{y^2})\mathrm{d}y=0$；

(4) $(\dfrac{y^2}{(x-y)^2}-\dfrac{1}{x})\mathrm{d}x+(\dfrac{1}{y}-\dfrac{x^2}{(x-y)^2})\mathrm{d}y=0$.

2.2 变量分离的方程

如果微分方程

$$P(x,y)\mathrm{d}x + Q(x,y)\mathrm{d}y = 0 \tag{2.15}$$

中的函数 $P(x,y)$ 和 $Q(x,y)$ 均可分别表示为 x 的函数与 y 的函数的乘积，则称方程(2.15)为**变量分离的方程**. 因此，只要令

$$P(x,y) = X(x)Y_1(y), \quad Q(x,y) = X_1(x)Y(y),$$

变量分离的方程可以写成如下的形式

$$X(x)Y_1(y)\mathrm{d}x + X_1(x)Y(y)\mathrm{d}y = 0. \tag{2.16}$$

先考虑一个特殊的情形：$P=X(x)$ 和 $Q(x,y)=Y(y)$. 则微分方程(2.15)成为

$$X(x)\mathrm{d}x + Y(y)\mathrm{d}y = 0. \tag{2.17}$$

这显然是一个恰当方程，而且容易求出它的一个通积分为

$$\int X(x)\mathrm{d}x + \int Y(y)\mathrm{d}y = C. \tag{2.18}$$

一般而言，方程(2.16)未必是恰当方程. 但是，在上面对微分方程(2.17)求解之后，我们容易想到：如果以因子 $X_1(x)Y_1(y)$ 去除式(2.16)的两侧，就得到

$$\frac{X(x)}{X_1(x)}\mathrm{d}x + \frac{Y(y)}{Y_1(y)}\mathrm{d}y = 0. \tag{2.19}$$

此方程具有式(2.17)的形式(即 x 与 y 互相分离)，因此它的通积分为

$$\int \frac{X(x)}{X_1(x)}\mathrm{d}x + \int \frac{Y(y)}{Y_1(y)}\mathrm{d}y = C. \tag{2.20}$$

这里需要澄清一个问题：用求解方程(2.19)来代替求解方程(2.16)是否合理？或者说这两个方程是否同解？

容易看出，当 $X_1(x)Y_1(y)\neq 0$ 时，这两个方程是同解的. 假设存在实数 a(或 b)，使 $X_1(a)=0$

(或 $Y_1(b)=0$),则函数 $x=a$(或函数 $y=b$)显然满足方程(2.16),因此,它是方程(2.16)的解,但它不是方程(2.19)的解.因此,当我们用方程(2.19)去替代方程(2.16)时,要注意补上这些可能丢失的解.

总结得到:变量分离的方程(2.16)的通积分由式(2.20)给出(要进行必要的不定积分运算);还要补上如下形式的特解(如果它们不在上述通积分之内的话):$x=a_i(i=1,2,\cdots)$,其中 a_i 是 $X_1(x)=0$ 的根;$y=b_j(j=1,2,\cdots)$,其中 b_j 是 $Y_1(y)=0$ 的根.

例 2.2 求解微分方程 $y^2+x^2\frac{\mathrm{d}y}{\mathrm{d}x}=xy\frac{\mathrm{d}y}{\mathrm{d}x}$.

解 原方程可以转化为

$$(xy-x^2)\frac{\mathrm{d}y}{\mathrm{d}x}=y^2 \quad (y\neq x),$$

即

$$\frac{\mathrm{d}y}{\mathrm{d}x}=\frac{\left(\frac{y}{x}\right)}{\frac{y}{x}-1}, \tag{2.21}$$

于是,令 $u=\frac{y}{x}$,即 $y=ux$,将$\frac{\mathrm{d}y}{\mathrm{d}x}=u+\frac{\mathrm{d}u}{\mathrm{d}x}$代入方程,可以得到

$$x\frac{\mathrm{d}u}{\mathrm{d}x}=\frac{u}{u-1},$$

分离变量,得到

$$\frac{u-1}{u}\mathrm{d}u=\frac{\mathrm{d}x}{x} \quad (u\neq 0),$$

两边同时取积分,即得

$$u-\ln u=\ln x+\ln c,$$

将 $u=\frac{y}{x}$代回,得到

$$\frac{y}{x}=\ln(y\cdot c),$$

进而,有

$$cy=\mathrm{e}^{\frac{y}{x}},$$

因此,

$$y=c_1\mathrm{e}^{\frac{y}{x}},\text{其中 } c_1 \text{ 为任意常数}. \tag{2.22}$$

除此之外,$y=0$ 也是原方程的解,但此解包含于通解 $c_1=0$ 中.所以,方程的通解为 $y=c\mathrm{e}^{\frac{y}{x}}$.

例 2.3 求解微分方程

$$\frac{\mathrm{d}y}{\mathrm{d}x}=\frac{3}{2}y^{\frac{1}{3}}, \tag{2.23}$$

并作出积分曲线族的图形.

解 当 $y\neq 0$ 时,由方程(2.23)得出

$$\frac{\mathrm{d}y}{y^{1/3}} = \frac{3}{2}\mathrm{d}x.$$

由此可以积分，从而可得

$$y^{\frac{2}{3}} = x + C \quad (x + C \geqslant 0).$$

因此，得到通积分

$$y^2 = (x + C)^3 \quad (x \geqslant -C), \tag{2.24}$$

外加特解 $y=0(-\infty<x<+\infty)$. 由此并参照微分方程(2.23)，不难作出相应积分曲线族的图形(图 2-1).

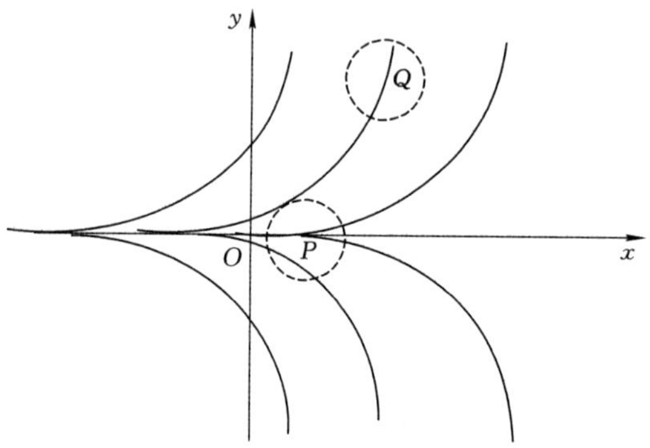

图 2-1

观察图 2-1，我们发现一个共同特点：在平面(x,y)上几乎经过每一点 Q，在局部范围内有并且只有一条积分曲线. 图 2-1 中的例外情形是 x 轴(亦即 $y=0$)上的所有点. 对图 2-1 而言，在 x 轴上的每一点$(x^*,0)$并非是方程(2.23)的奇异点(在这些点上线素场的方向是水平的). 然而，过每一点$(x^*,0)$甚至在局部范围内都有无穷多条积分曲线通过. 事实上，每一条这样的积分曲线是由两部分合成的：左半部分是与 x 轴重合的直线段，右半部分可以是 x 轴上的一个区间，再从区间右端点向上或向下延伸的半立方抛物线. 注意，其中左、右两部分曲线在接合点是相切的，而接合点可以是$(x^*,0)$，也可以是在它右侧的任何点$(\hat{x},0)$(这里 $\hat{x}>x^*$).

总之，微分方程(2.23)满足初值条件 $y(x_0)=y_0$ 的解，当 $y_0\neq 0$ 时是局部唯一的，而当 $y_0=0$时是局部不唯一的. 能否对这种现象从理论上加以阐明呢？我们将这一重要而有趣的问题留待下一章作一般性的讨论.

例 2.4 物体在空气中的降落和特技跳伞.

分析 我们假设质量为 m 的物体在空气中下落，空气阻力与物体速度的平方成正比，阻尼系数 $k>0$. 沿垂直地面向下的方向取定坐标轴 x，由牛顿第二运动定律推出微分方程

$$mx'' = mg - k(x')^2,$$

记 $v=x'$，则方程变为

$$\frac{\mathrm{d}x}{\mathrm{d}t} = g - \frac{kv^2}{m} \quad (v > 0). \tag{2.25}$$

这是一个变量分离的方程. 当上式的右端不为零时，我们有

$$\frac{\mathrm{d}v}{g-\dfrac{kv^2}{m}}=\mathrm{d}t,$$

从而由积分可以得到通解

$$v=\sqrt{\frac{mg}{k}}\,\frac{C\mathrm{e}^{2at}+1}{C\mathrm{e}^{2at}-1}\quad (t\geqslant 0),\tag{2.26}$$

其中 $a=\sqrt{\dfrac{kg}{m}}$，而 C 为任意常数；当方程(2.25)的右端等于零时，可得到特解 $v=\sqrt{\dfrac{mg}{k}}$. 如果考虑初值条件 $v(0)=v_0$（即降落的初速度），我们可以确定式(2.26)中的任意常数

$$C=\left(v_0+\sqrt{\frac{mg}{k}}\right)\left(v_0-\sqrt{\frac{mg}{k}}\right)^{-1}.\tag{2.27}$$

由图 2-3 可见，若 $0\leqslant v_0<\sqrt{\dfrac{mg}{k}}$，则 $v(t)<\sqrt{\dfrac{mg}{k}}$，而且当 $t\to\infty$ 时，我们有 $v(t)\to\sqrt{\dfrac{mg}{k}}$；若 $v_0>\sqrt{\dfrac{mg}{k}}$，则 $v(t)>\sqrt{\dfrac{mg}{k}}$，而且当 $t\to\infty$ 时，我们有 $v(t)\to\sqrt{\dfrac{mg}{k}}$.

现在考虑特技跳伞问题，假设跳伞员开伞前的阻尼系数为 k_1，开伞后的阻尼系数为 k_2（设 $k_2\geqslant k_1$）. 假设从开始跳伞到开伞的时间为 T. 容易看出，只要开伞后有足够的降落时间，落地速度将近似等于 $\sqrt{\dfrac{mg}{k_2}}$，其中 k_2 是由降落伞的设计来调节的，以保证落地的安全.

设 $v=f(t)$ 为降落伞下降的速度函数而跳伞高度为 H_0，则 $H_0=\int_0^{T_1}f(t)\mathrm{d}t$，其中 T_1 为落地的时间. 因此，落地的速度为 $v=f(T_1)$. 特技跳伞要求在给定的高度 H_0 内，掌握开伞时间 T，使得降落的时间 T_1 为最短，而且有安全的落地速度 v_1. 这是一个有趣的数学问题.

习　题　2 - 2

1. 求解下列微分方程，并指出这些方程在 xOy 平面上有意义的区域.

(1) $\dfrac{\mathrm{d}y}{\mathrm{d}x}=2xy$；　　(2) $\dfrac{\mathrm{d}y}{\mathrm{d}x}=\dfrac{y^6-2x^2}{2xy^5+x^2y^2}$；

(3) $\dfrac{\mathrm{d}y}{\mathrm{d}x}=(x+y)^2$；　　(4) $\dfrac{\mathrm{d}y}{\mathrm{d}x}=\dfrac{1}{(x+y)^2}$；

(5) $(x-2y+1)\mathrm{d}y-(2x-y+1)\mathrm{d}x=0$；　　(6) $\dfrac{\mathrm{d}y}{\mathrm{d}x}=\dfrac{1+y^2}{xy+x^3y}$.

2. 求 $\dfrac{\mathrm{d}y}{\mathrm{d}x}=y^2\cos x$ 满足初始条件 $y(0)=1$ 的特解.

3. 求 $\cos y\mathrm{d}x+(1+\mathrm{e}^{-x})\sin y\mathrm{d}y=0$ 满足初始条件 $y(0)=\dfrac{\pi}{4}$ 的特解.

4. 设 $\int_0^x x^2y\mathrm{d}x=\ln y$，求 $y(x)$.

5. 设降落伞从跳伞塔下落后所受空气阻力与速度成正比，并设降落伞离开跳伞塔时($t=0$)速度为 0，求降落伞下落速度与时间的函数关系.

2.3　一阶线性方程

我们考虑一阶线性方程

$$a(x)\frac{\mathrm{d}y}{\mathrm{d}x}+b(x)y+c(x)=0, \tag{2.28}$$

在 $a(x)\neq 0$ 的区间 $I=(a,b)$ 上把上式写成

$$\frac{\mathrm{d}y}{\mathrm{d}x}=P(x)y+Q(x), \tag{2.29}$$

其中函数 $P(x)$ 和 $Q(x)$ 在区间 $I=(a,b)$ 上连续，若 $Q(x)\neq 0$，称方程(2.29)为一阶非齐次线性方程；若 $Q(x)\equiv 0$，方程(2.29)变为

$$\frac{\mathrm{d}y}{\mathrm{d}x}=P(x)y, \tag{2.30}$$

称方程(2.30)为一阶齐次线性方程.

首先，将方程(2.30)写成对称的形式

$$\mathrm{d}y-P(x)y\mathrm{d}x=0,$$

可以看出这是一个变量分离方程，若 $y\neq 0$，可以得到

$$\frac{\mathrm{d}y}{y}-P(x)\mathrm{d}x=0,$$

将上式进行积分，得到方程(2.30)的解

$$y=c\mathrm{e}^{\int P(x)\mathrm{d}x}, \tag{2.31}$$

这里的 c 为任意常数. 由于当 $y=0$ 时，它也是原方程的解，所以原方程有特解 $y=0$.

下面讨论非齐次线性微分方程(2.29)的通解的求法. 我们可以把它改写成对称的形式

$$\mathrm{d}y-P(x)y\mathrm{d}x=Q(x)\mathrm{d}x. \tag{2.32}$$

通常来说，上式不是恰当微分方程，我们把 $\mu(x)=\mathrm{e}^{-\int P(x)\mathrm{d}x}$ $(\mu(x)\neq 0)$ 乘方程(2.32)的两端得到

$$\mathrm{e}^{-\int P(x)\mathrm{d}x}\mathrm{d}y-\mathrm{e}^{-\int P(x)\mathrm{d}x}P(x)y\mathrm{d}x=\mathrm{e}^{-\int P(x)\mathrm{d}x}Q(x)\mathrm{d}x,$$

它的全微分形式

$$\mathrm{d}(\mathrm{e}^{-\int P(x)\mathrm{d}x}y)=\mathrm{e}^{-\int P(x)\mathrm{d}x}Q(x)\mathrm{d}x,$$

对上式直接积分

$$\mathrm{e}^{-\int P(x)\mathrm{d}x}y=\int \mathrm{e}^{-\int P(x)\mathrm{d}x}Q(x)\mathrm{d}x+C,$$

得到方程(2.29)的通解

$$y=\mathrm{e}^{\int P(x)\mathrm{d}x}\left(C+\int \mathrm{e}^{-\int P(x)\mathrm{d}x}Q(x)\mathrm{d}x\right), \tag{2.33}$$

其中 C 是一个任意的常数，我们称上述方法为积分因子法. 除此之外，我们还有另一个方法求非齐次线性微分方程(2.29)，它就是常数变异法.

例 2.5　求解微分方程

$$\frac{\mathrm{d}y}{\mathrm{d}x}=-\frac{y}{x}+x^2\quad(x>0).$$

解　由式(2.33)可以对方程直接求解，这里我们用上述求解方法进行计算，首先求出积分因子

$$\mu(x)=\mathrm{e}^{\int\frac{1}{x}\mathrm{d}x}=x\quad(x>0),$$

将它乘到方程的两侧，可以得到

$$\mathrm{d}(xy)=x^3\mathrm{d}x\quad(x>0),$$

可得到方程的通解

$$y=\frac{1}{4}x^3+\frac{C}{x}\quad(x>0),$$

其中 C 是任意常数.

通常情况，我们把微分方程(2.29)的通解式(2.33)中的不定积分写成变上限积分的形式

$$y=\mathrm{e}^{\int_{x_0}^{x}P(\tau)\mathrm{d}\tau}\left(C+\int_{x_0}^{x}\mathrm{e}^{-\int_{x_0}^{s}P(\tau)\mathrm{d}\tau}Q(s)\mathrm{d}s\right)\quad(x_0\in I),$$

或

$$y=C\mathrm{e}^{\int_{x_0}^{x}P(\tau)\mathrm{d}\tau}+\int_{x_0}^{x}\mathrm{e}^{\int_{s}^{x}P(\tau)\mathrm{d}\tau}Q(s)\mathrm{d}s.\tag{2.34}$$

进一步，我们得到初值问题

$$\frac{\mathrm{d}y}{\mathrm{d}x}=P(x)y+Q(x),\quad y(x_0)=y_0,\tag{2.35}$$

的解可以表示为

$$y=y_0\mathrm{e}^{\int_{x_0}^{x}P(\tau)\mathrm{d}\tau}+\int_{x_0}^{x}\mathrm{e}^{\int_{s}^{x}P(\tau)\mathrm{d}\tau}Q(s)\mathrm{d}s,\tag{2.36}$$

其中 $P(x)$ 和 $Q(x)$ 在区间 I 上连续.

下面介绍线性微分方程的一些性质，其中前三个性质是线性微分方程所特有的，而第四个性质可以从前面的性质得出.

性质 2.1　齐次线性微分方程(2.30)的解只有两种情况，恒等于零或者恒不为零.

性质 2.2　齐次线性微分方程(2.30)的任何解的线性组合仍然是它的解；齐次线性微分方程(2.30)的任一解与非齐次线性方程(2.29)的任一解的和仍然是齐次线性微分方程(2.30)的解；非齐次线性微分方程(2.29)的任意两解之差是对应的齐次线性微分方程(2.30)的解；非齐次线性微分方程(2.29)的任一解与相应的齐次线性微分方程(2.30)的通解之和是相应非齐次线性微分方程(2.29)的通解.

性质 2.3　线性微分方程的解整体存在，即齐次和非齐次微分方程的任一解在 $P(x)$ 和 $Q(x)$ 上都有定义且连续到整个区间 I.

性质 2.4　线性微分方程初值问题(2.35)的解存在且唯一.

对于性质 2.4，其存在性是显然的，(2.36)就是它的一个解，现在证明唯一性. 反证法，假设初值问题(2.35)有两个解 $y=\sigma_1(x)$ 和 $y=\sigma_2(x)$，由性质 2.2，$y=\sigma(x)=\sigma_1(x)-\sigma_2(x)$ 是相应的齐次线性微分方程的一个解，又由于 $\sigma_1(x)$ 和 $\sigma_2(x)$ 满足同一个初值条件，有关系 $\sigma(x_0)=\sigma_1(x_0)-\sigma_2(x_0)=0$ 成立，又由性质 2.1，有 $\sigma(x)\equiv0$，即当 $x\in I$ 时，$\sigma_1(x)=\sigma_2(x)$，所以解

唯一.

例 2.6 设微分方程

$$\frac{\mathrm{d}y}{\mathrm{d}x} = \alpha y + h(x), \tag{2.37}$$

其中 $\alpha>0$ 为常数,$h(x)$是以 2π 为周期的连续函数,求方程(2.37)以 2π 为周期的解.

解 利用式(2.34),可以给出方程的通解

$$y = C\mathrm{e}^{\alpha x} + \int_0^x \mathrm{e}^{\alpha(x-s)} h(s)\mathrm{d}s, \tag{2.38}$$

选择合适的常数 C,满足 $y(x)$是以 2π 为周期的函数,即

$$y(x+2\pi) \equiv y(x), \tag{2.39}$$

若对任意的 x,上式都成立,只需对某一特定的 x 成立,即只需要

$$y(2\pi) = y(0). \tag{2.40}$$

事实上,由于 $y(x)$是式(2.37)的解,而且 $h(x+2\pi)\equiv h(x)$,所以 $y(x+2\pi)$也是它的解.令 $m(x)\triangleq y(x+2\pi)-y(x)$,则 $y=m(x)$是相应的齐次方程的解,如果式(2.40)成立,则有 $m(x)$ 满足初值条件 $m(0)=0$.因此,由性质 2.1 知 $m(x)\equiv 0$,从而式(2.39)成立.

将式(2.38)代入式(2.40),得到

$$C = \frac{1}{1-\mathrm{e}^{2\pi\alpha}} \int_{-2\pi}^0 \mathrm{e}^{-\alpha s} h(s)\mathrm{d}s,$$

把它代回式(2.38),得到所求的 2π 周期解 $y=y(x)$,再利用 $h(x)$的 2π 周期性,就可以把它简化为

$$y(x) = \frac{1}{\mathrm{e}^{-2\pi\alpha}-1} \int_x^{x+2\pi} \mathrm{e}^{-\alpha(s-x)} h(s)\mathrm{d}s.$$

例 2.7 求方程

$$(x+1)\frac{\mathrm{d}y}{\mathrm{d}x} - ny = \mathrm{e}^x (x+1)^{n+1}$$

的通解,这里 n 为常数.

将方程改写为

$$\frac{\mathrm{d}y}{\mathrm{d}x} - \frac{n}{x+1}y = \mathrm{e}^x (x+1)^n, \tag{2.41}$$

求对应齐次方程

$$\frac{\mathrm{d}y}{\mathrm{d}x} - \frac{n}{x+1}y = 0$$

的通解,从

$$\frac{\mathrm{d}y}{y} = \frac{n}{x+1}\mathrm{d}x$$

得到齐次线性方程的通解

$$y = c(x+1)^n,$$

然后利用常数变异法求非齐次方程的通解,把上式中的 c 看成 x 的待定函数 $c(x)$,即有

$$y = c(x)(x+1)^n, \tag{2.42}$$

微分上式得到

$$\frac{\mathrm{d}y}{\mathrm{d}x}=\frac{\mathrm{d}c(x)}{\mathrm{d}x}(x+1)^n+n(x+1)^{n-1}c(x), \tag{2.43}$$

将式(2.42)及式(2.43)代入式(2.41)，即得到原方程的通解

$$y=(x+1)^n(\mathrm{e}^x+c),$$

这里 c 是任意常数.

习　题　2-3

1. 求下列微分方程的解：

(1) $\frac{\mathrm{d}y}{\mathrm{d}x}+3y=\mathrm{e}^{-x^2}$；　　(2) $\frac{\mathrm{d}y}{\mathrm{d}x}+y\sin x=\sin 3x$；

(3) $\frac{\mathrm{d}y}{\mathrm{d}x}-3xy=\sin x, y(\pi)=2\pi$；　　(4) $\frac{\mathrm{d}y}{\mathrm{d}x}+\frac{1}{x^4-1}y=1+x^2, y(0)=0$.

2. 化下列微分方程为线性微分方程：

(1) $\frac{\mathrm{d}y}{\mathrm{d}x}=\frac{x^3+y^3}{y}$；　　(2) $\frac{\mathrm{d}y}{\mathrm{d}x}=\frac{y}{x+y}$；

(3) $xy^2\frac{\mathrm{d}y}{\mathrm{d}x}+x^2=y^2$；　　(4) $\frac{\mathrm{d}y}{\mathrm{d}x}=\frac{1}{\sin y}+x\cos y$.

3. 设 $y=\varphi(x)$满足微分不等式

$$y'+\alpha(x)y\geqslant 0\quad(x\geqslant 0),$$

求证

$$\varphi(x)\geqslant\varphi(0)\mathrm{e}^{-\int_0^x\alpha(\tau)\mathrm{d}\tau}\quad(x\geqslant 0).$$

4. 考虑方程

$$\frac{\mathrm{d}y}{\mathrm{d}x}=P(x)y+Q(x), \tag{2.44}$$

其中 $P(x)$和 $Q(x)$都是以 $\omega>0$ 为周期的连续函数，证明：

(1) 若 $Q(x)\equiv 0$，则方程(2.44)的任一非零解以 ω 为周期，当且仅当函数 $P(x)$的平均值

$$\bar{P}\triangleq\frac{1}{\omega}\int_0^{\omega}P(x)\mathrm{d}x=0.$$

(2) 若 $Q(x)$不恒为零，则方程(2.44)有唯一解，且以 ω 为周期，当且仅当 $\bar{P}\neq 0$，试求出此解.

5. 用常数变异法求解非齐次线性微分方程(2.28).

6. 设连续函数 $h(x)$在区间 $-\infty<x<+\infty$ 上有界，证明：方程

$$y'+y=h(x)$$

在区间 $-\infty<x<+\infty$ 上有且只有一个有界解，试求出这个有界解，并证明：当 $h(x)$还是以 ω 为周期的周期函数时，这个有界解也是一个以 ω 为周期的周期函数.

2.4 初等变换法

在前面的内容中，我们已经介绍了求解几种微分方程的方法，例如求解恰当微分方程、变量分离方程和一阶线性方程. 进一步，我们可扩大可求解的微分方程的范围. 在上一节的习题中，我们可以看到变换对求解微分方程有重要作用，下面，我们看几个简单的例子.

例 2.8 对于形如

$$\frac{dy}{dx} = h(x+y)$$

的方程，如果引进变换 $u=x+y$，其中 m 为新的未知函数，则方程可化为

$$\frac{du}{dx} = 1 + h(u),$$

它是一个变量分离方程，则不难求解.

例 2.9 对于微分方程

$$\frac{dy}{dx} = \frac{y^2 + \cos x}{2y},$$

如果引入变换 $z=y^2$，则方程变为

$$\frac{dz}{dx} = xz + \cos x,$$

它是对 z 的一阶微分方程，可利用上节的解法进行求解.

下面介绍几个标准类型的微分方程，它们可以通过适当的初等变换转化为变量分离方程或一阶微分方程.

2.4.1 齐次方程

若微分方程

$$P(x,y)dx + Q(x,y)dy = 0 \tag{2.45}$$

满足函数 $P(x,y)$ 和 $Q(x,y)$ 都是 x 和 y 的同次幂齐次函数，即

$$P(tx,ty) = t^n P(x,y), \quad Q(tx,ty) = t^n Q(x,y),$$

则称方程(2.45)为齐次方程(不同于上节定义的齐次方程).

我们定义齐次方程(2.45)的标准的变量替换

$$y = ux, \tag{2.46}$$

其中 u 是未知函数，x 是自变量，我们得到

$$\begin{cases} P(x,y) = P(x,xu) = x^n P(1,u), \\ Q(x,y) = Q(x,xu) = x^n Q(1,u). \end{cases}$$

把方程(2.46)代入式(2.45)得到

$$x^n[P(1,u) + uQ(1,u)]dx + x^{n+1}Q(1,u)du = 0, \tag{2.47}$$

上式为**变量分离方程**.

注 2.3 方程(2.45)的一个等价形式是

$$\frac{\mathrm{d}y}{\mathrm{d}x}=\varphi(\frac{y}{x}).$$

注 2.4　由式(2.47)可以得到 $x=0$ 是一个特解,但不一定是原方程(2.45)的解.原因是,变换(2.46)当 $x=0$ 时不是可逆的.

例 2.10　解微分方程

$$\frac{\mathrm{d}y}{\mathrm{d}x}=\frac{x^2+y^2}{x^2+xy}.$$

解　可以看出,上式是一个齐次方程,令 $y=ux$,有

$$x\frac{\mathrm{d}u}{\mathrm{d}x}+u=\frac{1+u^2}{1+u},$$

即

$$\frac{1+u}{1-u}\mathrm{d}u=\frac{\mathrm{d}x}{x}.$$

积分得

$$-u-2\ln|u-1|=\ln|x|+\ln C_1,\quad (C_1>0),$$

从而

$$|x|(u-1)^2=Ce^{-u},\quad (C>0),$$

将变量 u 换成 y/x,上式可写为

$$(y^2-x^2)^2=Cxe^{-\frac{y}{x}}.$$

例 2.11　讨论形如

$$\frac{\mathrm{d}y}{\mathrm{d}x}=h(\frac{\alpha x+\beta y+\gamma}{\sigma x+\xi y+\zeta})$$

的方程的求法,这里 $\alpha,\beta,\gamma,\sigma,\xi,\zeta$ 都是常数.

分析　若 $\gamma=\zeta=0$ 时,上述方程化为齐次方程,可用变换 $u=y/x$ 求解.当 γ 和 ζ 不全为零时,分为如下两种情况:

(1) 当 $\Delta=\alpha\xi-\beta\sigma\neq 0$ 时,可选常数 a 和 b,使得

$$\begin{cases}\alpha a+\beta b+\gamma=0,\\ \sigma a+\xi b+\zeta=0.\end{cases}$$

取自变量和未知函数的变换

$$x=m+a,\quad y=n+b,$$

则方程化为关于 m 与 n 的方程

$$\frac{\mathrm{d}n}{\mathrm{d}m}=h(\frac{\alpha m+\beta n}{\sigma m+\xi n}),$$

即为齐次方程,因此,只需令 $l=m/n$,可将原方程化为变量分离方程.

(2) 当 $\Delta=\alpha\xi-\beta\sigma=0$ 时,我们有 $\sigma/\alpha=\xi/\beta=\mu$,则原方程可化为

$$\frac{\mathrm{d}y}{\mathrm{d}x}=h\left(\frac{\alpha x+\beta y+\gamma}{\mu(\alpha x+\beta y)+\zeta}\right).$$

令 $v=\alpha x+\beta y$ 为新的未知函数,其中 x 为自变量,则上述方程化为

$$\frac{\mathrm{d}v}{\mathrm{d}x}=\alpha+\beta h(\frac{v+\gamma}{\mu v+\zeta}),$$

是变量分离方程.

2.4.2 伯努利方程

形如

$$\frac{\mathrm{d}y}{\mathrm{d}x}+p(x)y=q(x)y^n \tag{2.48}$$

的微分方程,称为伯努利微分方程,其中 $n\neq 0$ 并且 $n\neq 1$,其中 $p(x)$、$q(x)$为已知函数,因为当 $n=0,1$ 时该方程是线性微分方程. 方程(2.48)两边乘$(1-n)y^{-n}$,得

$$(1-n)y^{-n}\frac{\mathrm{d}y}{\mathrm{d}x}+(1-n)y^{1-n}p(x)=(1-n)q(x). \tag{2.49}$$

记 $z=y^{1-n}$,得到关于未知函数 z 的一阶线性方程

$$\frac{\mathrm{d}z}{\mathrm{d}x}+(1-n)p(x)z=(1-n)q(x). \tag{2.50}$$

2.4.3 里卡蒂方程

当一阶微分方程

$$\frac{\mathrm{d}y}{\mathrm{d}x}=f(x,y)$$

的右端函数 $f(x,y)$对 y 是二次多项式时,称它为里卡蒂方程,其一般形式为

$$\frac{\mathrm{d}y}{\mathrm{d}x}=p(x)y^2+q(x)y+r(x), \tag{2.51}$$

其中 $p(x)$、$q(x)$和 $r(x)$在区间 I 上连续,而且 $p(x)$不恒为零. 里卡蒂方程是二次的非线性微分方程,在一般情况下无法用初等积分法求解,但是对一些特殊情况,或事先知道一个特解,才可以求出其通解. 下述两个定理介绍了里卡蒂方程可求解的一些特殊情况.

定理 2.2 若已知里卡蒂方程的一个特解 $y=\varphi_1(x)$,则可利用积分法求得它的通解.

证明 对方程(2.51)作变换 $y=u+\varphi_1(x)$,其中 u 是新的未知函数,再代入方程(2.51),得到

$$\frac{\mathrm{d}u}{\mathrm{d}x}+\frac{\mathrm{d}\varphi_1}{\mathrm{d}x}=p(x)[u^2+2\varphi_1(x)u+\varphi_1^2(x)]+q(x)[u+\varphi_1(x)]+r(x),$$

由于 $y=\varphi_1(x)$为方程(2.51)的解,从上式消去相关的项后,可得

$$\frac{\mathrm{d}u}{\mathrm{d}x}=[2p(x)\varphi_1(x)+q(x)]u+p(x)u^2$$

为伯努利方程. 从而可以用积分法求出通解.

定理 2.3 当里卡蒂方程的形式为

$$\frac{\mathrm{d}y}{\mathrm{d}x}+ay^2=bx^m, \tag{2.52}$$

其中 $a\neq 0,b,m$ 都是常数. 设 $x\neq 0$ 和 $y\neq 0$. 则当

$$m=0,-2,\frac{-4k}{2k+1},\frac{-4k}{2k-1}\quad(k=1,2,\cdots) \tag{2.53}$$

时,则存在初等变换使里卡蒂方程(2.52)可以变为变量分离方程.

证明　作自变量变换 $\bar{x}=ax$，可令 $a=1$. 不妨将里卡蒂方程考虑为

$$\frac{\mathrm{d}y}{\mathrm{d}x}+y^2=bx^m. \tag{2.54}$$

当 $m=0$ 时，式(2.54)是一个变量分离方程

$$\frac{\mathrm{d}y}{\mathrm{d}x}=b-y^2.$$

当 $m=-2$ 时，作变换 $z=xy$，其中 z 是新未知函数，代入方程(2.54)得到一个变量分离方程

$$\frac{\mathrm{d}z}{\mathrm{d}x}=\frac{b+z-z^2}{x}.$$

当 $m=\frac{-4k}{2k+1}$时，作变换

$$z=\xi^{\frac{1}{m+1}},\quad y=\frac{b}{m+1}\eta^{-1},$$

其中 ξ 和 η 分别是新的自变量和未知函数，则方程(2.54)变为

$$\frac{\mathrm{d}\eta}{\mathrm{d}\xi}+\eta^2=\frac{b}{(m+1)^2}\xi^n, \tag{2.55}$$

其中 $n=\frac{-4k}{2k-1}$. 再作变换

$$\xi=\frac{1}{t},\eta=t-zt^2,$$

其中 t 和 z 分别是新的自变量和未知函数，则方程(2.55)变为

$$\frac{\mathrm{d}z}{\mathrm{d}t}+z^2=\frac{b}{(m+1)^2}t^l, \tag{2.56}$$

其中 $l=\frac{-4(k-1)}{2(k-1)+1}$.

显然，方程(2.54)和(2.56)属于同一类型方程，且满足 $l=\frac{-4(k-1)}{2(k-1)+1}$ 与 $m=\frac{-4k}{2k+1}$，只是右端自变量的指数从 m 变为 l. 由此可见，只要把上述变换的过程重复 k 次，就能把方程(2.54)化为 $m=0$ 的情形，从而得到变量分离方程.

当 $m=\frac{-4k}{2k-1}$时，此时方程(2.52)属于方程(2.55)的类型，因此可以把它化为微分方程(2.56)的形式，从而化为 $m=0$ 的情形，得到变量分离方程. 至此定理证毕.

习　题　2－4

1. 求解下列微分方程：

(1) $y'=\frac{2y-x}{2x-y}$;　　(2) $y'=\frac{y+x}{x}$;

(3) $y'=\frac{x+2y+1}{2x+4y-1}$;　　(4) $y'=\frac{y^2-x}{2y(x-1)}$;

(5) $y'=xy^2-xy$.

2. 利用适当的变换,求解下列方程:

(1) $y'=\cos(x-y)$; (2) $y'=\dfrac{1}{x-y}+1$;

(3) $y'=\dfrac{xy^2+\sin x}{2y}$; (4) $xy'=-x-\sin(x+y)$;

(5) $y'=\dfrac{2x^3+3xy^2-7x}{3x^2y+2y^3-8y}$.

3. 求解下列微分方程:

(1) $y'=-y^2-\dfrac{1}{4x^2}$; (2) $x^2y'=x^2y^2+xy+1$.

4. 试把二阶微分方程

$$y''+p(x)y'+q(x)y=0$$

化为一个里卡蒂方程.

5. 求一曲线,使得过这个曲线上任意点的切线与该点向径的交角等于45°.

2.5 积分因子法

若方程

$$M(x,y)\mathrm{d}x+N(x,y)\mathrm{d}y=0 \tag{2.57}$$

是恰当方程(即$\dfrac{\partial M}{\partial y}=\dfrac{\partial N}{\partial x}$),则它的通积分为

$$\int_{x_0}^{x}M(x,y)\mathrm{d}x+\int_{y_0}^{y}N(x_0,y)\mathrm{d}y=C.$$

前面章节中,我们还讨论了当(2.57)不是恰当方程时,如何把它转化为一个恰当方程的求解问题.

当方程(2.57)具有变量分离的形式

$$X(x)Y_1(y)\mathrm{d}x+X_1(x)Y(y)\mathrm{d}y=0$$

时,以$\mu(x,y)=\dfrac{1}{X_1(x)Y_1(y)}$乘方程两边,从而得到一个恰当方程

$$\frac{X(x)}{X_1(x)}\mathrm{d}x+\frac{Y(y)}{Y_1(y)}\mathrm{d}y=0.$$

当方程(2.57)是一个一阶线性方程,即

$$\mathrm{d}y+(p(x)y-q(x))\mathrm{d}x=0$$

时,以$\mu(x)=\mathrm{e}^{\int p(x)\mathrm{d}x}$乘方程两边,从而得到一个恰当方程

$$(\mathrm{e}^{\int p(x)\mathrm{d}x}\mathrm{d}y+y\mathrm{e}^{\int p(x)\mathrm{d}x}p(x)\mathrm{d}x)-q(x)\mathrm{e}^{\int p(x)\mathrm{d}x}\mathrm{d}x=0.$$

我们现在将这种方法一般化:对于一般的方程(2.57),我们设法寻找一个可微的非零函数$\mu=\mu(x,y)$,使得用它乘方程(2.57)后,所得方程

$$\mu(x,y)M(x,y)\mathrm{d}x+\mu(x,y)N(x,y)\mathrm{d}y=0 \tag{2.58}$$

为恰当方程,即

$$\frac{\partial(\mu M)}{\partial y}=\frac{\partial(\mu N)}{\partial x}. \tag{2.59}$$

此时 $\mu=\mu(x,y)$ 叫作方程(2.57)的一个积分因子.

接下来,我们考虑对于给定的方程(2.57),它的积分因子是否一定存在,若存在,是否容易求出.

寻求积分因子 $\mu(x,y)$,就是求解微分方程(2.59),或是求解一阶偏微分方程

$$M\frac{\partial\mu}{\partial y}-N\frac{\partial\mu}{\partial x}=(\frac{\partial N}{\partial x}-\frac{\partial M}{\partial y})\mu, \tag{2.60}$$

其中 M 和 N 为已知函数,而 $\mu=\mu(x,y)$ 为未知函数. 理论上偏微分方程(2.60)的解存在,但对于它的求解,归结为原来的方程(2.57)的求解. 因此从方程(2.60)出发求出积分因子的表达式 $\mu=\mu(x,y)$ 之后,再求解方程(2.57)一般是不可取的. 然而,对于某些特殊情况,利用(2.60)去寻求(2.57)的积分因子是可行的.

如果方程(2.57)存在仅与 x 有关的积分因子 $\mu(x,y)=\mu(x)$,则 $\frac{\partial\mu}{\partial y}=0$,此时方程(2.60)变为

$$N(x,y)\frac{\partial\mu(x)}{\partial x}=(\frac{\partial M(x,y)}{\partial y}-\frac{\partial N(x,y)}{\partial x})\mu(x),$$

即

$$\frac{\mathrm{d}\mu(x)}{\mu(x)}=\frac{(\frac{\partial M(x,y)}{\partial y}-\frac{\partial N(x,y)}{\partial x})}{N(x,y)}\mathrm{d}x, \tag{2.61}$$

由于上式左侧仅与 x 有关,所以上式右端只能是 x 的函数的微分. 即:微分方程(2.57)有一个只依赖于 x 的积分因子的必要条件是:表达式

$$\frac{(\frac{\partial M(x,y)}{\partial y}-\frac{\partial N(x,y)}{\partial x})}{N(x,y)} \tag{2.62}$$

只依赖于 x 而与 y 无关,将表达式记作 $G(x)$. 结合式(2.61)可得

$$\frac{\mathrm{d}\mu(x)}{\mu(x)}=G(x)\mathrm{d}x,$$

由此可得

$$\mu(x)=\mathrm{e}^{\int G(x)\mathrm{d}x}, \tag{2.63}$$

易验证它就是(2.57)的一个积分因子. 我们将上述描述用定理表述如下:

定理 2.4　微分方程(2.57)有一个仅依赖于 x 的积分因子的充要条件是表达式(2.62)仅与 x 有关,将表达式(2.62)记作 $G(x)$,这时(2.57)的一个积分因子为(2.63)所示的函数 $\mu(x)$.

同理,可得下述平行结论.

定理 2.5　微分方程(2.57)有一个仅依赖于 y 的积分因子的充要条件是表达式

$$\frac{(\frac{\partial N(x,y)}{\partial x}-\frac{\partial M(x,y)}{\partial y})}{M(x,y)}=H(y)$$

仅与 y 有关，这时(2.57)的一个积分因子为函数 $\mu(y)=e^{\int H(y)dy}$.

例 2.12 求解微分方程

$$(3x^3+y)dx+(2x^2y-x)dy=0. \tag{2.64}$$

分析 可以用积分因子求解通积分.这里有

$$\frac{\partial M}{\partial y}-\frac{\partial N}{\partial x}=2(1-2xy),$$

所以方程(2.64)不是恰当方程.易知,它既不是变量分离方程和齐次方程,也不是一阶线性方程.然而将上式代入(2.62)中可得

$$\frac{1}{N}\left(\frac{\partial M}{\partial y}-\frac{\partial N}{\partial x}\right)=-\frac{2}{x}$$

仅依赖于 x.因此,由定理 3 可得积分因子

$$\mu(x)=e^{-\int\frac{2}{x}dx}=\frac{1}{x^2}.$$

接着以 $\mu(x)$乘式(2.64)可得一恰当方程

$$3xdx+2ydy+\frac{ydx-xdy}{x^2}=0,$$

由此可求得通积分

$$\frac{3}{2}x^2+y^2-\frac{y}{x}=C.$$

此外还应补上特解 $x=0$.

现在从另一种观点——**分组求积分因子**出发,求解上述例题.将式(2.64)的左端分为两组:

$$(3x^3dx+2x^2ydy)+(ydx-xdy)=0.$$

其中第二组 $ydx-xdy$ 显然有积分因子:x^{-2},y^{-2}和$(x^2+y^2)^{-1}$.如果同时照顾到第一组的全微分形式,则 $\mu=x^{-2}$仍是两组公共的积分因子,从而是方程(2.64)的积分因子.为了使这种分组求积分因子的方法一般化,我们需要下述定理.

定理 2.6 若 $\mu=\mu(x,y)$是方程(2.57)的一个积分因子,使得

$$\mu M(x,y)dx+\mu N(x,y)dy=d\Phi(x,y),$$

则 $\mu(x,y)g(\Phi(x,y))$也是方程(2.57)的一个积分因子.其中 $g(\cdot)$是任一可微的非零函数.

基于上述定理,对分组求积分因子法进行更一般的描述.

设方程(2.64)的左端可分为两组:

$$(M_1dx+N_1dy)+(M_2dx+N_2dy)=0,$$

其中第一组和第二组各有积分因子 μ_1 和 μ_2,使得

$$\mu_1(M_1dx+N_1dy)=d\Phi_1,\quad \mu_2(M_2dx+N_2dy)=d\Phi_2.$$

由定理 2.5 知,对任意可微函数 g_1 和 g_2,函数 $\mu_1g_1(\Phi_1)$和 $\mu_2g_2(\Phi_2)$分别是第一组和第二组的积分因子.因此通过选取合适的 g_1 与 g_2,使得 $\mu_1g_1(\Phi_1)=\mu_2g_2(\Phi_2)$,则 $\mu=\mu_1g_1(\Phi_1)$为方程(2.57)的一个积分因子.

例 2.13 求解微分方程

$$(x^3y - 2y^2)dx + x^4dy = 0.$$

解　将方程左端化为

$$(x^3ydx + x^4dy) - 2y^2dx = 0. \tag{2.65}$$

前一组有积分因子 x^{-3} 和通积分 $xy=C$；后一组有积分因子 y^{-2} 和通积分 $z=C$. 寻找可微函数 g_1 和 g_2 使

$$\frac{1}{x^3}g_1(xy) = \frac{1}{y^2}g_2(x).$$

这里取

$$g_1(xy) = \frac{1}{(xy)^2}, \quad g_2(x) = \frac{1}{x^5}.$$

从而得到积分因子

$$\mu = \frac{1}{x^5y^2}.$$

以积分因子 μ 乘方程(2.65)可得全微分方程

$$\frac{1}{(xy)^2}d(xy) - \frac{2}{x^5}dx = 0.$$

积分上式得方程的通解

$$y = \frac{2x^3}{2Cx^4 + 1},$$

其中 C 为任意常数，以及特解 $x=0$ 和 $y=0$.

最后，我们发现若 $M(x,y)dx+N(x,y)dy=0$ 是齐次方程，则函数

$$\mu(x,y) = \frac{1}{xM(x,y) + yN(x,y)} \tag{2.66}$$

是一个积分因子.

例 2.14　求解齐次方程

$$(x+y)dx - (x-y)dy = 0. \tag{2.67}$$

解　由函数(2.66)知，此方程有积分因子

$$\mu = \frac{1}{x(x+y) - y(x-y)} = \frac{1}{x^2+y^2}.$$

以积分因子 μ 乘方程(2.67)得到一个全微分方程

$$\frac{xdx + ydy}{x^2+y^2} - \frac{xdy - ydx}{x^2+y^2} = 0.$$

积分上式，可得

$$\frac{1}{2}\ln(x^2+y^2) - \arctan\frac{y}{x} = \ln C \quad (C > 0),$$

由此得通积分

$$\sqrt{x^2+y^2} = Ce^{\arctan\frac{y}{x}},$$

极坐标形式为

$$r = Ce^{\theta}.$$

由此可见,该积分曲线族是一个以原点为交点的螺旋线族.

习　题　2－5

1. 求解下列微分方程:

(1) $(3x^2y+2xy+y^3)\mathrm{d}x+(x^2+y^2)\mathrm{d}y=0$;　　(2) $y\mathrm{d}x-(x^2+y^2+x)\mathrm{d}y=0$;

(3) $2xy^3\mathrm{d}x+(x^2y^2-1)\mathrm{d}y=0$;　　(4) $y\mathrm{d}x+(2xy-\mathrm{e}^{-2y})\mathrm{d}y=0$;

(5) $y^3\mathrm{d}x+2(x^2-xy^2)\mathrm{d}y=0$;　　(6) $y(1+xy)\mathrm{d}x-x\mathrm{d}y=0$;

(7) $(3x+\frac{6}{y})\mathrm{d}x-(\frac{x^2}{y}+\frac{3y}{x})\mathrm{d}y=0$;　　(8) $\mathrm{e}^x\mathrm{d}x-(\mathrm{e}^x\cot y+2y\cos y)\mathrm{d}y=0$.

2. 证明方程

$$M(x,y)\mathrm{d}x+N(x,y)\mathrm{d}y=0$$

有形如 $\mu=\mu(\varphi(x,y))$ 的积分因子的充要条件是

$$\frac{\frac{\partial M}{\partial y}-\frac{\partial N}{\partial x}}{N\frac{\partial \varphi}{\partial x}-M\frac{\partial \varphi}{\partial y}}=f(\varphi(x,y)),$$

并指出这个积分因子.将结果应用到下述各种情形,得出存在每一种类型积分因子的充要条件:

(1) $\mu=\mu(x\pm y)$;　　(2) $\mu=\mu(x^2+y^2)$;

(3) $\mu=\mu(xy)$;　　(4) $\mu=\mu(\frac{y}{x})$;

(5) $\mu=\mu(x^\alpha y^\beta)$.

3. 设函数 $P(x,y)$,$Q(x,y)$,$\mu_1(x,y)$,$\mu_2(x,y)$都是连续可微的,且 $\mu_1(x,y)$和 $\mu_2(x,y)$是微分方程(2.57)的两个积分因子,$\frac{\mu_1(x,y)}{\mu_2(x,y)}$不恒为常数,试证明:$\frac{\mu_1(x,y)}{\mu_2(x,y)}=C$ 是微分方程(2.57)的一个通积分.

4. 证明齐次方程 $M(x,y)\mathrm{d}x+N(x,y)\mathrm{d}y=0$ 有积分因子 $\mu=\frac{1}{xM+yN}$.

5. 证明定理 5 及其逆定理,在定理 5 的假设下,若 μ_1 是微分方程(2.57)的另一个积分因子,则 μ_1 必可表示为 $\mu_1=\mu g(\Phi)$的形式,其中函数 g 和 Φ 的意义与在定理 5 中相同.

2.6　应用举例

在本小节中,我们将介绍几个应用实例,以此来进一步展示一阶微分方程的一些简单应用.

例 2.15　求已知曲线族的正交轨线族.

形如

$$\varphi(x,y,C)=0 \tag{2.68}$$

的方程给定了一个以 C 为参数的曲线族,在允许范围内的每个特定的参数值 C,由式(2.68)确定一条曲线.我们设法求出另一个曲线族

$$\psi(x,y,K)=0, \tag{2.69}$$

其中 K 为参数,使得曲线族(2.69)中的任意一条曲线与曲线族(2.68)中的每一条曲线相交成定角 $\alpha\left(-\frac{\pi}{2}<\alpha\leqslant\frac{\pi}{2}\right.$,以逆时针方向为正).称这样的曲线族(2.69)为已知曲线族(2.68)的等角轨线族,特别地,当 $\alpha=\frac{\pi}{2}$时,称曲线族(2.69)为式(2.68)的正交轨线族.

大家比较熟悉的正交轨线族的例子有:在平面直角坐标系中分别与坐标轴平行的两组平行直线族 $x=C$ 和 $y=K$,以及在极坐标系中的同心圆族 $r=C$ 和径向射线族 $\theta=K$.利用正交轨线族的特点,一般可将其用于坐标系.

式(2.68)是一个单参数的曲线族,可以先求出它的每一条曲线所满足的微分方程;再利用正交轨线的几何解释,得出正交轨线应满足的微分方程,然后解此方程,即得所求的正交轨线族(2.69).

具体地说,假设 $\varphi'_C\neq0$,则可由联立方程

$$\varphi(x,y,C)=0,\quad \varphi'_x(x,y,C)\mathrm{d}x+\varphi'_y(x,y,C)\mathrm{d}y=0, \tag{2.70}$$

消去 C,得到曲线族(2.68)所满足的微分方程

$$\frac{\mathrm{d}y}{\mathrm{d}x}=H(x,y), \tag{2.71}$$

其中

$$H(x,y)=-\frac{\varphi'_x(x,y,C(x,y))}{\varphi'_y(x,y,C(x,y))},$$

这里 $C=C(x,y)$是由 $\varphi(x,y,C)=0$ 决定的函数.

我们把方程(2.71)在点(x,y)处的线素斜率记为 y'_1,而把与它相交成 α 角的线素斜率记为 y'.则当 $\alpha=\frac{\pi}{2}$时,有

$$y'=-\frac{1}{y'_1},$$

即所求正交轨线的微分方程为

$$\frac{\mathrm{d}y}{\mathrm{d}x}=-\frac{1}{H(x,y)}. \tag{2.72}$$

求解微分方程(2.72),就可以得到方程(2.65)的正交轨线族(2.69).

例如,求椭球圆

$$x^2+2y^2=C^2\quad(C>0) \tag{2.73}$$

的正交轨线族.

椭圆族(2.73)的微分方程可以通过求导数得到,即

$$2x+4y\frac{\mathrm{d}y}{\mathrm{d}x}=0.$$

因此,所求正交轨线族的微分方程为

$$\frac{dy}{dx}=\frac{2y}{x},$$

这是一个变量分离的方程，从而得

$$\frac{dy}{y}=\frac{2dx}{x},$$

取不定积分，得到

$$\log y=\log x^2+\log K,$$

即

$$y=Kx^2. \tag{2.74}$$

这里的 K 是任意常数. 曲线族(2.74)就是椭圆族(2.73)的正交轨线族. 当 $K\neq 0$ 时，曲线族(2.74)表示顶点在原点的一族抛物线.

例 2.16 电容器的充电和放电问题.

如图 2-2 所示的 RC 电路，开始时电容 C 上没有电荷，电容两端的额电压为零. 我们把开关 S 闭合到"1"后，电池 E 就会对电容 C 充电，电容两端的电压 u_C 就会逐渐升高. 经过一段时间后，电容充电完成，我们此时将开关 S 闭合到"2"，此时电容开始放电. 此时找出电容在充、放电过程中，电容两端的电压 u_C 随时间变化的规律就成为一个问题.

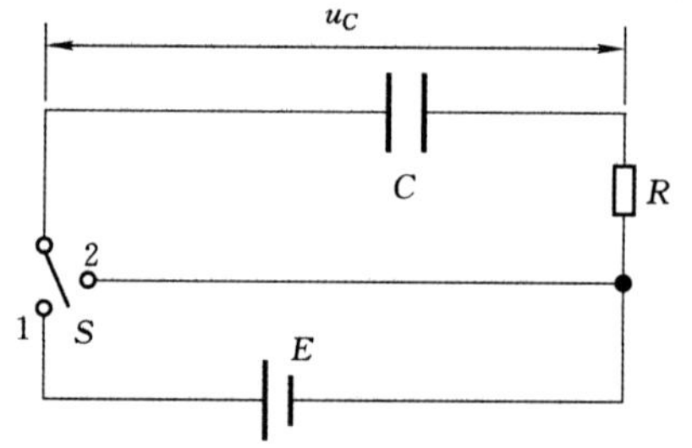

图 2-2

解 根据闭合回路的基尔霍夫第二定律，在充电过程中有

$$u_C+RI=E, \tag{2.75}$$

在电容 C 充电时，电容上的电量 Q 逐渐增多，依据公式 $Q=Cu_C$ 可知

$$I=\frac{dQ}{dt}=\frac{d}{dt}(Cu_C)=C\frac{du_C}{dt}. \tag{2.76}$$

将式(2.76)代入(2.75)，我们可推得 u_C 所满足的微分方程

$$RC\frac{du_C}{dt}+u_C=E, \tag{2.77}$$

这里 R,C,E 均是常数. 观察可知，方程(2.77)属于变量分离方程，将之分离变量可得

$$\frac{du_C}{u_C-E}=-\frac{dt}{RC},$$

两边积分即可得到

$$\ln|u_C-E|=-\frac{1}{RC}t+c_1,$$

即

$$u_C - E = \pm \exp(c_1)\exp(-\frac{1}{RC}t) = c_2\exp(-\frac{1}{RC}t),$$

这里 $c_2 = \pm\exp(c_1)$ 为一任意常数.

接下来将初值条件 $t=0$ 时，$u_C=0$ 代入上式中，可解得

$$c_2 = -E,$$

所以我们最终可以得到电压 u_C 随时间变化的规律为

$$u_C = E(1 - \exp(-\frac{1}{RC}t)). \tag{2.78}$$

根据式(2.78)可知，电压 u_C 从 0 开始逐渐增大，并且在 $t\to\infty$ 时，$u_C \to E$，见图 2-3. 在电工学里面，通常将 $\tau = RC$ 称作时间常数，当时间 $t=3\tau$ 时，电压即为 $u_C = 0.95E$，也就是说当时间为 $t=3\tau$ 时，电容上的电压已经达到外加电压的 95%. 在现实中，通常认为此时电容的充电过程已经结束，可见充电结果为 $u_C = E$.

而对于放电过程，也可以进行类似的讨论.

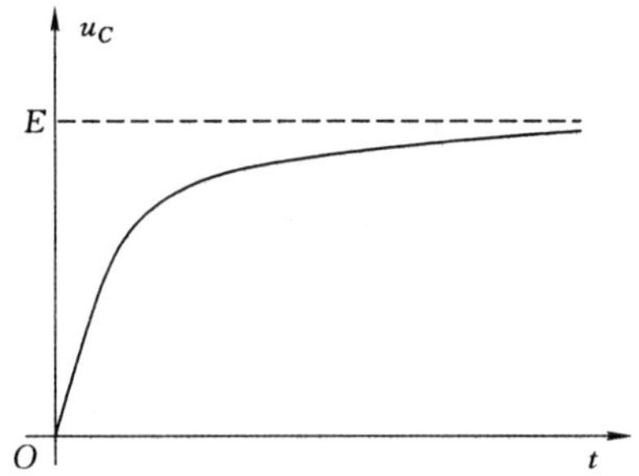

图 2-3

习　题　2-6

1. 求下列各曲线族的正交轨线族：

(1) $x^2+y^2=Cy$；　　(2) $xy=C$；

(3) $y^2=ax^3$；　　(4) $ax^2+by^2=1$.

2. 给定双曲线族 $x^2-2y^2=C$(其中 C 是任意常数). 设有一个动点 P 在平面(x,y)上移动，它的轨迹与和它相交的每条双曲线均成 $\frac{\pi}{6}$ 角，设此动点从 $P_0(0,1)$ 出发，试求该动点的轨迹.

3. 人口问题涉及生物学和社会学问题，一直都是一个棘手的问题，用数学方法研究人口问题还只是一种初步的尝试. 试对我国人口总数发展的趋势作一种估算.

第 3 章　高阶微分方程

实际问题中微分方程经常含有若干个未知函数，以及它们的一些微商. 各未知函数微商的最高阶数之和叫作该微分方程的阶，这个量反映了求解微分方程的难度. 把一个 n 阶的微分方程降低到 $n-1$ 阶就可以使求解微分方程的问题简化一步. 本章将通过一些具体的例子介绍微分方程的降阶技巧，然后阐述一般高阶微分方程的初值问题解的存在性和唯一性，以及解对初值和参数的连续性与可微性. 我们将在下一章介绍关于高阶线性微分方程的一般理论和求解方法.

3.1　几 个 例 子

有一类微分方程不明显包含自变量，这类方程叫作**自治**（或**驻定**）的微分方程，对它们可以进行降阶. 例如，考虑 n 阶的自治微分方程式

$$F\left(y,\frac{\mathrm{d}y}{\mathrm{d}x},\cdots,\frac{\mathrm{d}^n y}{\mathrm{d}x^n}\right)=0, \tag{3.1}$$

取 $z=\dfrac{\mathrm{d}y}{\mathrm{d}x}$，则有关系式

$$\begin{cases}\dfrac{\mathrm{d}^2 y}{\mathrm{d}x^2}=\dfrac{\mathrm{d}z}{\mathrm{d}x}=\dfrac{\mathrm{d}z}{\mathrm{d}y}\dfrac{\mathrm{d}y}{\mathrm{d}x}=z\dfrac{\mathrm{d}z}{\mathrm{d}y},\\ \dfrac{\mathrm{d}^3 y}{\mathrm{d}x^3}=\dfrac{\mathrm{d}}{\mathrm{d}x}\left(z\dfrac{\mathrm{d}z}{\mathrm{d}y}\right)=z^2\dfrac{\mathrm{d}^2 z}{\mathrm{d}y^2}+z\left(\dfrac{\mathrm{d}z}{\mathrm{d}y}\right)^2,\\ \cdots\cdots\\ \dfrac{\mathrm{d}^n y}{\mathrm{d}x^n}=\varphi\left(z,\dfrac{\mathrm{d}z}{\mathrm{d}y},\cdots,\dfrac{\mathrm{d}^{n-1}z}{\mathrm{d}y^{n-1}}\right).\end{cases}$$

然后，把它们代入方程(3.1)，就可以得到一个 $n-1$ 阶的微分方程

$$F_1\left(y,z,\frac{\mathrm{d}z}{\mathrm{d}y},\cdots,\frac{\mathrm{d}^{n-1}z}{\mathrm{d}y^{n-1}}\right)=0,$$

其中 z 是未知函数，而 y 是自变量.

举例如下，微分方程

$$\frac{\mathrm{d}^2 x}{\mathrm{d}t^2}=f(x) \tag{3.2}$$

是一个二阶的自治方程. 令 $v=\dfrac{\mathrm{d}x}{\mathrm{d}t}$，则

$$\frac{\mathrm{d}^2 x}{\mathrm{d}t^2}=\frac{\mathrm{d}v}{\mathrm{d}t}=\frac{\mathrm{d}v}{\mathrm{d}x}\frac{\mathrm{d}x}{\mathrm{d}t}=v\frac{\mathrm{d}v}{\mathrm{d}x}.$$

再代入方程(3.2),我们可以得到一个一阶方程

$$v\frac{\mathrm{d}v}{\mathrm{d}x}=f(x),$$

实际上这是一个变量分离的方程.因此,可以求出它的积分

$$\frac{1}{2}v^2=F(x)-\frac{1}{2}C_1,$$

或

$$v^2=2F(x)-C_1,\tag{3.3}$$

其中 C_1 是一个任意常数,而 $F(x)$ 是 $f(x)$ 的一个原函数.注意,积分(3.3)对于固定的 C_1 实际上是一个一阶的微分方程

$$\frac{\mathrm{d}x}{\mathrm{d}t}=\pm\sqrt{2F(x)-C_1},$$

正巧它也是变量分离的.因此,又可求出它的积分

$$H(x,C_1)=t+C_2,\tag{3.4}$$

C_2 也是一个任意常数,而

$$H(x,C_1)=\int\frac{\mathrm{d}x}{\pm\sqrt{2F(x)-C_1}}.$$

我们称式(3.4)为微分方程(3.2)的**通积分**.通常由它可以得到通解

$$x=u(t,C_1,C_2).\tag{3.5}$$

实际求解过程中,求原函数 H 和由(3.4)反解 x 都可能出现困难.例如,当 $F(x)$ 是一个三次多项式时,H 就是一个椭圆函数.

事实上,对某些实际问题,我们并不需要完全求出通解(3.5).如果只对运动的位移 x 和速度 v 之间的关系即运动的相(x,v)感兴趣,那么式(3.3)就已经给出了这种关系.对于固定的常数 C_1,式(3.3)在平面(x,v)上能够确定一条(或几条)名为**轨线**的曲线 Γ_{C_1}.我们把平面(x,v)称为**相平面**,把相平面上的轨线分布图称为**相图**.

例如,当 $f(x)=-x$ 时,利用式(3.3)我们就有

$$v^2+x^2=-C_1,$$

这时任意常数 C_1 必须是负的.令 $C_1=-C^2$,则轨线 Γ_{C_1} 是一个以原点 O 为中心和以 $C>0$ 为半径的圆周.因此,微分方程

$$\frac{\mathrm{d}^2x}{\mathrm{d}t^2}+x=0\tag{3.6}$$

的相图如图 3-1 所示.注意,微分方程(3.6)等价于

$$\frac{\mathrm{d}x}{\mathrm{d}t}=v,\frac{\mathrm{d}v}{\mathrm{d}t}=-x.$$

同样,微分方程$\frac{\mathrm{d}^2x}{\mathrm{d}t^2}-x=0$ 的相图如图 3-2 所示,其中轨线的箭头方向是根据关系

$$\frac{\mathrm{d}x}{\mathrm{d}t}=v$$

画出的,它表示运动在轨线上的方向.我们观察可以发现,图 3-1 中的每条轨线都是封闭的,这

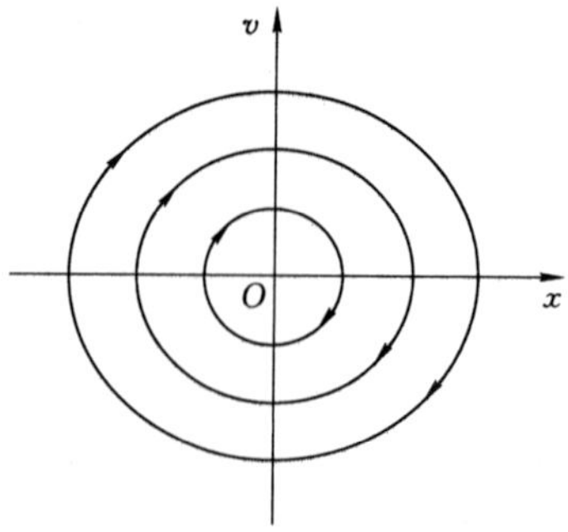

图 3-1

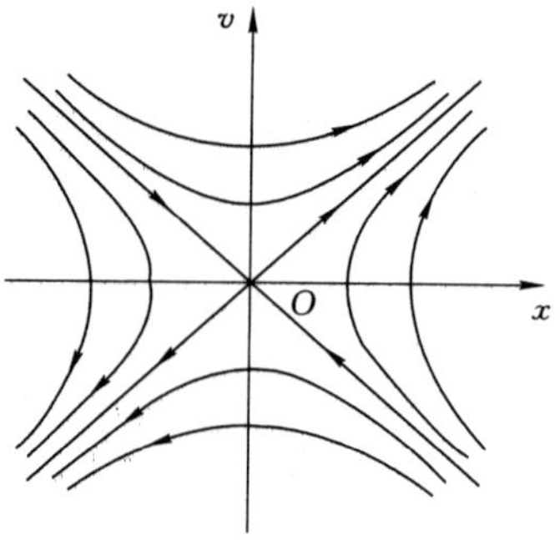

图 3-2

说明相应的运动具有周而复始的周期性，而相图 3-2 所表示的运动就没有这种性质. 注意，在上述两个相图中原点 O 都分别表示各自的静止状态，它对应于各自微分方程的零解（平凡解）. 当 $f(x)$ 不是 x 的线性函数时，要作出方程(3.2)的相图就不像上面那样简单了. 以下我们对自治的二阶微分方程(3.2)介绍它的几何作图法：

先在辅助平面(x,u)上作出函数 $u=2F(x)$ 的图形 Δ；对于任意固定的常数 C_1，我们再考虑图形 Δ 在水平线 $u=C_1$ 之上的那部分 $\Delta^+(C_1)$，即

$$2F(x)-C_1\geqslant 0;$$

然后，根据式(3.3)或 $V=\pm\sqrt{2F(x)-C_1}$ 可以把辅助平面(x,u)上的图形 $\Delta^+(C_1)$ 变换成相平面(x,v)上的图形，就得到了运动轨线 Γ_{C_1}（可能不止一条）. 图 3-3 简明地表示了这种作图法.

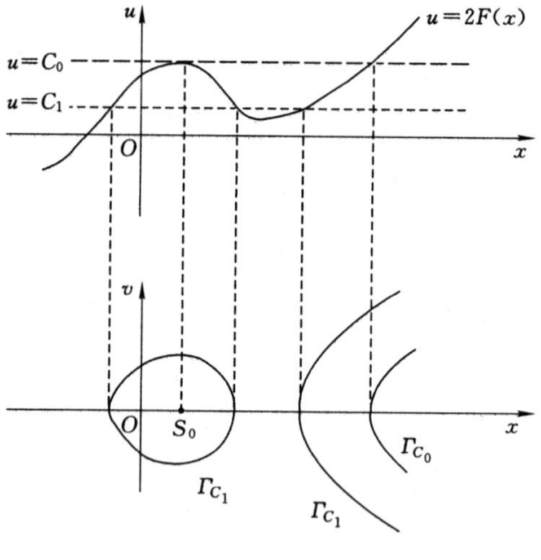

图 3-3

需要注意，在图 3-3 中轨线 Γ_{C_1} 有两个分支，其中之一是一封闭曲线. 特别地，当 C_1 增加至 C_0 时，封闭曲线 Γ_{C_1} 会收缩成一个点 S_0. 请读者自行考虑 $C_1>C_0$ 的情况，或 C_1 减少时轨线 Γ_{C_1} 变化的情况.

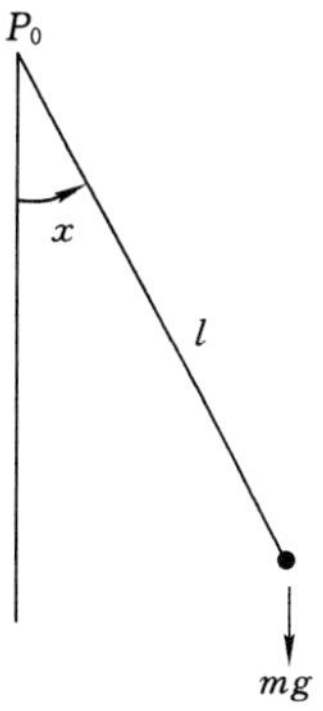

图 3-4

例 3.1　单方摆程：如图 3-4 所示，对于一个长度为 l 不能伸长的细线，它的上端固定在 P_0 点，下端悬挂了一个质量为 m 的小球，它可以在一垂直平面内自由摆动（这里自由的含意是指单摆除重力外不受其他外力的作用）.

假设摆线与垂线的有向夹角为 x，$x=0$ 就对应于单摆下垂的位置. 显然，摆锤将在以 P_0 为中心而以 l 为半径的圆周上来回振动. 这时我们用$\frac{\mathrm{d}x}{\mathrm{d}t}$和$\frac{\mathrm{d}^2x}{\mathrm{d}t^2}$分别表示单摆振动的角速度和角加速度，而摆锤沿圆周的切向加速度则为 $l\frac{\mathrm{d}^2x}{\mathrm{d}t^2}$. 利用牛顿第二运动定律，容易推出单摆的运动方程为

$$m\left(l\frac{\mathrm{d}^2x}{\mathrm{d}t^2}\right)=-mg\sin x,$$

或写成

$$\frac{\mathrm{d}^2x}{\mathrm{d}t^2}+k^2\sin x=0, \tag{3.7}$$

其中常数 $k=\sqrt{g/l}>0$.

单摆方程(3.7)与方程(3.2)的类型一致. 因此，可以用上述方法求解. 事实上还有更加直接的方法：以$\frac{\mathrm{d}x}{\mathrm{d}t}$乘方程(3.7)左右两端，即得

$$\frac{\mathrm{d}x}{\mathrm{d}t}\frac{\mathrm{d}^2x}{\mathrm{d}t^2}+a^2\sin x\frac{\mathrm{d}x}{\mathrm{d}t}=0,$$

再对它积分，得到

$$\frac{1}{2}\left(\frac{\mathrm{d}x}{\mathrm{d}t}\right)^2-a^2\cos x=-\frac{1}{2}C_1.$$

我们把这种由高阶微分方程积分一次(因而包含一个任意常数)所得的关系式称为**首次积分**. 上式可转换为

$$\frac{\mathrm{d}x}{\mathrm{d}t}=\pm\sqrt{2a^2\cos x-C_1}. \tag{3.8}$$

通过分离变量，就可得到通积分

$$\int\frac{\mathrm{d}x}{\pm\sqrt{2a^2\cos x-C_1}}=t+C_2.$$

这里出现了椭圆积分，我们再往下推就遇到了困难.

为了解决这个问题，利用 $\sin x$ 的泰勒展开，并取它的线性近似(即一次近似)：$\sin x\approx x$，这样原来的单摆方程(3.7)经“线性化”后就变成

$$\frac{\mathrm{d}^2x}{\mathrm{d}t^2}+a^2x=0. \tag{3.9}$$

对于这个简单的“线性化”方程，容易得到它的首次积分

$$\left(\frac{\mathrm{d}x}{\mathrm{d}t}\right)^2+a^2x^2=C_1^2\quad(C_1\geqslant 0).$$

因此,我们有

$$\frac{\mathrm{d}x}{\mathrm{d}t}=\pm\sqrt{C_1^2-a^2x^2},$$

再利用分离变量法,可以得到通积分

$$\frac{1}{a}\arcsin\left(\frac{ax}{C_1}\right)=t+C_2,$$

由此求得通解

$$x=A\sin(at+D),\tag{3.10}$$

其中

$$A=\frac{C_1}{a}\geqslant 0,\quad D=aC_2$$

是两个任意常数.由通解(3.10)可见,当 $A=0$ 时我们得到单摆的静止状态:$x=0$ 和 $v=\frac{\mathrm{d}x}{\mathrm{d}t}=0$;当 $A>0$ 时单摆将以 A 为振幅和以 a 为频率作简谐振动.注意,单摆振动一次所需的时间为 $2\pi/a$,它与振幅的大小无关.这就是所谓单摆振动的等时性,它是古代摆钟的理论依据.实验结果表明,上面的结论对单摆的小振动($0<A<\pi/6$)是相当精确的.

但是,通解(3.10)不能用于解释单摆在大振动时出现的某些现象.例如,单摆的进动[即 $\frac{\mathrm{d}x}{\mathrm{d}t}>0$(或 <0),而当 $t\to\infty$ 时 $x\to\infty$(或 $-\infty$)]和单摆振动实际上的不等时性.因此,需要从原来的单摆方程(3.7)重新出发.力学常识告诉我们,单摆振动依赖于它的初始状态,亦即初值条件

$$x(t_0)=x_0,\quad x'(t_0)=v_0,\tag{3.11}$$

其中常数 x_0 和 v_0 分别表示单摆在初始时刻 t_0 时的角位移和角速度.设单摆的振幅为 A ($0<A<\pi$),则它在某一时刻 t_1 的运动状态应该是

$$x(t_1)=A,\quad x'(t_1)=0.\tag{3.12}$$

然后再利用式(3.8),就推出

$$\frac{\mathrm{d}x}{\mathrm{d}t}=\pm\sqrt{2}a\sqrt{\cos x-\cos A},$$

或

$$T=\frac{2\sqrt{2}A}{a}\int_0^1\frac{\mathrm{d}u}{\sqrt{\cos Au-\cos A}}.\tag{3.13}$$

由这个公式利用微积分的方法可以证明:

$$\lim_{A\to 0}T(A)=\frac{2\pi}{a},\quad \lim_{A\to\pi}T(A)=\infty.$$

这就证明单摆振动的周期 T 与振幅 A 有关,亦即单摆振动其实没有等时性.另一方面,利用式(3.8)不难画出单摆运动的相图 3-5.

由相图 3-5 可以清楚看到,Γ_A 表示以 A 为振幅的振动轨线,周期为 $T(A)$;$\widetilde{\Gamma}_1$ 和 $\widetilde{\Gamma}_2$ 表示单摆进动的轨线.值得注意的是,相图关于 x 以 2π 为周期.点(0,0)和点(π,0)是单摆的两个静止点;前者是稳定的,即附近的轨线不能远离它,而后者是不稳定的.

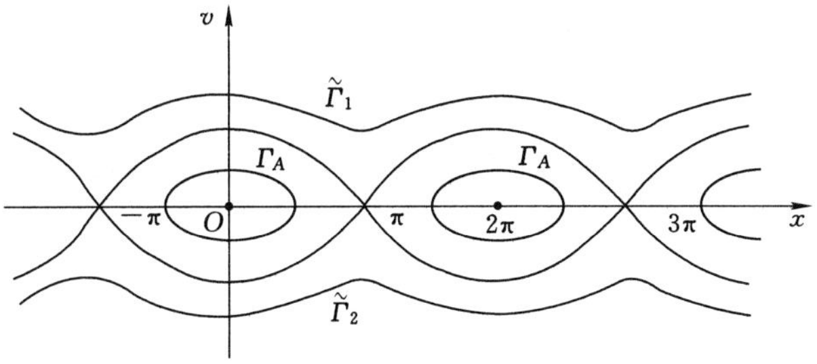

图 3-5

例 3.2　悬链线方程：设有一理想的柔软而不能伸缩的细线，把它悬挂在两个定点 P_1 和 P_2 之间. 又设这条细线只受重力作用，而没有别的载荷. 试求悬链线的形状 $y=y(x)$.

如图 3-6 所示，设定点 P_1 和 P_2 在(x,y)平面内，x 轴表示水平方向，y 轴垂直向上. 令 γ 表示单位长细线所受的重力. 我们任取悬链线 $y=y(x)$上的一小段$\overset{\frown}{PQ}$，设 F 和 Q 的坐标分别为$(x,y(x))$和$(x+\Delta x,y(x+\Delta x))$，$\overset{\frown}{PQ}$的长度为 Δs，其中 s 表示弧段$\overset{\frown}{P_1}$的长度. 则小段$\overset{\frown}{PQ}$所受的重力为

$$G=\gamma\cdot\Delta s,$$

其方向为垂直向下(参看图 3-6 右上角的附图). 在$\overset{\frown}{PQ}$上的作用力除重力 W 外还有张力 F_1 和 F_2，它们分别在 P 点和 Q 点沿着切线方向，令 F_1 和 F_2 的水平分量分别为$T_1=T(x)$和$T_2=T(x+\Delta x)$，而垂直分量分别为 $V_1=V(x)$和 $V_2=V(x+\Delta x)$. 然后，利用平衡条件，我们推出

$$T_2-T_1=0,\quad V_2-V_1-G=0.$$

由此可知，$T(x)=T_0$为常数，而

$$V(x+\Delta x)-V(x)=\gamma\cdot\Delta s.$$

利用中值公式

$$V'(x+\theta\cdot\Delta x)\cdot\Delta x=\gamma\cdot\Delta s\quad(0<\theta<1).$$

令 $\Delta x\to 0$，就有

$$V'(x)=\gamma\frac{\mathrm{d}s}{\mathrm{d}x}.\tag{3.14}$$

利用弧长公式

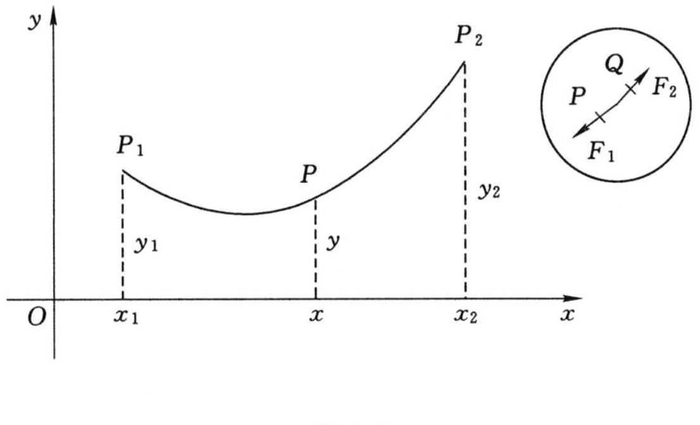

图 3-6

$$\frac{\mathrm{d}s}{\mathrm{d}x}=\sqrt{1+y'(x)^2}$$

和张力的方向，即

$$V(x)=T(x)y'(x)=T_0\cdot y'(x),$$

由式(3.14)可推出

$$T_0\,y''(x)=\gamma\sqrt{1+y'(x)^2}.$$

由此得到悬链线 $y=y(x)$满足微分方程

$$y''=a\sqrt{1+(y')^2},\tag{3.15}$$

其中 $a=\gamma/T_0$是常数.

另外，悬链线 $y=y(x)$自然满足条件

$$y(x_1)=y_1,\quad y(x_2)=y_2.\tag{3.16}$$

注意，该条件不同于初值条件($y(x_0)=y_0,y'(x_0)=y'_0$)；它叫作**边值条件**. 因此，求解悬链线的形状 $y=y(x)$就转化为**求边值问题**(3.15)，(3.16)的解.

注意微分方程(3.15)是一个二阶的自治系统，可按常规降阶. 不过对它还有更简捷的降阶法. 我们令 $z=y'$，则方程(3.15)降为一阶方程

$$z'=a\sqrt{1+z^2},$$

且它是变量分离的. 容易求出它的通解为

$$z=\sinh a(x+C_1),$$

C_1 是一个任意常数. 再积分一次，得到方程(3.15)的通解

$$y=\frac{1}{a}\cosh a(x+C_1)+C_2,\tag{3.17}$$

C_2 同样是任意常数.

利用通解(3.17)和边值条件(3.16)，得到

$$\frac{1}{a}\cosh a(x_1+C_1)+C_2=y_1,$$

$$\frac{1}{a}\cosh a(x_2+C_1)+C_2=y_2.$$

由此可唯一确定任意常数 C_1 和 C_2，从而由式(3.17)给出所求的解，它是一个双曲余弦函数.

此时看来好像问题已经解决. 其实不完全如此. 由于常数 a 依赖于未知的水平力T_0，所以我们需要先确定 a，然后才能完全确定 C_1 和 C_2.

设悬链线的长度为 L，显然

$$L>\sqrt{(x_2-x_1)^2+(y_2-y_1)^2}.\tag{3.18}$$

利用曲线的弧长积分公式，我们有

$$\begin{aligned}L&=\int_{x_1}^{x_2}\sqrt{1+(y')^2}\,\mathrm{d}x=\frac{1}{a}\int_{x_1}^{x_2}y''(x)\,\mathrm{d}x\\&=\frac{1}{a}[\sinh a(x_2+C_1)-\sinh a(x_1+C_1)]\\&=\frac{2}{a}\sinh\frac{a(x_2-x_1)}{2}\cosh\frac{a(x_1+x_2)+2C_1}{2}.\end{aligned}$$

另外，由式(3.17)有，

$$\begin{aligned} y_2 - y_1 &= \frac{1}{a}[\cosh a(x_2 + C_1) - \cosh a(x_1 + C_1)] \\ &= \frac{2}{a}\sinh\frac{a(x_2 - x_1)}{2}\sinh\frac{a(x_1 + x_2) + 2C_1}{2}, \end{aligned}$$

由此推出

$$\sqrt{L^2 - (y_2 - y_1)^2} = \frac{2}{a}\sinh\frac{a(x_2 - x_1)}{2}. \tag{3.19}$$

注意，由式(3.18)可知(3.19)的左端是一个正常数，设为L_0，再令常数$L_1 = x_2 - x_1 > 0$，则$L_0 > L_1$。因此，由式(3.19)得到

$$\frac{L_0}{2}a = \sinh\frac{L_1}{2}a.$$

由此再利用简单的作图法(亦即求曲线 $y = \frac{L_0}{2}x$ 和 $y = \sinh\frac{L_1}{2}x$ 的交点)，就可唯一地确定正数 a.

例 3.3　二体问题：地球绕太阳的运动历来是受人重视的问题之一. 为简单起见，我们不考虑其他天体(微小)的影响. 此时可以看成是一个二体问题. 设太阳 S 位于惯性坐标系(x,y,z)的原点 O，而地球 E 的坐标向量为

$$r(t) = (x(t), y(t), z(t)),$$

则 E 的运动速度和加速度分别为

$$\dot{r}(t) = (\dot{x}(t), \dot{y}(t), \dot{z}(t)), \quad \ddot{r}(t) = (\ddot{x}(t), \ddot{y}(t), \ddot{z}(t)).$$

令太阳和地球的质量分别为 m_s 和 m_e，则地球的惯性力为

$$m_e\ddot{r}(t) = m_e(\ddot{x}(t), \ddot{y}(t), \ddot{z}(t)).$$

另外，由万有引力定律得知，地球受太阳的吸引力为

$$f(t) = -G\frac{m_s m_e}{|r(t)|^2}\frac{r(t)}{|r(t)|},$$

其中 G 是万有引力常量，而$|r(t)|$表示 $r(t)$的欧氏模，即

$$|r(t)| = \sqrt{x^2(t) + y^2(t) + z^2(t)}.$$

再利用牛顿第二运动定律，我们得到地球的运动微分方程

$$m_e\ddot{r}(t) = f(t),$$

亦即

$$\begin{cases} \ddot{x} = -\dfrac{Gm_s x}{(\sqrt{x^2 + y^2 + z^2})^3}, \\ \ddot{y} = -\dfrac{Gm_s y}{(\sqrt{x^2 + y^2 + z^2})^3}, \\ \ddot{z} = -\dfrac{Gm_s z}{(\sqrt{x^2 + y^2 + z^2})^3}. \end{cases} \tag{3.20}$$

它是一个自治的微分方程组，其中未知函数为 $x = x(t)$，$y = y(t)$和 $z = z(t)$. 注意，这是一个 6 阶的微分方程组.

由力学知识可知，地球的运动$(x(t), y(t), z(t))$还决定于它的初始状态

$$\begin{cases} x(t_0)=x_0, & y(t_0)=y_0, & z(t_0)=z_0, \\ \dot{x}(t_0)=u_0, & \dot{y}(t_0)=v_0, & \dot{z}(t_0)=w_0. \end{cases} \tag{3.21}$$

因此,为了解决地球的运动问题,我们需要求解初值问题(3.20)+(3.21).

由方程(3.20)可以得到

$$z\ddot{y}-y\ddot{z}=0,$$

亦即

$$\frac{\mathrm{d}}{\mathrm{d}t}[z\dot{y}-y\dot{z}]=0.$$

由此得到一个首次积分

$$z\dot{y}-y\dot{z}=C_1, \tag{3.22}$$

其中 C_1 是任意常数.类似地,还可以求出另外两个首次积分

$$x\dot{z}-z\dot{x}=C_2, \tag{3.23}$$

和

$$y\dot{x}-x\dot{y}=C_3, \tag{3.24}$$

这里 C_2 和 C_3 都是任意常数,以下设 $C_3>0$.

由式(3.22),式(3.23)和式(3.24)推出

$$C_1x+C_2y+C_3z=0.$$

这说明地球运动的轨道永远在一个平面上;或者说,二体问题是一个平面问题.因此,我们不妨设地球的轨道永远在平面 $z=0$ 上.这样一来,方程(3.20)就降为一个 4 阶方程

$$\begin{cases} \ddot{x}+\mu x\left(\sqrt{x^2+y^2}\right)^{-3}=0, \\ \ddot{y}+\mu y\left(\sqrt{x^2+y^2}\right)^{-3}=0, \end{cases} \tag{3.25}$$

其中常数 $\mu=Gm_s$.由此可得

$$(\dot{x}\ddot{x}+\dot{y}\ddot{y})+\mu(x\dot{x}+y\dot{y})\left(\sqrt{x^2+y^2}\right)^{-3}=0,$$

亦即

$$\frac{\mathrm{d}}{\mathrm{d}t}(\dot{x}^2+\dot{y}^2)-2\mu\frac{\mathrm{d}}{\mathrm{d}t}\left(\frac{1}{\sqrt{x^2+y^2}}\right)=0.$$

由此又得到一个首次积分

$$\dot{x}^2+\dot{y}^2-\frac{2\mu}{\sqrt{x^2+y^2}}=C_4. \tag{3.26}$$

取极坐标 $x=r\cos\theta, y=r\sin\theta$,式(3.26)化为

$$\left(\frac{\mathrm{d}r}{\mathrm{d}t}\right)^2+\left(r\frac{\mathrm{d}\theta}{\mathrm{d}t}\right)^2-\frac{2\mu}{r}=C_4, \tag{3.27}$$

而首次积分(3.24)化为

$$r^2\frac{\mathrm{d}\theta}{\mathrm{d}t}=-C_3. \tag{3.28}$$

然后,由式(3.27)和式(3.28)可知

$$\left(\frac{\mathrm{d}r}{\mathrm{d}t}\right)^2=C_4+\left(\frac{\mu}{C_3}\right)^2-\left(\frac{C_3}{r}-\frac{\mu}{C_3}\right)^2,$$

这要求 C_4 必须满足

$$C_4 + \left(\frac{\mu}{C_3}\right)^2 > 0.$$

因此,我们有

$$\frac{\mathrm{d}r}{\mathrm{d}t} = \pm\sqrt{C_4 + \left(\frac{\mu}{C_3}\right)^2 - \left(\frac{C_3}{r} - \frac{\mu}{C_3}\right)^2}.$$

再利用式(3.28)推出

$$\frac{\mathrm{d}r}{\mathrm{d}\theta} = \pm\frac{r^2}{C_3}\sqrt{C_4 + \left(\frac{\mu}{C_3}\right)^2 - \left(\frac{C_3}{r} - \frac{\mu}{C_3}\right)^2},$$

亦即

$$\frac{\mathrm{d}\left(\frac{C_3}{r}\right)}{\pm\sqrt{C_4 + \left(\frac{\mu}{C_3}\right)^2 - \left(\frac{C_3}{r} - \frac{\mu}{C_3}\right)^2}} = \mathrm{d}\theta.$$

由此,可以得到

$$\arccos\frac{\frac{C_3}{r} - \frac{\mu}{C_3}}{\sqrt{C_4 + \left(\frac{\mu}{C_3}\right)^2}} = \theta - C_5,$$

从上式解出 r,得到

$$r = \frac{a}{1 + e\cos(\theta - \theta_0)}, \tag{3.29}$$

其中常数

$$e = \frac{C_3}{\mu}\sqrt{C_4 + \left(\frac{\mu}{C_3}\right)^2} > 0, \quad a = \frac{C_3^2}{\mu} > 0, \quad \theta_0 = C_5.$$

由平面解析几何的知识得知方程(3.29)表示一条二次曲线. 当正数 $e<1$ 时,它是椭圆;当 $e=1$ 时,它是抛物线;当 $e>1$ 时,它是双曲线. 我们知道,地球绕太阳的情形应该属于椭圆轨道,亦即 $0<e<1$.

在历史上曾有许多人相信,由于太阳巨大的引力,地球将盘旋于太阳,而最终跌落到太阳上. 因此,上述二体问题的数学解答有利于澄清一些违反科学的邪说.

习　题　3－1

1. 利用线性单摆方程测量你所在地的重力常数 g.

2. 如果在非线性单摆方程中取 $\sin x$ 的三次近似,即

$$\sin x \approx x - \frac{1}{6}x^3,$$

则有单摆的三次近似方程

$$\frac{\mathrm{d}^2 x}{\mathrm{d}t^2} + a\left(x - \frac{1}{6}x^3\right) = 0.$$

由此证明单摆运动是不等时的，而且用它的相图说明可以发生单摆进动.

3. 在悬链线问题中当 $L=\sqrt{(x_2-x_1)^2+(y_2-y_1)^2}$ 时如何处理？

4. 微分方程(3.20)表示二体问题的运动方程. 在上面求解过程中，请选择适当的积分常数，使得运动 $(x(t),y(t),z(t))$ 的轨道在一条直线上并且趋向 O 点(即二体发生碰撞)；或者使轨道的形状是一个圆周.

3.2 n 维线性空间中的微分方程

设 n 阶微分方程

$$\frac{\mathrm{d}^n y}{\mathrm{d}x^n}=F\left(x,y,\frac{\mathrm{d}y}{\mathrm{d}x},\cdots,\frac{\mathrm{d}^{n-1}y}{\mathrm{d}x^{n-1}}\right),\tag{3.30}$$

其中 x 是自变量，y 是未知的.

令

$$y_1=y,\quad y_2=\frac{\mathrm{d}y}{\mathrm{d}x},\quad \cdots,\quad y_n=\frac{\mathrm{d}^{n-1}y}{\mathrm{d}x^{n-1}},$$

则 n 阶微分方程(3.30)可以写成如下形式的 n 阶标准微分方程组：

$$\begin{cases}\dfrac{\mathrm{d}y_1}{\mathrm{d}x}=y_2,\\[2mm] \dfrac{\mathrm{d}y_2}{\mathrm{d}x}=y_3,\\ \cdots\cdots\\ \dfrac{\mathrm{d}y_n}{\mathrm{d}x}=F(x,y_1,y_2,\cdots,y_n).\end{cases}\tag{3.31}$$

因此，我们说式(3.30)和式(3.31)是相互等价的，即若函数 $y=f(x)$ 是方程(3.30)的解，则函数组 $y_1=f(x),y_2=f'(x),\cdots,y_n=f^{(n-1)}(x)$ 是方程组(3.31)的解；反之，若函数组 $y_1=f_1(x),y_2=f_2(x),\cdots,y_n=f_n(x)$ 是方程组(3.31)的解，则其中第一个函数 $y=f_1(x)$ 是方程(3.30)的解.

同样，可以考虑多个未知函数的高阶微分方程组. 例如，微分方程组

$$\begin{cases}\dfrac{\mathrm{d}f}{\mathrm{d}x}=F\left(x,f,g,\dfrac{\mathrm{d}g}{\mathrm{d}x},h,\dfrac{\mathrm{d}h}{\mathrm{d}x},\dfrac{\mathrm{d}^2h}{\mathrm{d}x^2}\right),\\[2mm] \dfrac{\mathrm{d}^2g}{\mathrm{d}x^2}=G\left(x,f,g,\dfrac{\mathrm{d}g}{\mathrm{d}x},h,\dfrac{\mathrm{d}h}{\mathrm{d}x},\dfrac{\mathrm{d}^2h}{\mathrm{d}x^2}\right),\\[2mm] \dfrac{\mathrm{d}^3h}{\mathrm{d}x^3}=H\left(x,f,g,\dfrac{\mathrm{d}g}{\mathrm{d}x},h,\dfrac{\mathrm{d}h}{\mathrm{d}x},\dfrac{\mathrm{d}^2h}{\mathrm{d}x^2}\right),\end{cases}\tag{3.32}$$

其中未知函数 f,g,h 的最高微商的阶数分别为 1,2,3. 因此，微分方程组(3.32)的阶数 $n=6$.

令

$$\begin{cases}y_1=f,\\[2mm] y_2=g,\quad y_3=\dfrac{\mathrm{d}g}{\mathrm{d}x},\\[2mm] y_4=h,\quad y_5=\dfrac{\mathrm{d}h}{\mathrm{d}x},\quad y_6=\dfrac{\mathrm{d}^2h}{\mathrm{d}x^2},\end{cases}$$

则方程组(3.32)等价于下面的6阶标准微分方程组：

$$\begin{cases}\dfrac{\mathrm{d}y_1}{\mathrm{d}x}=F(x,y_1,\cdots,y_6),\\[2mm] \dfrac{\mathrm{d}y_2}{\mathrm{d}x}=y_3,\\[2mm] \dfrac{\mathrm{d}y_3}{\mathrm{d}x}=G(x,y_1,\cdots,y_6),\\[2mm] \dfrac{\mathrm{d}y_4}{\mathrm{d}x}=y_5,\\[2mm] \dfrac{\mathrm{d}y_5}{\mathrm{d}x}=y_6,\\[2mm] \dfrac{\mathrm{d}y_6}{\mathrm{d}x}=H(x,y_1,\cdots,y_6).\end{cases} \tag{3.33}$$

微分方程组(3.31)和(3.33)的特点是未知函数的个数等于微分方程本身的阶数.这类微分方程可以写成如下的标准形式：

$$\begin{cases}\dfrac{\mathrm{d}y_1}{\mathrm{d}x}=f_1(x,y_1,\cdots,y_n)\\[2mm] \dfrac{\mathrm{d}y_2}{\mathrm{d}x}=f_2(x,y_1,\cdots,y_n)\\[2mm] \cdots\cdots\\[2mm] \dfrac{\mathrm{d}y_n}{\mathrm{d}x}=f_n(x,y_1,\cdots,y_n)\end{cases} \tag{3.34}$$

其中 $f_1,f_2,\cdots,f_n$ 是变元 $(x,y_1,y_2,\cdots,y_n)$ 在某个区域 D 内的连续函数.

下面为了更加简介,我们采用向量的形式.令 n 维的行向量

$$y=(y_1,y_2,\cdots,y_n)\in\mathbb{R}^n.$$

又令

$$f_k(x,y)=f_k(x,y_1,y_2,\cdots,y_n)\quad k=1,2,\cdots,n$$

及 $f(x,y)=(f_1(x,y),f_2(x,y),\cdots,f_n(x,y))\in\mathbb{R}^n$,规定

$$\frac{\mathrm{d}y}{\mathrm{d}x}=\left(\frac{\mathrm{d}y_1}{\mathrm{d}x},\frac{\mathrm{d}y_2}{\mathrm{d}x},\cdots,\frac{\mathrm{d}y_n}{\mathrm{d}x}\right),$$

则微分方程组(3.34)的向量形式为

$$\frac{\mathrm{d}\mathbf{y}}{\mathrm{d}x}=f(x,\mathbf{y}), \tag{3.35}$$

其中 $f(x,\mathbf{y})$ 是关于变元 $(x,y)\in D$ 的一个 n 维向量值函数,即式(3.35)的未知函数 $y=y(x)$ 在 n 维线性空间 $\mathbb{R}^n$ 中取值.这里假定 $\mathbb{R}^n$ 是实数域上的线性空间.

为了确定微分方程(3.35)的解,还需要加上初值条件

$$\mathbf{y}(x_0)=\mathbf{y}_0, \tag{3.36}$$

其中 $(x_0,y_0)\in D\subset\mathbb{R}^{n+1}$.这样我们就需要研究初值问题

$$\begin{cases}\dfrac{\mathrm{d}\mathbf{y}}{\mathrm{d}x}=f(x,\mathbf{y}),\\[2mm] \mathbf{y}(x_0)=\mathbf{y}_0.\end{cases} \tag{3.37}$$

当 $n=1$ 时,前面已经证明了该初值问题的解的存在唯一性(见皮卡定理和佩亚诺定理).

当 $n>1$ 时,由于是对向量和矩阵进行分析,此时需要在 $\mathbb{R}^n$ 中引进适当的模就可以用同样的方法对上述初值问题证明相应的皮卡定理和佩亚诺定理.

为此,对于任意 $\boldsymbol{y}=(y_1,y_2,\cdots,y_n)\in\mathbb{R}^n$,令 $|\boldsymbol{y}|$ 表示 $\boldsymbol{y}$ 的模(范数),它有不同的定义方式,例如:

(1) $|\boldsymbol{y}|=|y_1|+|y_2|+\cdots+|y_n|$;

(2) $|\boldsymbol{y}|=\max\{|y_1|,|y_2|,\cdots,|y_n|\}$;

(3) $|\boldsymbol{y}|=\sqrt{y_1^2+y_2^2+\cdots+y_n^2}$.

注意,最后一种定义是众所周知的**欧氏模**.前面的两种定义中,等式左边的 $|\cdot|$ 表示向量的模,而右边的 $|\cdot|$ 表示绝对值.并且对于上述三种定义,它们是等价的(即由它们定义的开集分别是等价的).一般来说,定义(2)在应用上较为方便.**向量模**的基本性质有下面几条:

(1) 对任何 $y\in\mathbb{R}^n$,$|y|\geqslant 0$;且 $|y|=0$ 当且仅当 $y=0$;

(2) 对任何 $y,z\in\mathbb{R}^n$,$|y+z|\leqslant|y|+|z|$.

在线性空间 $\mathbb{R}^n$ 中一旦引进范数的定义后,$\mathbb{R}^n$ 就称为 ***n* 维赋范线性空间**,而在 n 维赋范线性空间中同样可以建立微积分学和无穷级数一致收敛的概念,并可以用来证明 Ascoli 引理.自然,对函数 $f(x,\boldsymbol{y})$,可以定义其在

$$R:\quad |x-x_0|\leqslant a,\quad |y-y_0|\leqslant b$$

上的连续性及李氏条件

$$|f(x,y)-f(x,z)|\leqslant L|y-z|,$$

其中 $L\geqslant 0$ 是李氏常数.

因此,我们已经建立了证明皮卡定理和佩亚诺定理所需要的有关的概念,并且在形式上是一样的,故我们可以照搬那里的方法来证明初值问题(3.37)的解的皮卡定理和佩亚诺定理.

最后指出一点,如果在方程(3.34)中函数 $f_1,f_2,\cdots,f_n$ 都是关于 $y_1,y_2,\cdots,y_n$ 的线性函数,即

$$f_i(x,y_1,y_2,\cdots,y_n)=\sum_{k=1}^{n}a_{ki}(x)y_k+l_i(x)\quad i=1,2,\cdots,n$$

则称微分方程(3.34)是线性的;否则,称其为非线性的.

线性微分方程组

$$\frac{\mathrm{d}y_i}{\mathrm{d}x}=\sum_{k=1}^{n}a_{ki}(x)y_k+l_i(x)\quad i=1,2,\cdots,n \tag{3.38}$$

的向量形式可以写成

$$\frac{\mathrm{d}\boldsymbol{y}}{\mathrm{d}x}=\boldsymbol{y}\boldsymbol{A}(x)+\boldsymbol{l}(x) \tag{3.39}$$

其中向量 $\boldsymbol{y}=(y_1,y_2,\cdots,y_n)$ 和 $\boldsymbol{l}(x)=(l_1(x),l_2(x),\cdots,l_n(x))$,而矩阵 $\boldsymbol{A}(x)=(a_{nm}(x))_{n\times n}$.

如果采用列向量的写法,即

$$\boldsymbol{y}=\begin{pmatrix}y_1\\y_2\\\vdots\\y_n\end{pmatrix},\quad \boldsymbol{l}(x)=\begin{pmatrix}l_1(x)\\l_2(x)\\\vdots\\l_n(x)\end{pmatrix},$$

则线性微分方程组(3.38)的向量形式为

$$\frac{d\boldsymbol{y}}{dx}=\boldsymbol{A}(x)\boldsymbol{y}+\boldsymbol{l}(x). \tag{3.40}$$

但是要注意的是,式(3.40)和式(3.39)在形式上是有区别的,许多文献中一般多采用列向量的形式.

设 $\boldsymbol{A}(x)$ 和 $\boldsymbol{l}(x)$ 在区间 $a<x<b$ 上是连续的,则容易证明线性微分方程(3.40)满足任何初值条件

$$\boldsymbol{y}(x_0)=\boldsymbol{y}_0 \qquad (a<x_0<b,\boldsymbol{y}_0\in\mathbb{R}^n)$$

的解 $\boldsymbol{y}=\boldsymbol{y}(x)$ 在整个区间 $a<x<b$ 上是存在且唯一的.

3.3　解对初值和参数的连续依赖性

对于初值问题

$$\begin{cases}\dfrac{dy}{dx}=f(x,\boldsymbol{y})\\ \boldsymbol{y}(x_0)=\boldsymbol{y}_0\end{cases} \tag{3.41}$$

其中,$x\in\mathbb{R}$,$\boldsymbol{y}\in\mathbb{R}^n$,$f:D\subseteq\mathbb{R}^{n+1}\to\mathbb{R}^n$,$(x_0,\boldsymbol{y}_0)\in D$. 之前我们把初值$(x_0,\boldsymbol{y}_0)$看成是固定值,那么如果初值问题(3.41)的解存在,则应该是自变量 x 的函数. 现在让$(x_0,\boldsymbol{y}_0)$在 D 内变化,则对应的解也会随之变化. 因此,一般来说,初值问题(3.41)的解应该是自变量 x 和初值$(x_0,\boldsymbol{y}_0)$的函数,可以把(3.41)的解记作 $\boldsymbol{y}=\varphi(x;x_0,\boldsymbol{y}_0)$.

此外,在应用中一般还要研究含有不同参数的微分方程的初值问题

$$\begin{cases}\dfrac{dy}{dx}=f(x,\boldsymbol{y};\boldsymbol{\lambda})\\ \boldsymbol{y}(x_0,\lambda)=\boldsymbol{y}_0\end{cases} \tag{3.42}$$

其中,$x\in\mathbb{R}$,$y\in\mathbb{R}^n$,$\boldsymbol{\lambda}=(\lambda_1,\cdots,\lambda_m)^{\mathrm{T}}\in\mathbb{R}^n$,$f:D_\lambda\subseteq\mathbb{R}^{n+m+1}\to\mathbb{R}^n$,$(x_0,y_0,\lambda)\in D_\lambda$. 显然,当 $\boldsymbol{\lambda}$ 变动时,初值问题(3.42)的解也会随之变化. 因此一般来说,初值问题(3.42)的解应该是自变量 x 和初值(x_0,y_0)以及参数 $\boldsymbol{\lambda}$ 的函数,记作 $y=\varphi(x;x_0,y_0;\boldsymbol{\lambda})$.

自然而然地存在有一个问题:当初值或参数,或两者同时变化时,对应的初值问题的解会发生怎样的变化? 这个问题在理论和实际上都是十分重要的. 首先,在实际应用中,当把物理或工程技术问题转化为微分方程的初值问题时,初值往往都是通过测量得到的,会存在一定的误差. 其次,在微分方程描述的系统中,参数往往表述某些外界因素(如温度,压强等)的影响,这些影响一般也是无法精确测量的. 假如初值或参数的微小变化会引起解的巨大变化,那么所求得的解就不能近似描述所要研究的对象,从而没有实用价值.

本节先考虑连续依赖性. 为此,作变化

$$t=x-x_0,\boldsymbol{u}=\boldsymbol{y}-\boldsymbol{y}_0,$$

其中 t 是新的自变量,而 $u=u(t)$ 是未知函数,则初值问题(3.42)变成

$$\frac{du}{dt}=f(t+x_0,\boldsymbol{u}+\boldsymbol{y}_0,\boldsymbol{\lambda}),\quad \boldsymbol{u}(0)=0. \tag{3.43}$$

需要注意的是，原来的初值(x_0,y_0)在(3.43)的初值问题中和 $\boldsymbol{\lambda}$ 同样以参数的形式出现，而(3.43)的初值条件是固定不变的. 因此，不是一般性，我们只讨论初值问题

$$\frac{\mathrm{d}\boldsymbol{y}}{\mathrm{d}x}=f(x,y;\boldsymbol{\lambda}),\quad \boldsymbol{y}(0)=0 \tag{3.44}$$

的解 $\boldsymbol{y}=\varphi(x,\boldsymbol{\lambda})$对参数 λ 的依赖性，其中 $\boldsymbol{\lambda}$ 是 m 维参数向量.

我们如果能先证明初值问题(3.44)的皮卡序列$\{\varphi_k(x,\boldsymbol{\lambda})\}$对参数 λ 的连续性(可微性)，再证明 $\varphi_k(x,\boldsymbol{\lambda})$是一致收敛的，而且它的极限 $y=\varphi(x,\boldsymbol{\lambda})$是(3.44)的解，那么也就证明了有关的解对参数 $\boldsymbol{\lambda}$ 的连续性(可微性).

定理 3.1 设 n 维向量值函数 $f(x,\boldsymbol{y};\boldsymbol{\lambda})$在区域

$$D_\lambda:\quad |x|\leqslant a,\quad |\boldsymbol{y}|\leqslant b,\quad |\boldsymbol{\lambda}-\boldsymbol{\lambda}_0|\leqslant c$$

上是连续的，而且对 $\boldsymbol{y}$ 满足李氏条件

$$|f(x,\boldsymbol{y}_1,\boldsymbol{\lambda})-f(x,\boldsymbol{y}_2,\boldsymbol{\lambda})|\leqslant L|\boldsymbol{y}_1-\boldsymbol{y}_2|,$$

其中常数 $L\geqslant 0$. 令正数 M 为$|f(x,\boldsymbol{y},\boldsymbol{\lambda})|$在区域 D_λ 的一个上界，并令

$$h=\min\left(a,\frac{b}{M}\right).$$

则初值问题(3.44)的解 $y=\varphi(x,\boldsymbol{\lambda})$在区域

$$D:\quad |x|\leqslant h\quad |\boldsymbol{\lambda}-\boldsymbol{\lambda}_0|\leqslant c$$

上是连续的.

证明 由于和前面的皮卡定理的证明类似，故下面只简要列出证明过程中的要点：

(1) 初值问题(3.44)等价于积分方程

$$\boldsymbol{y}=\int_0^x f(t,\boldsymbol{y},\boldsymbol{\lambda})\mathrm{d}t. \tag{3.45}$$

(2) 构造皮卡迭代序列

$$\varphi_{k+1}(x,\boldsymbol{\lambda})=\int_0^x f(t,\varphi_k(t,\boldsymbol{\lambda}),\boldsymbol{\lambda})\mathrm{d}t,\quad k=0,1,2,\cdots, \tag{3.46}$$

其中 $\varphi_0(x,\boldsymbol{\lambda})=0,(x,\boldsymbol{\lambda})\in D$.

(3) 通过数学归纳法证明 $\boldsymbol{\varphi}_k(x,\boldsymbol{\lambda})$对$(x,\boldsymbol{\lambda})\in D$ 是连续的.

(4) 通过数学归纳法证明

$$|\boldsymbol{\varphi}_{k+1}(x,\lambda)-\boldsymbol{\varphi}_k(x,\boldsymbol{\lambda})|\leqslant\frac{M}{L}\frac{(L|x|)^{k+1}}{(k+1)!},$$

这里能说明皮卡序列 $\varphi_k(x,\boldsymbol{\lambda})$对$(x,\boldsymbol{\lambda})\in D$ 是一致收敛的.

(5) 令

$$\boldsymbol{\varphi}(x,\boldsymbol{\lambda})=\lim_{k\to\infty}\boldsymbol{\varphi}_k(x,\boldsymbol{\lambda}),\quad (x,\lambda)\in D.$$

则 $y=\varphi(x,\lambda)$是初值问题(3.44)的唯一解，且对$(x,\lambda)\in D$ 是连续的.

推论 3.1 设 n 维向量值函数 $f(x,y)$在区域

$$D:|x-x_0|\leqslant a,\quad |\boldsymbol{y}-\boldsymbol{y}_0|\leqslant b$$

上是连续的，而且对 $\boldsymbol{y}$ 满足李氏条件，则微分方程初值问题

$$\frac{\mathrm{d}y}{\mathrm{d}x}=f(x,\boldsymbol{y}),\quad y(x_0)=\boldsymbol{\alpha} \tag{3.47}$$

的解 $\boldsymbol{y}=\varphi(x,\boldsymbol{\alpha})$ 在区域

$$R:|x-x_0|\leqslant\frac{h}{2},\quad|\alpha-\boldsymbol{y}_0|\leqslant\frac{b}{2}$$

上是连续的，其中 $h=\min(a,\frac{b}{M})$，而正数 M 为 $|f(x,y)|$ 在区域 D 上的一个上界.

利用这个推论，对微分方程(3.47)在 $(x_0,\boldsymbol{y}_0)$ 点领域内的积分区域作局部的"拉直". 为此，考虑变换：

$$F:\quad x=x\quad y=\varphi(x,\alpha).$$

这是从区域 R 到区域 $F(R)\subset D$ 的连续变换. 根据解的唯一性，只要 $\boldsymbol{\alpha}_1\neq\boldsymbol{\alpha}_2$，就有 $\boldsymbol{\varphi}(x,\boldsymbol{\alpha}_1)\neq\boldsymbol{\varphi}(x,\boldsymbol{\alpha}_2)$. 从而 F 是一对一的变换，故 F 是一个拓扑变换. 对于任意固定的 $\bar{\boldsymbol{\alpha}}(|\bar{\boldsymbol{\alpha}}-y_0|\leqslant\frac{b}{2})$，变换 F 把区域 R 内的直线段

$$L_{\bar{\alpha}}:\quad|x-x_0|\leqslant\frac{h}{2},\quad\boldsymbol{\alpha}=\bar{\boldsymbol{\alpha}}$$

变换成微分方程(3.47)经过点 $(x_0,\bar{\boldsymbol{\alpha}})$ 处的一段积分曲线

$$\Upsilon_{\bar{\alpha}}:\quad|x-x_0|\leqslant\frac{h}{2},\quad\boldsymbol{y}=\varphi(x,\bar{\boldsymbol{\alpha}}).$$

换句话说，F 的逆变换 F^{-1} 把微分方程(3.47)在 $(x_0,\boldsymbol{y}_0)$ 邻域内的积分曲线族 Υ_α 拉直了(图 3-7). 因此，在这个意义下微分方程 $\boldsymbol{y}'=f(x,\boldsymbol{y})$ 在 $(x_0,\boldsymbol{y}_0)$ 邻域内的积分曲线族可局部看作平行直线.

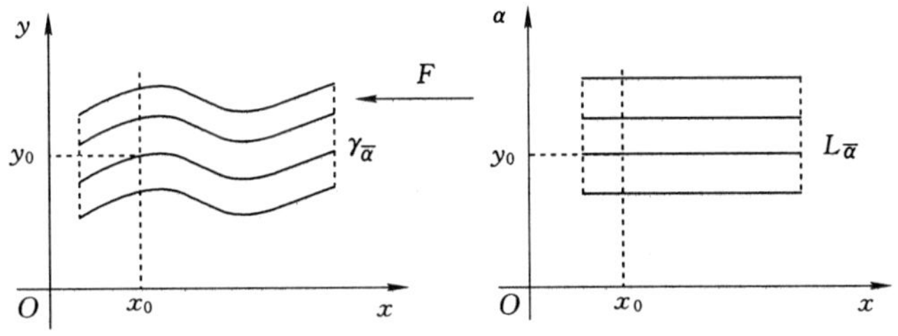

图 3-7

下面我们讨论解对初值(或参数)的连续性(可微性)从局部延拓到大范围的情况.

定理 3.2　设 n 维向量值函数 $f(x,\boldsymbol{y})$ 在 $(x,\boldsymbol{y})$ 空间内的某个开区域 D 上是连续的，并对 y 满足局部李氏条件，假设 $\boldsymbol{y}=\boldsymbol{\varphi}(x)$ 是微分方程

$$\frac{\mathrm{d}\boldsymbol{y}}{\mathrm{d}x}=f(x,\boldsymbol{y})\tag{3.48}$$

的一个解，设它的存在区间为 H. 在区间 H 里任取一个有界闭区间 $a\leqslant x\leqslant b$，则存在常数 $\varepsilon>0$，使得对任何初值 $(x_0,\boldsymbol{y}_0)$，

$$a\leqslant x_0\leqslant b,\quad|\boldsymbol{y}-\boldsymbol{\varphi}(x_0)|\leqslant\varepsilon,$$

柯西问题

$$\frac{\mathrm{d}\boldsymbol{y}}{\mathrm{d}x}=f(x,\boldsymbol{y}),\quad y(x_0)=\boldsymbol{y}_0$$

的解 $\boldsymbol{y}=\varphi(x;x_0,\boldsymbol{y}_0)$ 也至少在区间 $a\leqslant x\leqslant b$ 上存在，并在闭区域

$$D_\varepsilon:\quad a\leqslant x\leqslant b,\quad a\leqslant x_0\leqslant b,\quad |\boldsymbol{y}_0-\boldsymbol{\varphi}(x_0)|\leqslant\varepsilon$$

上是连续的.

证明 仍然可以采用皮卡迭代逐次逼近来证明此定理.下面省略了细节的推导，只指出一些与局部的情形不同的地方.

注意到积分曲线段

$$\Upsilon=\{(x,y)\mid y=\varphi(x),a\leqslant x\leqslant b\}$$

是 D 内的一个有界闭集.由有限覆盖定理可知，存在 $\delta>0$，使得以 Υ 为“中心线”的闭的“管状”邻域

$$\Sigma_\delta:\quad a\leqslant x\leqslant b,\quad |y-\varphi(x)|\leqslant\delta$$

坐落在开区域 D 内，并 $f(x,\boldsymbol{y})$ 在 Σ_δ 内有整体的李氏常数 L.基于此，我们构造皮卡序列

$$\varphi_{k+1}(x;x_0,\boldsymbol{y}_0)=\boldsymbol{y}_0+\int_{x_0}^{x}f(t,\varphi_k(t;x_0,\boldsymbol{y}_0))\mathrm{d}t,\tag{3.49}$$

在这里我们选取 $\varphi_0(x;x_0,\boldsymbol{y}_0)=\boldsymbol{y}_0+\varphi(x)-\varphi(x_0)$.然后，欲证明

$$|\varphi_0(x;x_0,\boldsymbol{y}_0)-\varphi(x)|<\delta\tag{3.50}$$

和

$$|\varphi_{k+1}(x;x_0,\boldsymbol{y}_0)-\varphi_k(x;x_0,\boldsymbol{y}_0)|\leqslant\frac{(L|x-x_0|)^{k+1}}{(k+1)!}|\boldsymbol{y}-\boldsymbol{\varphi}(x_0)|\tag{3.51}$$

其中 $k=0,1,2,\cdots$.

注意，条件(3.50)保证了皮卡序列 $\boldsymbol{y}=\varphi_k(t;x_0,\boldsymbol{y}_0)$ 都不超出区域 Σ_δ，而式(3.51)保证了皮卡序列的一致收敛性.

为此，我们取

$$\varepsilon=\frac{1}{2}\exp(-L(b-a))\delta,\tag{3.52}$$

易知 $\varepsilon<\delta$，则当 $(x;x_0,\boldsymbol{y}_0)\in D_\varepsilon$ 时，可以归纳证明(3.50)和(3.51)成立.

事实上，当 $k=0$ 时，式(3.50)可以从式(3.49)和式(3.52)直接得到；为了证明式(3.51)在 $k=0$ 时成立，注意 $y=\varphi(x)$ 是初值问题的解，从而满足积分方程

$$\boldsymbol{\varphi}(x)=\boldsymbol{\varphi}(x_0)+\int_{x_0}^{x}f(t,\boldsymbol{\varphi}(t))\mathrm{d}t.$$

故由式(3.49)($k=0$)，(3.50)和上式可得

$$\boldsymbol{\varphi}_1(x;x_0,\boldsymbol{y}_0)-\boldsymbol{\varphi}_0(x;x_0,\boldsymbol{y}_0)=\int_{x_0}^{x}[f(t,\boldsymbol{\varphi}_0(t;x_0,y_0))-f(t,\boldsymbol{\varphi}(t))]\mathrm{d}t,$$

再利用李氏条件即可得出式(3.51)在 $k=0$ 时成立.

由归纳法，设式(3.50)和式(3.51)在 $k\leqslant n-1$ 时成立，则当 $k=n$ 且 $(x;x_0,\boldsymbol{y}_0)\in D_\varepsilon$ 时，由式(3.49)，(3.51)和(3.52)有

$$\begin{aligned}|\boldsymbol{\varphi}_n(x;x_0,y_0)-\varphi(x)|&=\left|\sum_{k=1}^{n}(\boldsymbol{\varphi}_k(x;x_0,y_0)-\boldsymbol{\varphi}_{k-1}(x;x_0,y_0))+(\boldsymbol{\varphi}_0(x;x_0,y_0)-\boldsymbol{\varphi}(x))\right|\\&\leqslant\sum_{k=0}^{n}\frac{(L|x-x_0|)^k}{k!}|y_0-\boldsymbol{\varphi}(x_0)|\end{aligned}$$

$$\leqslant \exp(L|x-x_0|)\varepsilon \leqslant \exp(L|b-a|)\varepsilon < \delta.$$

因此，不等式(3.50)在 $k=n$ 时是成立的，而 $k=n$ 时式(3.51)可利用李氏条件和数学归纳法得到.

最后指出，$\boldsymbol{\varphi}_k(x;x_0,y_0)$在 D_ε 上是一致收敛的，从而可以推出其极限 $\boldsymbol{\varphi}(x;x_0,y_0)$就是满足定理所要求的初值问题的解.

3.4　解对初值的可微性

在本小节，我们讨论常微分方程的解对初值的可微性. 我们考虑微分方程

$$\frac{\mathrm{d}y}{\mathrm{d}x} = f(x,y), \tag{3.53}$$

这里 $f(x,y)$是定义在矩形区域 R: $|x-x_0|\leqslant a$, $|y-y_0|\leqslant b$ 上的连续函数，它满足初值条件 $y(x_0)=y_0$ 的解 $y=\varphi(x,x_0,y_0)$的偏导数的存在性和连续性. 我们给出以下的定理.

定理 3.3(解对初值的可微性定理)　如果函数 $f(x,y)$和$\dfrac{\partial f}{\partial y}$均在区域 G 内连续，则方程(3.53)的解 $y=\varphi(x,x_0,y_0)$作为 x,x_0,y_0 的函数在它的存在范围内是**连续可微**的.

证明　根据函数 $f(x,y)$和$\dfrac{\partial f}{\partial y}$均在区域 G 内连续可知 $f(x,y)$在 G 内满足局部利普希茨条件. 从而在定理的条件下，解对初值的连续性结论成立，也即方程(3.53)的解 $y=\varphi(x,x_0,y_0)$作为 x,x_0,y_0 的函数在它的存在范围内是连续的. 接下来，我们进一步证明关于函数 $\varphi(x,x_0,y_0)$的存在范围内任一点的偏导数$\dfrac{\partial\varphi}{\partial x}$，$\dfrac{\partial\varphi}{\partial x_0}$，$\dfrac{\partial\varphi}{\partial y_0}$存在且连续.

首先，我们证明$\dfrac{\partial\varphi}{\partial x_0}$存在且连续. 假设由初值$(x_0,y_0)$和$(x_0+\Delta x_0,y_0)$(其中$|\Delta x_0|$为一足够小的正数)所确定的方程的解分别为

$$y=\varphi(x,x_0,y_0)=\varphi \text{ 和 } y=\varphi(x,x_0+\Delta x_0,y_0)=\Psi,$$

即

$$\varphi = y_0+\int_{x_0}^{x} f(x,\varphi)\mathrm{d}x \text{ 和 } \Psi = y_0+\int_{x_0+\Delta x_0}^{x} f(x,\Psi)\mathrm{d}x,$$

从而有

$$\begin{aligned}\Psi-\varphi &= \int_{x_0+\Delta x_0}^{x} f(x,\Psi)\mathrm{d}x-\int_{x_0}^{x} f(x,\varphi)\mathrm{d}x\\ &= \int_{x_0}^{x_0+\Delta x_0} f(x,\Psi)\mathrm{d}x+\int_{x_0}^{x}\frac{\partial f(x,\varphi+\theta(\Psi-\varphi))}{\partial y}(\Psi-\varphi)\mathrm{d}x,\end{aligned}$$

其中 $0<\theta<1$. 根据$\dfrac{\partial f}{\partial y}$以及 φ,Ψ 的连续性可知

$$\frac{\partial f(x,\varphi+\theta(\Psi-\varphi))}{\partial y} = \frac{\partial f(x,\varphi)}{\partial y}+r_1,$$

其中 r_1 具有性质：当 $\Delta x_0\to 0$ 时，$r_1\to 0$，同时 $\Delta x_0=0$ 时，$r_1=0$. 同样的方法，我们可以得到

$$-\frac{1}{\Delta x_0}\int_{x_0}^{x_0+\Delta x_0} f(x,\Psi)\mathrm{d}x = -f(x_0,y_0)+r_2,$$

其中 r_1 和 r_2 具有相同的性质. 从而当 $\Delta x_0\neq 0$ 时,我们可得

$$\frac{\Psi-\varphi}{\Delta x_0}=[-f(x_0,y_0)+r_2]+\int_{x_0}^{x}\left[\frac{\partial f(x,\varphi)}{\partial y}+r_1\right]\frac{\Psi-\varphi}{\Delta x_0}\mathrm{d}x,$$

也即

$$z=\frac{\Psi-\varphi}{\Delta x_0}$$

是初值问题

$$\begin{cases}\dfrac{\mathrm{d}z}{\mathrm{d}x}=\left[\dfrac{\partial f(x,\varphi)}{\partial y}+r_1\right]z,\\ z(x_0)=-f(x_0,y_0)+r_2=z_0\end{cases}$$

的解,这里将 $\Delta x_0\neq 0$ 看作参数. 不难看出,当 $\Delta x_0=0$ 时,上述初值问题仍然有解. 根据解对初值和参数的连续依赖性,可知$\dfrac{\Psi-\varphi}{\Delta x_0}$是关于 $x,x_0,z_0,\Delta x_0$ 的连续函数,于是存在

$$\lim_{\Delta x_0\to 0}\frac{\Psi-\varphi}{\Delta x_0}\equiv\frac{\partial\varphi}{\partial x_0}.$$

又因为$\dfrac{\partial\varphi}{\partial x_0}$是初值问题

$$\begin{cases}\dfrac{\mathrm{d}z}{\mathrm{d}x}=\dfrac{\partial f(x,\varphi)}{\partial y}z,\\ z(x_0)=-f(x_0,y_0)\end{cases}$$

的解,于是我们可解得

$$\frac{\partial\varphi}{\partial x_0}=-f(x_0,y_0)\exp\left(\int_{x_0}^{x}\frac{\partial f(x,\varphi)}{\partial y}\mathrm{d}x\right),$$

显然上式是关于 x,x_0,y_0 的连续函数.

类似地,我们可以证明$\dfrac{\partial\varphi}{\partial y_0}$存在且连续. 假设 $y=\varphi(x,x_0,y_0+\Delta y_0)=\tilde{\Psi}$ 为初值$(x_0,y_0+\Delta y_0)$(其中$|\Delta y_0|$为一足够小常数)所确定的解. 类似上述的过程,我们可以证明$\dfrac{\tilde{\Psi}-\varphi}{\Delta y_0}$是初值问题

$$\begin{cases}\dfrac{\mathrm{d}z}{\mathrm{d}x}=\left[\dfrac{\partial f(x,\varphi)}{\partial y}+r_3\right]z,\\ z(x_0)=1\end{cases}$$

的解. 因此有

$$\frac{\tilde{\Psi}-\varphi}{\partial y_0}=\exp\left(\int_{x_0}^{x}\left(\frac{\partial f(x,\varphi)}{\partial y}+r_3\right)\mathrm{d}x\right),$$

其中 r_3 具有和 r_1,r_2 类似的性质,即当 $\Delta y_0\to 0$ 时,$r_3\to 0$,同时 $\Delta y_0=0$ 时,$r_3=0$. 因此我们有

$$\frac{\partial\varphi}{\partial y_0}=\lim_{\Delta y_0\to 0}\frac{\tilde{\Psi}-\varphi}{\Delta y_0}=\exp\left(\int_{x_0}^{x}\frac{\partial f(x,\varphi)}{\partial y}\mathrm{d}x\right),$$

显然上式是关于 x,x_0,y_0 的连续函数.

关于$\frac{\partial \varphi}{\partial x}$的存在以及连续性，我们观察到 $y=\varphi(x,x_0,y_0)$是方程的解，因此

$$\frac{\partial \varphi}{\partial x}=f(x,\varphi(x,x_0,y_0)),$$

根据 f 和 φ 的连续性即可直接得到结论.

第4章　一阶微分方程的解的存在唯一性定理

在第2章中，已经介绍了可以用初等解法的几类特殊的一阶微分方程. 但是，众所周知，对于绝大部分的微分方程，应用初等解法是很难求出它们的通解的. 那么一个不能用初等解法求解的微分方程是否有解呢？或者说，在何种条件下，微分方程一定有解呢？我们都知道，在面对实际问题时，我们所需要的往往是能够满足某种初值条件的解，当然也包括数值形式的数值解. 因此，对微分方程初值问题的研究，又被称为柯西问题，是一个至关重要的研究方向. 随之而来的问题：一个微分方程的初值问题在何种条件下一定有解呢？当有解时，它的解是否唯一呢？

这是一个基本的问题，因为我们很容易就可以给出一个解存在但不唯一的例子. 如方程

$$\frac{\mathrm{d}y}{\mathrm{d}x}=2\sqrt{y}$$

过点(0,0)的解就是不唯一的. 事实上，显然 $y=0$ 是该方程过点(0,0)的解. 同时，不难验证，$y=x^2$ 或者更一般的函数

$$y=\begin{cases}0, & 0\leqslant x\leqslant c,\\ (x-c)^2, & c<x\leqslant 1\end{cases}$$

都是该方程过点(0,0)且定义于区间 $0\leqslant x\leqslant 1$ 上的解，其中 c 是区间(0,1)中的任一数.

在本章中，我们将会介绍存在唯一性定理圆满地回答了上面所提出的问题，此定理明确地保证了在一定条件下解的存在性和唯一性，这有着非常重要的理论意义. 另一方面，由于绝大部分的微分方程的精确解很难求得，微分方程的近似解法（包括数值解法）起着至关重要的作用，而解的存在唯一性又是进行近似计算的前提. 因为如果解根本不存在，却要去近似地求它，此时问题本身就是没有意义的；而如果方程有解存在却不唯一，由于解得不确定性，却要去近似地求解它，此时问题也是不明确的. 这无疑都揭示出存在唯一性定理的实用意义.

本章重点介绍和证明一阶微分方程的解的存在唯一性定理并叙述解的一些一般性质，如解的延拓、解对初值的连续性等. 此外，佩亚诺在更一般的条件下（不考虑唯一性）建立了柯西问题解的存在性定理，本章也对佩亚诺定理作一定的介绍.

4.1　解的存在唯一性定理与逐步逼近法

在本节，我们借助**皮卡逐步逼近方法**来给出微分方程柯西问题解得的存在唯一性定理的证明.

首先，我们考虑如下的微分方程

$$\frac{\mathrm{d}y}{\mathrm{d}x}=f(x,y), \tag{4.1}$$

其中 $f(x,y)$是定义在矩形区域 $R(R:|x-x_0|\leqslant a,|y-y_0|\leqslant b)$上的连续函数. 接下来,我们介绍**利普希茨(Lipschitz)条件**用于证明解的存在唯一性定理.

函数 $f(x,y)$称为在 R 上关于 y 满足利普希茨条件,如果存在常数 $L>0$,使得以下不等式

$$|f(x,y_1)-f(x,y_2)|\leqslant L|y_1-y_2|$$

对于所有(x,y_1),$(x,y_2)\in R$ 均成立. L 称为利普希茨常数.

基于上述利普希茨条件的定义易知,如果函数 $f(x,y)$在区域 R 上对 y 有连续的偏微商,则函数 $f(x,y)$在区域 R 上对 y 满足利普希茨条件;反之,结论不一定成立. 容易给出例子: $f(x,y)=|y|$对 y 满足利普希茨条件,但当 $y=0$ 时,函数 $f(x,y)$不可微.

接下来,我们给出柯西问题解的存在唯一性定理.

定理 4.1　若函数 $f(x,y)$在矩形区域 R 上连续,并且关于 y 满足利普希茨条件,则方程(4.1)存在唯一解 $y=\varphi(x)$,定义在区间$|x-x_0|\leqslant h$ 上,连续并且满足初值条件

$$\varphi(x_0)=y_0, \tag{4.2}$$

其中 $h=\min\left(a,\dfrac{b}{M}\right)$,$M=\max\limits_{(x,y)\in R}|f(x,y)|$.

接下来,我们应用皮卡(Picard)的逐步逼近法证明定理(4.1). 不失一般性,我们只在区间 $x_0\leqslant x\leqslant x_0+h$ 上讨论,对于区间 $x_0-h\leqslant x\leqslant x_0$,讨论过程完全一致.

我们先给出皮卡逐步逼近法的主要思想. 首先证明求微分方程初值问题的解等价于求积分方程

$$y=y_0+\int_{x_0}^{x}f(x,y)\mathrm{d}x,$$

的连续解,再证明此积分方程解的存在唯一性.

对于任意的连续函数 $\varphi_1(x)$,用它替换上面的积分方程右端的 y,可得如下的函数

$$\varphi_1(x)=y_0+\int_{x_0}^{x}f(x,\varphi_0(x))\mathrm{d}x,$$

易知,函数 $\varphi_1(x)$连续,若 $\varphi_1(x)=\varphi_0(x)$,则函数 $\varphi_0(x)$就是积分方程的解. 否则,我们再将 $\varphi_1(x)$代入积分方程右端的 y,可得如下的函数

$$\varphi_2(x)=y_0+\int_{x_0}^{x}f(x,\varphi_1(x))\mathrm{d}x,$$

易知,函数 $\varphi_2(x)$连续,若 $\varphi_1(x)=\varphi_2(x)$,则函数 $\varphi_1(x)$就是积分方程的解. 否则,我们一直重复这个步骤,从而构造出一般的函数

$$\varphi_n(x)=y_0+\int_{x_0}^{x}f(x,\varphi_{n-1}(x))\mathrm{d}x, \tag{4.3}$$

并得到一个连续函数序列

$$\varphi_0(x),\quad \varphi_1(x),\quad \cdots,\quad \varphi_n(x),\cdots$$

若 $\varphi_{n+1}(x)=\varphi_n(x)$,则函数 $\varphi_n(x)$就是积分方程的解. 否则,我们能够通过证明上面的函数序列存在一个极限函数 $\varphi(x)$,即$\lim\limits_{n\to\infty}\varphi_n(x)=\varphi(x)$,进而对式(4.3)取极限,可得

$$\varphi(x)=y_0+\int_{x_0}^{x}f(x,\varphi(x))\mathrm{d}x,$$

可知 $\varphi(x)$ 就是积分方程的解. 这种逐步构造方程解的方法就称作逐步逼近法. 接下来，我们就用此方法来证明定理 4.1. 为了突出证明的思路，我们分以下 5 个命题给出证明.

命题 4.1 设方程(4.1)定义在区间 $x_0\leqslant x\leqslant x_0+h$ 上的解 $y=\varphi(x)$ 满足初值条件(4.2)，则 $y=\varphi(x)$ 是积分方程

$$y=y_0+\int_{x_0}^{x}f(x,y)\mathrm{d}x,\tag{4.4}$$

的定义于区间 $x_0\leqslant x\leqslant x_0+h$ 上的连续解，反之亦然.

证明 由于方程(4.1)定义在区间 $x_0\leqslant x\leqslant x_0+h$ 上的解为 $y=\varphi(x)$，从而有

$$\frac{\mathrm{d}\varphi(x)}{\mathrm{d}x}=f(x,\varphi(x)),$$

对上式两端取从 x_0 到 x 的定积分，可得

$$\varphi(x)-\varphi_0(x)=\int_{x_0}^{x}f(x,\varphi(x))\mathrm{d}x,\quad x_0\leqslant x\leqslant x_0+h,$$

将初值条件(4.2)代入上式，则有

$$\varphi(x)=y_0+\int_{x_0}^{x}f(x,\varphi(x))\mathrm{d}x,\quad x_0\leqslant x\leqslant x_0+h,$$

即 $y=\varphi(x)$ 是积分方程(4.4)定义在区间 $x_0\leqslant x\leqslant x_0+h$ 上的连续解.

反之，若 $y=\varphi(x)$ 是积分方程(4.4)的连续解，只需逆转上述推导，即可得到 $y=\varphi(x)$ 是方程(4.1)定义在区间 $x_0\leqslant x\leqslant x_0+h$ 上的解. 命题 4.1 证毕.

接下来我们构造皮卡逐步逼近序列. 取 $\varphi_0(x)=y_0$，构造如下函数序列

$$\begin{aligned}&\varphi_0(x)=y_0,\\&\varphi_n(x)=y_0+\int_{x_0}^{x}f(s,\varphi_{n-1}(s))\mathrm{d}s,\\&x_0\leqslant x\leqslant x_0+h,n=1,2,\cdots.\end{aligned}\tag{4.5}$$

命题 4.2 构造的函数序列(4.5)中的函数 $\varphi_n(x)$，对于所有的 n 在区间 $x_0\leqslant x\leqslant x_0+h$ 上有定义、连续且满足如下的不等式

$$|\varphi_n(x)-y_0|\leqslant b.$$

证明 注意到 $\varphi_0(x)$ 是区间 $x_0\leqslant x\leqslant x_0+h$ 上的连续函数，因此当 $n=1$ 时，$\varphi_1(x)=y_0+\int_{x_0}^{x}f(s,\varphi_0(s))\mathrm{d}s$，在区间 $x_0\leqslant x\leqslant x_0+h$ 上是连续可微的，并且满足不等式

$$|\varphi_1(x)-y_0|=\left|\int_{x_0}^{x}f(s,\varphi_0(s))\mathrm{d}s\right|\leqslant M(x-x_0),$$

也就是说 $|\varphi_1(x)-y_0|\leqslant Mh\leqslant b$，即命题 4.2 在 $n=1$ 时成立. 接下来我们应用数学归纳法证明对于任意给定的 n，命题 4.2 的结论仍然成立. 设 $n=k$ 时，命题 4.2 的结论成立，即 $\varphi_k(x)$ 在区间 $x_0\leqslant x\leqslant x_0+h$ 上是连续可微的，并且满足不等式

$$|\varphi_k(x)-y_0|\leqslant b,\tag{4.6}$$

则 $\varphi_{k+1}(x)=y_0+\int_{x_0}^{x}f(s,\varphi_k(s))\mathrm{d}s$，在区间 $x_0\leqslant x\leqslant x_0+h$ 上是连续可微的，且满足

$$|\varphi_{k+1}(x)-y_0|=\left|\int_{x_0}^{x}f(s,\varphi_k(s))\mathrm{d}s\right|\leqslant M(x-x_0)\leqslant b,$$

即当 $n=k+1$ 时,命题 4.2 的结论成立,由数学归纳法可知,对于任意的 n,命题 4.2 的结论均成立. 命题 4.2 证毕.

命题 4.3　函数序列 $\{\varphi_n(x)\}_{n=1,2,\cdots}$ 在区间 $x_0\leqslant x\leqslant x_0+h$ 上一致收敛到积分方程 $\varphi(x)=y_0+\int_{x_0}^{x}f(x,\varphi(x))\mathrm{d}x$ 的解.

证明　注意到函数序列 $\{\varphi_n(x)\}_{n=1,2,\cdots}$ 的收敛性等价于级数

$$\varphi_0(x)+\sum_{k=1}^{\infty}[\varphi_k(x)-\varphi_{k-1}(x)],x_0\leqslant x\leqslant x_0+h, \tag{4.7}$$

的收敛性. 下面证明级数(4.7)在区间 $x_0\leqslant x\leqslant x_0+h$ 上一致收敛. 首先我们用数学归纳法证明不等式

$$|\varphi_{n+1}(x)-\varphi_n(x)|\leqslant\frac{ML^n(x-x_0)^{n+1}}{(n+1)!},x_0\leqslant x\leqslant x_0+h. \tag{4.8}$$

根据式(4.5),有

$$|\varphi_1(x)-\varphi_0(x)|\leqslant\int_{x_0}^{x}|f(s,\varphi_0(s))|\mathrm{d}s\leqslant M(x-x_0), \tag{4.9}$$

以及

$$|\varphi_2(x)-\varphi_1(x)|\leqslant\int_{x_0}^{x}|f(s,\varphi_1(s))-f(s,\varphi_0(s))|\mathrm{d}s.$$

由利普希茨条件以及式(4.9),可得

$$|\varphi_2(x)-\varphi_1(x)|\leqslant L\int_{x_0}^{x}|\varphi_1(x)-\varphi_0(x)|\mathrm{d}s\leqslant\frac{ML}{2!}(x-x_0)^2.$$

设对于正整数 n,如下不等式成立

$$|\varphi_n(x)-\varphi_{n-1}(x)|\leqslant\frac{ML^{n-1}(x-x_0)^n}{(n)!},$$

于是根据利普希茨条件,在区间 $x_0\leqslant x\leqslant x_0+h$ 上有

$$\begin{aligned}|\varphi_{n+1}(x)-\varphi_n(x)|&\leqslant\int_{x_0}^{x}|f(s,\varphi_n(s))-f(s,\varphi_{n-1}(s))|\mathrm{d}s\leqslant L\int_{x_0}^{x}|\varphi_n(s)-\varphi_{n-1}(s)|\mathrm{d}s\\&\leqslant\frac{ML^n}{n!}\int_{x_0}^{x}(s-x_0)^n\mathrm{d}s\leqslant\frac{ML^n}{(n+1)!}(x-x_0)\,n+1.\end{aligned}$$

从而由数学归纳法可知式(4.8)成立. 从而当 $x_0\leqslant x\leqslant x_0+h$ 时,有

$$|\varphi_{n+1}(x)-\varphi_n(x)|\leqslant\frac{ML^nh^{n+1}}{(n+1)!}. \tag{4.10}$$

式(4.10)的右端是一个正向收敛级数

$$\sum_{n=0}^{\infty}\frac{ML^nh^{n+1}}{(n+1)!}$$

的一般项. 根据**魏尔斯特拉斯(Weierstrass)判别法**可知级数(4.7)在区间 $x_0\leqslant x\leqslant x_0+h$ 上一致收敛,于是函数序列 $\{\varphi_n(x)\}_{n=1,2,\cdots}$ 在区间 $x_0\leqslant x\leqslant x_0+h$ 上一致收敛. 命题 4.3 证毕.

于是此时可以设

$$\lim_{n\to\infty}\varphi_n(x)=\varphi(x),$$

则 $\varphi(x)$在区间 $x_0 \leqslant x \leqslant x_0+h$ 上连续，且由命题(4.2)可知

$$|\varphi(x)-y_0| \leqslant b.$$

命题 4.4 函数 $\varphi(x)$是积分方程(4.4)的定义于区间 $x_0 \leqslant x \leqslant x_0+h$ 上的连续解.

证明 由利普希茨条件

$$|f(x,\varphi_n(x))-f(x,\varphi(x))| \leqslant L|\varphi_n(x)-\varphi(x)|$$

以及函数序列 $\{\varphi_n(x)\}_{n=1,2,\cdots}$ 在区间 $x_0 \leqslant x \leqslant x_0+h$ 上一致收敛于 $\varphi(x)$，即序列 $\{f(x,\varphi_n(x))\}$在区间 $x_0 \leqslant x \leqslant x_0+h$ 上一致收敛于$\{f(x,\varphi(x))\}$. 于是对式(4.5)两端取极限可得

$$\begin{aligned}\lim_{n\to\infty}\varphi_n(x) &= y_0+\lim_{n\to\infty}\int_{x_0}^{x} f(s,\varphi_{n-1}(x))\mathrm{d}s \\ &= y_0+\int_{x_0}^{x} \lim_{n\to\infty} f(s,\varphi_{n-1}(x))\mathrm{d}s,\end{aligned}$$

即

$$\varphi(x)=y_0+\int_{x_0}^{x} f(s,\varphi(s))\mathrm{d}s,$$

这就表明 $\varphi(x)$是积分方程(4.4)的定义于区间 $x_0 \leqslant x \leqslant x_0+h$ 上的连续解. 命题 4.4 证毕.

最后证明唯一性.

命题 4.5 设 $\eta(x)$是积分方程(4.4)的定义于区间 $x_0 \leqslant x \leqslant x_0+h$ 上的另一连续解，则 $\eta(x)=\varphi(x)$，其中 $x\in[x_0,x_0+h]$.

证明 首先我们证明 $\eta(x)$也是函数序列$\{\varphi_n(x)\}_{n=1,2,\cdots}$的一致收敛极限函数. 因此，由式(4.5)以及

$$\eta(x)=y_0+\int_{x_0}^{x} f(s,\eta(s))\mathrm{d}s,$$

我们可作如下的估计

$$\begin{aligned}|\varphi_0(x)-\eta(x)| &\leqslant \int_{x_0}^{x} |f(s,\eta(s))|\mathrm{d}s \leqslant M(x-x_0), \\ |\varphi_1(x)-\eta(x)| &\leqslant \int_{x_0}^{x} |f(s,\varphi_0(x))-f(s,\eta(s))|\mathrm{d}s \\ &\leqslant L\int_{x_0}^{x} |\varphi_0(x)-\eta(s)|\mathrm{d}s \\ &\leqslant ML\int_{x_0}^{x} |s-x_0|\mathrm{d}s = \frac{ML}{2!}(^x-x_0)2.\end{aligned}$$

设$|\varphi_{n-1}(x)-\eta(x)| \leqslant \frac{ML^{n-1}}{n!}(x-x_0)^n$，于是有

$$\begin{aligned}|\varphi_n(x)-\eta(x)| &\leqslant \int_{x_0}^{x} |f(s,\varphi_{n-1}(x))-f(s,\eta(s))|\mathrm{d}s \\ &\leqslant L\int_{x_0}^{x} |\varphi_{n-1}(x)-\eta(s)|\mathrm{d}s \\ &\leqslant \frac{ML^n}{(n+1)!}(^x-x_0)\, n+1,\end{aligned}$$

从而由数学归纳法可知，对于任意的正整数 n，在区间 $x_0 \leqslant x \leqslant x_0+h$ 上都有

$$|\varphi_n(x)-\eta(x)|\leqslant\frac{ML^n}{(n+1)!}(x-x_0)^{n+1}\leqslant\frac{ML^n}{(n+1)!}h^{n+1}.$$

由于$\frac{ML^n}{(n+1)!}h^{n+1}$是收敛级数的公项，所以当 $n\to\infty$ 时，$\frac{ML^n}{(n+1)!}h^{n+1}$ 收敛于 0. 因此函数序列 $\{\varphi_n(x)\}_{n=1,2,\cdots}$ 在区间 $x_0\leqslant x\leqslant x_0+h$ 上一致收敛于 $\eta(x)$. 由极限的唯一性可知

$$\eta(x)=\varphi(x),\quad x_0\leqslant x\leqslant x_0+h.$$

命题 4.4 证毕.

综合命题 4.1～命题 4.5，即可得到定理 4.1 的证明.

根据解的存在唯一性定理，对于一般的微分方程

$$\frac{\mathrm{d}y}{\mathrm{d}x}=f(x,y),\tag{4.11}$$

仅需考察函数 $f(x,y)$ 在某个区域 D 内连续，并且满足利普希茨条件（或者说对 y 有连续的偏微商），那么就可以判定方程(4.11)在区域 D 内经过每一点有且只有一个解.

例如，对于**里卡蒂(Riccati)方程**

$$\frac{\mathrm{d}y}{\mathrm{d}x}=P(x)y^2+Q(x)y+R(x),$$

一般没有初等解法能够对它求解[当然，如果能够找到方程的一个特解 $y^*(x)$，进而能够通过变换 $y=z+y^*$ 将方程转化为伯努利方程，则原方程可以求解]，但通过解的存在唯一性定理可知该方程在 (x,y) 平面上经过每一点均存在唯一解.

而就一般而言，如果函数 $f(x,y)$ 在某个区域 D 内仅连续而不满足对于 y 的利普希茨条件，则微分方程(4.11)在区域 D 内经过每一个点仍然有解，但解是否是唯一的，这一点无法确定（这一结论，也就是佩亚诺存在定理将在下一节展示）. 也就是说，利普希茨条件是解的唯一性的充分条件. 到目前为止，在微分方程的一般理论中，保证解的唯一性的充要条件还没有发现，因此在这方面，仍然需要更多的研究.

下面我们给出一个比利普希茨条件更弱的条件：**Osgood 条件**，也能够保证解的存在唯一性.

连续函数 $f(x,y)$ 称为 G（某个区域）内对 y 满足 Osgood 条件，如果存在 $F(r)>0$ 是 $r>0$ 的连续函数，且瑕积分

$$\int_0^{r_1}\frac{\mathrm{d}r}{F(r)}=\infty\ (r_1>0\text{ 为常数}),$$

使得不等式

$$|f(x,y_1)-f(x,y_2)|\leqslant F(|y_1-y_2|),$$

对于所有的均成立.

注 4.1　因为 $F(r)=Lr$ 满足上述条件，所以利普希茨条件是上述 Osgood 条件的特例.

接下来我们给出最先由美国数学家 Osgood 证明的关于解的存在唯一性定理.

定理 4.2　设连续函数 $f(x,y)$ 在区域 G 内对 y 满足 Osgood 条件，则微分方程(4.11)在区域 G 内过每一点的解都是唯一的.

证明　反证法. 假设结论不成立，在区域 G 内可以找到一点 (x_0,y_0) 使得微分方程(4.11)

有两个解 $y=y_1(x)$和 $y=y_2(x)$都经过点(x_0,y_0). 同时,至少存在一个值 $x_1\neq x_0$ 使得 $y_1(x_1)\neq y_2(x_1)$. 不失一般性,我们假设 $x_1>x_0$,并且 $y_1(x_1)>y_2(x_1)$. 令

$$\tilde{x}=\sup_{x\in[x_0,x_1]}\{x:y_1(x)=y_2(x)\},$$

则显然有 $x_0\leqslant\tilde{x}<x_1$,并且有

$$r(x)=y_1(x)-y_2(x)>0,\quad x_0\leqslant\tilde{x}<x_1$$

和 $r(\tilde{x})=0$. 于是,对 $r(x)$取微分,可得

$$\begin{aligned}\frac{\mathrm{d}r(x)}{\mathrm{d}x}&=\frac{\mathrm{d}y_1(x)}{\mathrm{d}x}-\frac{\mathrm{d}y_2(x)}{\mathrm{d}x}=f(x,y_1(x))-f(x,y_2(x))\\&\leqslant F(|\,y_1(x)-y_2(x)\,|)=F(r(x)),\end{aligned}$$

即

$$\frac{\mathrm{d}r(x)}{F(r(x))}\leqslant\mathrm{d}x,\quad \tilde{x}<x\leqslant x_1.$$

对上式取从 $\tilde{x}$ 到 x_1 的定积分,可得

$$\int_0^{r_1}\frac{\mathrm{d}r}{F(r)}\leqslant x_1-\tilde{x},$$

其中 $r_1=r(x_1)>0$. 但是显然可以看出,上式的左端是∞,而右端是一个有限的数,矛盾. 因此假设不成立. 证毕.

最后,关于利普希茨条件还有重要一点: 若函数 $f(x,y)$不满足利普希茨条件,那么皮卡序列的收敛性也不能够保证.

我们看如下的反例.

例 4.1 设初值问题

$$\frac{\mathrm{d}y}{\mathrm{d}x}=F(x,y),\ y(0)=0,\tag{4.12}$$

其中函数 $F(x,y)$有如下的表达

$$F(x,y)=\begin{cases}0, & x=0,-\infty<y<\infty;\\ 2x, & 0<x\leqslant 1,-\infty<y<0;\\ 2x-\dfrac{4y}{x}, & 0<x\leqslant 1,0\leqslant y<x^2;\\ -2x, & 0<x\leqslant 1,x^2<y<\infty.\end{cases}$$

容易验证,函数 $F(x,y)$在一个条形区域

$$S:0\leqslant x\leqslant 1,\quad -\infty<y<\infty$$

内是连续的,但对 y 不满足利普希茨条件. 而对于初值问题(4.12),有皮卡逐步逼近序列

$$y_{n+1}(x)=\int_0^x F(s,y_n(s))\mathrm{d}x\quad (y_0(x)=0)$$

其中 $0\leqslant x\leqslant 1$;$n=0,1,2\cdots$. 进而可以推导出

$$y_n(x)=(-1)^{n-1}x^2,x\in[0,1],n=1,2,\cdots.$$

由此可见,初值问题(4.12)的皮卡逐步逼近序列是不收敛的.

然而,通过验证,我们知道 $y(x)=\dfrac{1}{3}x^2,x\in[0,1]$是初值问题(4.12)的解; 同时利用函数

$F(x,y)$的递减性，我们可以证明初值问题(4.12)的解是唯一的. 但是初值问题(4.12)的皮卡逐步逼近序列和它的任何子序列都不能充分逼近(4.12)的解，这就表明，对于初值问题(4.12)的求解，皮卡逐次迭代法就不再适用了.

习　题　4-1

1. 利用 Osgood 条件讨论下列微分方程满足初值条件 $y(0)=0$ 时的解的唯一性问题：

(1) $\frac{\mathrm{d}y}{\mathrm{d}x}=|y|^{\alpha},\alpha>0$.

(2) $\frac{\mathrm{d}y}{\mathrm{d}x}=\begin{cases}0, & y=0,\\ y\ln|y|, & y\neq 0.\end{cases}$

2. 对于$\frac{\mathrm{d}y}{\mathrm{d}x}=x^2+y^2$，其中 x,y 定义在区域R：$|x|\leqslant 1,|y|\leqslant 1$. 求过点(0,0)的解的存在区间.

3. 求方程$\frac{\mathrm{d}y}{\mathrm{d}x}=x-y^2$ 通过点(1,0)的第二次近似解.

4. 设连续函数 $f(x,y)$关于 y 是递减的，则初值问题(4.1)～(4.2)在右侧(即 $x>x_0$)的解是唯一的.［在左侧(即 $x<x_0$)的解是否唯一？若不唯一请尝试举一个反例.］

4.2　佩亚诺存在定理

本节将要研究放宽有关微分方程解的存在定理的条件下解的性质. 换句话说，在解的存在唯一性定理 4.1 中，若仅假定 $f(x,y)$在 R 内的连续性，则利用下述的**欧拉折线**仍可证明初值问题(4.1)～(4.2)的解在区间$|x-x_0|\leqslant h$ 上是存在的(唯一无法保证). 也就是本小节将要介绍的佩亚诺定理.

4.2.1　欧拉折线

依据微分方程的几何解释，早在 18 世纪的时候，著名数学家欧拉就提出了用简单的折线来近似地刻画所要寻求的积分曲线——这种方法后来被称为欧拉折线法. 这也开启了微分方程近似计算方法发展的序幕.

考虑如下的微分方程

$$\frac{\mathrm{d}y}{\mathrm{d}x}=f(x,y), \tag{4.13}$$

及其相应的初值问题

$$\frac{\mathrm{d}y}{\mathrm{d}x}=f(x,y),\quad y(x_0)=y_0, \tag{4.14}$$

其中 $f(x,y)$是定义在区域 R：$|x|\leqslant 1,|y|\leqslant 1$ 上的连续函数. 令正数 M 为函数$|f(x,y)|$的一个上界，则微分方程(4.13)在区域 R 内各点 P 的线素($l(P)$)的斜率属于区间$[-M,M]$. 从而，我们有如下的结论：若 $y=y(x)$是初值问题(4.14)的一个解，则它满足如下的不等式：

$$|y(x)-y_0|\leqslant M|x-x_0|.$$

所以为了保证初值问题(4.14)的积分曲线 $y=y(x)$ 在区域 R 内,我们作如下的限制:

$$M|x-x_0|\leqslant b \Leftrightarrow |x-x_0|\leqslant \frac{b}{M}.$$

进而,只要取 $h=\min\left\{a,\frac{b}{M}\right\}$,则在区间 $|x-x_0|\leqslant h$ 上初值问题(4.14)的积分曲线 Γ: $y=y(x)$ 就会限定在区域 R 内(图 4-1).

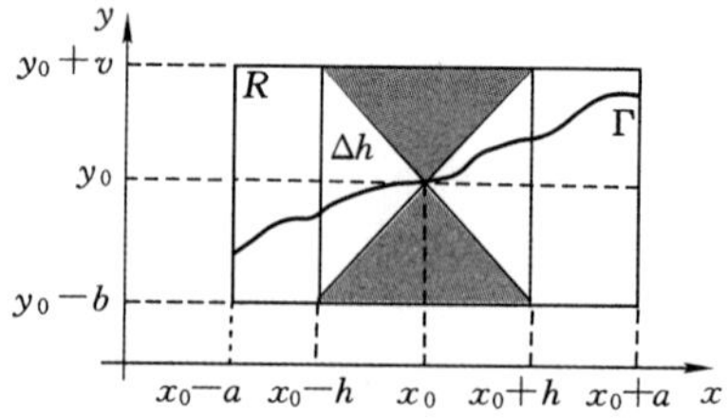

图 4-1

接下来,我们把区间 $|x-x_0|\leqslant h$ 分成 $2n$ 等份,则每等份的长度为 $h_n=\frac{h}{n}$,$2n+1$ 个分点为 $x_k=x_0+kh_n(k=0,\pm1,\pm2,\cdots,\pm n)$.

接下来,从初值点 $P_0(x_0,y_0)$ 出发先向右作如下的折线.

延长在 $P_0(x_0,y_0)$ 处的线素 $l(P_0)$,使它与垂线 $x=x_1$ 交于点 $P_1(x_1,y_1)$. 于是根据**线素**的定义可知:

取直线段 $[P_0,P_1]$ 作为折线的第一段,易知它停留在角形区域 Δh 内;**角形区域** Δh 定义为

$$\Delta h:\ |y-y_0|\leqslant M|x-x_0|,\quad (|x-x_0|\leqslant h).$$

取直线段 $[P_1,P_2]$ 作为折线的第二段,易知它停留在角形区 Δh 内;以此类推,在 $P_0(x_0,y_0)$ 点的右侧,我们作出一条折线,这条折线包含于角形区域 Δh,且该折线的节点依次为 $P_0,P_1,\cdots,P_n$. 类似地,在 $P_0(x_0,y_0)$ 点的左侧,我们也构造出一条包含于角形区域 Δh 的折线,节点依次为 $P_{-n},P_{-n+1},\cdots,P_{-2},P_{-1},P_0$.

于是,我们就在角形区域 Δh 内构造了一条连续的折线

$$\gamma_n=\{P_{-n},P_{-n+1},\cdots,P_{-1},P_0,P_1,\cdots,P_n\},$$

其中节点 P_k 和 P_{-k} 的坐标分别为 (x_k,y_k) 和 (x_{-k},y_{-k}),

$$y_k=y_{k-1}+f(x_{k-1},y_{k-1})(x_k-x_{k-1}),$$
$$y_{-k}=y_{-k+1}+f(x_{-k+1},y_{-k+1})(x_{-k}-x_{-k+1}),$$
$$k=1,2,\cdots,n.$$

称折线 γ_n 为初值问题(4.14)的欧拉折线.

在区间 $|x-x_0|\leqslant h$ 上,令欧拉折线 γ_n 的表达式为

$$y=\varphi_n(x). \tag{4.15}$$

于是当 $x_0<x\leqslant x_0+h$ 时,存在整数 $s(0\leqslant s\leqslant n-1)$ 使得

$$x_s < x \leqslant x_{s+1}.$$

由此我们可以推出欧拉折线的计算公式为：

$$\varphi_n(x) = y_0 + \sum_{k=0}^{s-1} f(x_k, y_k)(x_{k+1} - x_k) + f(x_s, y_s)(x - x_s). \tag{4.16}$$

类似地，当 $x_0 < x \leqslant x_0 + h$ 时，我们有

$$\varphi_n(x) = y_0 + \sum_{k=0}^{-s+1} f(x_k, y_k)(x_{k-1} - x_k) + f(x_{-s}, y_{-s})(x - x_{-s}). \tag{4.17}$$

根据线素场的几何意义，我们就可以把上面求得的欧拉折线 $y = \varphi_n(x)$ 作为初值问题(4.14)的一个近似解. 进一步地，我们可以有一个合理的猜想：随着 n 的增大，近似的精度也会相应提高，这在理论上需要证明欧拉折线 $y = \varphi_n(x)$ 在区间 $|x - x_0| \leqslant h$ 上是收敛的(或至少有一个收敛的子序列)，并收敛到初值问题(4.14)的解. 然而，由于数学分析在欧拉所在的时代还没有发展完善，因而欧拉并没有解决这个收敛性问题. 后来，随着数学分析的发展不断完善，有了 Ascoli 引理，收敛性问题也就迎刃而解.

4.2.2　Ascoli 引理

首先，我们给出函数序列一致收敛以及等度连续的定义.

定义在区间 I 上的函数序列

$$f_1(x), f_2(x), \cdots, f_n(x), \cdots, \tag{4.18}$$

称为是**一致收敛**的，如果存在常数 $K > 0$，使得对于一切的 $n = 1, 2, \cdots$，如下不等式

$$|f_n(x)| < K, (x \in I)$$

均成立.

函数序列(4.18)在区间 I 上称为是**等度连续**的，如果对于任意的 $\varepsilon > 0$，存在正数 $\delta = \delta(\varepsilon)$，使得只要 $x_1, x_2 \in I$ 并且 $|x_1 - x_2| < \delta$，有

$$|f_n(x_1) - f_n(x_2)| < \varepsilon$$

对于所有的 n 均成立.

下面我们可以给出一个例子，它在不同的定义区间上有不同的一致有界性以及等度连续性.

函数序列

$$f_n(x) = (-1)^n + x^n, \quad (n = 1, 2, \cdots)$$

在区间 $|x| \leqslant \dfrac{1}{2}$ 上是一致有界并且等度连续的；在区间 $|x| \leqslant 1$ 上是一致有界但不是等度连续的；在区间 $|x| \leqslant 2$ 上既不是一致有界的也不是等度连续的.

最后，我们给出 Ascoli 引理.

Ascoli 引理　设函数序列(4.18)在有限闭区间 I 上是一致有界并且等度连续的，则可以选取它的一个子序列

$$f_{n_1}(x), f_{n_2}(x), \cdots, f_{n_k}(x), \cdots,$$

使它在区间 I 上是一致收敛的.

证明　略.

4.2.3 佩亚诺存在定理

为了引出佩亚诺存在定理，首先给出两个引理.

引理 4.1 欧拉序列(4.15)在区间$|x-x_0|\leqslant h$上至少有一个一致收敛的子序列.

证明 在 4.2.1 中我们已经指出，所有欧拉折线γ_n都停留在矩形区域R内，即

$$|\varphi_n(x)-y_0|\leqslant b\ (|x-x_0|\leqslant h)\quad (n=1,2,\cdots).$$

这意味着，欧拉序列(4.15)是一致有界的.

其次，注意折线γ_n的各个直线段的斜率介于$-M$和M，其中M为$|f(x,y)|$在R的一个上界. 因此，容易证明折线γ_n的任何割线的斜率也介于$-M$和M，亦有

$$|\varphi_n(s)-\varphi_n(t)|\leqslant M|s-t|,\quad (n=1,2,\cdots),$$

其中s和t是区间$[x_0-h,x_0+h]$内的任何两点. 由此可见，序列(4.15)也是等度连续的.

因此，由 Ascoli 引理直接完成了引理 4.1 的证明.

引理 4.2 欧拉折线$y=\varphi_n(x)$在区间$|x-x_0|\leqslant h$上满足如下关系

$$\varphi_n(x)=y_0+\int_{x_0}^{x}f(x,\varphi_n(x))\mathrm{d}x+\delta_n(x),\tag{4.19}$$

其中函数$\delta_n(x)$趋向零，即

$$\lim_{n\to\infty}\delta_n(x)=0\quad (|x-x_0|\leqslant h).\tag{4.20}$$

证明 仅考虑右侧情形：$x_0\leqslant x\leqslant x_0+h$，对于左侧情形可以类似讨论.

利用恒等式

$$f(x_i,y_i)(x_{i+1}-x_i)=\int_{x_i}^{x_{i+1}}f(x_i,y_i)\mathrm{d}x,$$

可得

$$f(x_i,y_i)(x_{i+1}-x_i)=\int_{x_i}^{x_{i+1}}f(x,\varphi_n(x))\mathrm{d}x+d_n(i),$$

其中

$$d_n(i)=\int_{x_i}^{x_{i+1}}[f(x_i,y_i)-f(x,\varphi_n(x))]\mathrm{d}x,\quad (i=0,1,\cdots,s-1);$$

同样对于$x_s\leqslant x\leqslant x_{s+1}$，可得

$$f(x_s,y_s)(x-x_s)=\int_{x_s}^{x}f(x,\varphi_n(x))\mathrm{d}x+d_n^*(x),$$

其中

$$d_n^*(x)=\int_{x_s}^{x}[f(x_s,y_s)-f(x,\varphi_n(x))]\mathrm{d}x.$$

因此，可以把式(4.16)写成如下形式

$$\varphi_n(x)=y_0+\int_{x_0}^{x}f(x,\varphi_n(x))\mathrm{d}x+\delta_n(x),$$

其中，

$$\delta_n(x)=\sum_{i=0}^{s-1}d_n(i)+d_n^*(x).$$

另一方面，根据欧拉折线的构造，可知不等式

$$|x-x_i|\leqslant \frac{h}{n},\quad |\varphi_n(x)-y_i|\leqslant M|x-x_i|\leqslant \frac{Mh}{n}$$

在区间 $x_i\leqslant x\leqslant x_{i+1}$ 上成立. 因此，利用 $f(x,y)$ 的连续性，可以得到如下推论.

任给正数 ε，存在正整数 $N=N(\varepsilon)$，当 $n>N$ 使得

$$|f(x_i,y_i)-f(x,\varphi_n(x))|<\frac{\varepsilon}{h},\quad (x_i\leqslant x\leqslant x_{i+1}),$$

类似地，由 $x_s\leqslant x\leqslant x_{s+1}$，当 $n>N$，我们有

$$|d_n^*(x)|<\frac{\varepsilon}{n},$$

由此推出，当 $n>N$ 时，有

$$|\delta_n(x)|<\frac{s\varepsilon}{n}+\frac{\varepsilon}{n}\leqslant \varepsilon.$$

这就证明了式(4.20)，从而引理 4.2 得证.

由前面建立的引理，容易废除下面佩亚诺存在定理.

定理 4.3　设函数 $f(x,y)$ 在矩形区域 R 内连续，则初值问题

$$\frac{\mathrm{d}y}{\mathrm{d}x}=f(x,y),\quad y(x_0)=y_0$$

在区间 $|x-x_0|\leqslant h$ 上至少有一个解 $y=y(x)$，这里矩形区域 R 和正数 h 的定义同定理 4.1.

证明　利用定理 4.1，可以选取欧拉折线(4.15)的一个子序列

$$\varphi_{n_1}(x),\varphi_{n_2}(x),\cdots,\varphi_{n_k}(x),\cdots,$$

使其在区间 $|x-x_0|\leqslant h$ 上一致连续. 则极限函数

$$\varphi(x)=\lim_{k\to\infty}\varphi_{n_k}(x)$$

在区间 $|x-x_0|\leqslant h$ 上是连续的.

在结合引理 4.2 和式(4.19)可得

$$\varphi_{n_k}(x)=y_0+\int_{x_0}^{x}f(x,\varphi_{n_k}(x))\mathrm{d}x+\delta_{n_k}(x);$$

在 $k\to\infty$ 时，利用 $\varphi_{n_k}(x)$ 的一致收敛性和式(4.20)，以及 $f(x,y)$ 的连续性，可以得到

$$\varphi(x)=y_0+\int_{x_0}^{x}f(x,\varphi(x))\mathrm{d}x\quad (|x-x_0|\leqslant h).$$

这就证明了 $y=y(x)$ 在区间 $|x-x_0|\leqslant h$ 上是定理 4.3 的一个解. 从而完成了定理的证明.

注 4.2　佩亚诺定理在只要求函数 $f(x,y)$ 的连续性时，能保证初值问题解的存在性，但不能保证解的唯一性.

注 4.3　由上述定理的证明知，初值问题的欧拉序列的任何一致收敛子序列都趋向初值问题的某个解. 因此，如果初值问题的解是唯一的，那么它的欧拉序列就一致收敛到那个唯一的解，另外，从本章第一节中的例 4.1 可以看到，初值问题的皮卡序列就不具有欧拉序列的上述性质. 从这个意义上讲，欧拉序列似乎比皮卡序列更合理.

注 4.4　对于上述初值问题，如果不要求 $f(x,y)$ 的连续性时，原方程可能无解. 如

$$f^*(x,y)=\begin{cases}1, & 1\leqslant|x+y|<\infty;\\ (-1)^n, & \dfrac{1}{n+1}\leqslant|x+y|\leqslant\dfrac{1}{n}\quad (n=1,2,\cdots);\\ 0, & |x+y|=0.\end{cases}$$

则利用反证法容易验证初值问题

$$\frac{dy}{dx}=f^*(x,y),\quad y(0)=0$$

无连续解.

习 题 4 - 2

1. 证明初值问题

$$\frac{dy}{dx}=y,\quad y(0)=c(>0)$$

的解存在且唯一.

2. 证明线性方程

$$\frac{dy}{dx}=P(x)y+Q(x)$$

当 $P(x),Q(x)$在区间$[\alpha,\beta]$上连续,则由任一初值(x_0,y_0) $x_0\in[\alpha,\beta]$所确定的解在整个区间$[\alpha,\beta]$上都存在.

3. 方程

$$\frac{dy}{dx}=x^2+y^2$$

定义在矩形域

$$R:\ -1\leqslant x\leqslant 1,\quad -1\leqslant y\leqslant 1.$$

试确定经过点(0,0)的解的存在区间,并求在此区间上与真解的误差不超过 0.05 的近似解的表达式.

4. 求方程

$$\frac{dy}{dx}=x^2+y^2$$

满足初值条件 $y(0)=1$ 的解的最大存在区间.

5. 证明下列初值问题的解在指定的区间上存在且唯一:

(1) $\dfrac{dy}{dx}=y^2+\cos x^2,\quad y(0)=0\quad 0\leqslant x\leqslant\dfrac{1}{2}.$

(2) $\dfrac{dy}{dx}=e^{-x}+\ln(1+y^2),\quad y(0)=0,\quad 0\leqslant x<\infty.$

4.3 解的延伸

在上节,初值问题解的存在性只满足于局部范围,本节将进一步推广上节结论.

设微分方程

$$\frac{dy}{dx}=f(x,y),\tag{4.21}$$

其中函数 $f(x,y)$在区域 G 内连续.因此,我们可以利用上节的佩亚诺定理得到:对于区域 G

内的任何一点 $P_0(x_0,y_0)$，微分方程(4.21)至少有一个解 $y=\varphi(x)$满足初值条件

$$y(x_0)=y_0, \tag{4.22}$$

其中 $y=\varphi(x)$的存在区间为$|x-x_0|\leqslant h$，而正数 h 与初值点 P_0 的邻域 R 有关，因此，我们只知道上面的解在局部范围内是存在的. 现在，我们要讨论这解在大范围内的存在性，主要的结果为下述解的延伸定理.

定理 4.4　设 P 为区域 G 内任一点并设 Γ 为微分方程(4.21)经过 P 点的任一条积分曲线则积分曲线 Γ 将在区域 G 内延伸到边界(换句话说，对于任何有界闭区域 $G_1(P_0\in G_1\subset G)$，积分曲线 Γ 将延伸到 G 之外).

证明　设微分方程(4.21)经过 P_0 的解 ω 有如下表达式

$$\omega:\quad y=\varphi(x)\quad (x\in J),$$

其中 J 表示 ω 的最大存在区间.

先讨论积分曲线 ω 在 P_0 点右侧的延伸情况. 令 J^+ 为 ω 在 P_0 点右侧的最大存在区间，即 $J^+=J\cap[x_0,\infty)$. 如果 $J^+=[x_0,\infty)$，那么积分曲线 ω 在 G 内就延伸到无限远，从而延伸到区域 G 的边界，否则，我们就有下面两种可能：

(1) J^+是有限闭区间.

令 $J^+=[x_0,x_1]$，其中常数 $x_1>x_0$. 注意，当 $x\in J^+$时，积分曲线 ω 停留在区域 G 内. 令 $y_1=\varphi(x_1)$，则$(x_1,y_1)\in G$.

因为区域 G 是一个开集，所以存在矩形区域

$$R_1:\quad |x-x_1|\leqslant a_1,\quad |y-y_1|\leqslant b_1,$$

使得 $R_1\subset G$. 在矩形区域 R 内我们可以利用定理 4.3 推出，微分方程(4.21)至少有一个解

$$y=\varphi_1(x)\quad |x-x_1|\leqslant h_1,$$

满足初值条件 $\varphi_1(x_1)=y_1$，其中 h 是某个正数. 然后，令

$$y(x)=\begin{cases}\varphi(x), & x_0\leqslant x\leqslant x_1,\\ \varphi_1(x), & x_1\leqslant x\leqslant x_1+h_1,\end{cases}$$

则 $y=y(x)$是连续可微的，而且它在区间$[x_0,x_1+h_1]$上满足微分方程(4.21). 因此它是积分曲线 ω 在区间$[x_0,x_1+h_1]$上的表达式. 由于已设积分曲线 ω 的最大右侧存在区间为 $J^+=[x_0,x_1]$，所以 J^+必须包含区间$[x_0,x_1+h_1]$，这是一个矛盾. 因此，J^+不可能是有限闭区间.

(2) J^+是有限半开区间.

令 $J^+=[x_0,x_1)$，其中常数 $x_1>x_0$. 注意，当 $x\in J^+$时，积分曲线 ω 停留在区域 G 内，即

$$(x,\varphi(x))\in G,\quad x\in J^+.$$

我们要证：对于任何有限闭区域 $G_1\in G$，不可能使

$$(x,\varphi(x))\in G_1,\quad x\in J^+. \tag{4.23}$$

成立. 否则，设 G_1 是 G 内一个有限闭区域，使得式(4.23)成立. 则有 $\varphi(x_0)=y_0$ 和

$$\varphi'(x)=f(x,\varphi(x)),\quad x\in J^+. \tag{4.24}$$

它等价于

$$\varphi(x)=y_0+\int_{x_0}^{x}f(x,\varphi(x))\mathrm{d}x\quad (x_0\leqslant x\leqslant x_1). \tag{4.25}$$

因为 $f(x,y)$ 在 G_1 上是连续的，而且 G_1 是一个有限的闭区域，所以 $|f(x,y)|$ 在 G_1 上有上界 $K>0$. 因此，由式(4.23)和式(4.24)可知，在 J^+ 上 $|\varphi'(x)|$ 有上界 K. 从而由拉格朗日中值公式推出不等式

$$|\varphi(x_1)-\varphi(x_2)|\in K|x_1-x_2|,\quad x_1,x_2\in J^+.$$

由此不难证明：当 $x\to x_1$ 时，$\varphi(x)$ 的极限存在. 然后，令

$$y_1=\lim_{x\to x_1}\varphi(x),\tag{4.26}$$

再定义函数

$$\bar{\varphi}(x_1)=\begin{cases}\varphi(x), & x_0\leqslant x\leqslant x_1\\ y_1, & x=x_1.\end{cases}$$

显然，$y=\bar{\varphi}(x)$ 是连续的. 由式(4.25)和式(4.26)可知，$y=\bar{\varphi}(x)$ 在区间 $[x_0,x_1]$ 上满足

$$\bar{\varphi}(x)=y_0+\int_{x_0}^{x}f(x,\bar{\varphi}(x))\mathrm{d}x.$$

它蕴含 $y=\bar{\varphi}(x)$ 在区间 $[x_0,x_1]$ 上是微分方程(4.21)的一个解，而且满足初值条件(4.22). 这就是说，上面的积分曲线 ω 可延伸到区间 $[x_0,x_1]$ 上. 这与 ω 的最大存在区间为 $[x_0,x_1)$ 是矛盾的. 因此，对任何有限闭区域 $G_1\subset G$，关系式(4.23)是不可能成立的.

总结上面的讨论可知，积分曲线 ω 在 P_0 点的右侧将延伸到区域 G 的边界，同样可证积分曲线 ω 在 P_0 点的左侧也将延伸到区域 G 的边界. 因此，定理 4.4 得证.

由定理 4.1 和定理 4.4 立即可以得出下面的推论.

推论 4.1 设函数 $f(x,y)$ 在区域 G 内连续，而且对 y 满足局部的李氏条件，即对区域 G 内任一点 g 存在以点 g 为中心的一个知形区域 $Q\subset G$ 使得在 Q 内 $f(x,y)$ 对 y 满足李氏条件(注意，相应的李氏常数 L 与矩形区城 Q 有关)，则微分方程(4.18)经过 G 内任一点 P_0 存在唯一的积分曲线 ω，并且 ω 在 G 内延伸到边界.

注 4.5 由有限覆盖定理容易推出：如果 G 是有界闭区域，则 $f(x,y)$ 在 G 上满足局部李氏条件等价于它在 G 上满足整体李氏条件. 但当 G 是开区域时，G 上的局部李氏条件则弱于 G 上的整体李氏条件. 对于任意区域 G，如果 $f(x,y)$ 在 G 上对 y 有连续的偏导数，则 $f(x,y)$ 对 y 满足局部李氏条件.

例 4.2 试证微分方程

$$\frac{\mathrm{d}y}{\mathrm{d}x}=x^2+y^2\tag{4.27}$$

任一解的存在区间都是有界的.

证明 事实上，由于 x^2+y^2 在整个 (x,y) 平面上连续，并且对 y 有连续的偏导数，所以利用上面的推论可知，这微分方程经过平面上任何一点 P_0 的积分曲线 ω 是唯一存在的，并将延伸到无限远. 但我们还不能说，积分曲线 ω 的最大存在区间是无界的. 其实，我们要证明它的存在区间是有界的. 设 $y=y(x)$ 是微分方程(4.27)满足初值条件 $y(x_0)=y_0$ 的解. 令 $J^+=[x_0,\beta_0)$ 为它的右侧最大存在区间，其中 $\beta_0>x_0$. 当 $\beta_0\leqslant 0$ 时，J^+ 显然是一有限区间. 当 $\beta_0>0$ 时，则存在正数 x_1，使得 $[x_0,\beta_0)\subset J^+$. 因此，上面的解 $y=y(x)$ 在区间 $[x_1,\beta_0)$ 内满足微分方程(4.27)，亦即

$$y'(x)=x^2+y^2(x)\quad(0<x_1\leqslant x<\beta_0).$$

由此推出

$$y'(x)\geqslant x^2+y^2(x)\quad(x_1\leqslant x<\beta_0),$$

或

$$\frac{y'(x)}{x^2+y^2(x)}\geqslant 1\quad(0<x_1\leqslant x<\beta_0).$$

然后，从 x_1 到 x 积分此不等式，即得

$$\frac{1}{x_1}\left[\arctan\frac{y(x)}{x_1}-\arctan\frac{y(x_1)}{x_1}\right]\geqslant x-x_1\geqslant 0,$$

这意味着

$$0\leqslant x-x_1\leqslant\frac{\pi}{x_1}\quad(x_1\leqslant x\leqslant\beta_0).$$

由此推出 β_0 是一个有限数，亦即 J^+ 是一有限区间.

同样可证，解 $y=y(x)$ 的左侧最大存在区间 $J^-=(\alpha_0,x_0]$ 也是一有限区间. 因此，这解 $y=y(x)$ 的最大存在区间是有限区间 (α_0,β_0)，它与解的初值 (x_0,y_0) 有关.

定理 4.5　对于微分方程

$$\frac{\mathrm{d}y}{\mathrm{d}x}=f(x,y),\tag{4.28}$$

且函数 $f(x,y)$ 在条形区域

$$S:\quad\alpha<x<\beta,\quad -\infty<y<\infty$$

内连续，并且满足不等式

$$|f(x,y)|\leqslant A(x)|y|+B(x),\tag{4.29}$$

其中 $A(x)\geqslant 0$ 和 $B(x)\geqslant 0$ 在区间 (α,β) 上是连续的. 则微分方程(4.28)的每一个解都以区间 (α,β) 为最大存在区间.

证明　假设微分方程(4.28)满足初值条件

$$y(x_0)=y_0,\quad(x_0,y_0)\in S,$$

的一个解为 $W:y=y(x)$. 现在要证明：W 的最大存在区间为 (α,β).

接下来首先证明它的右侧最大存在区间为 $[x_0,\beta)$.

假设不然，进一步假设它的右侧最大存在区间为 $[x_0,\beta_0)$，其中 β_0 是任意常数满足 $x_0<\beta_0<\beta$. 接下来我们在 β_0 的两侧分别选取常数 x_1 和 x_2 使得下面不等式成立

$$x_0<x_1<\beta<x_2<\beta,\quad x_2-x_1<x_1-x_0.$$

因此，在有限闭区间 $[x_0,x_2]$ 上函数 $A(x)$ 和 $B(x)$ 是连续有界的. 现在假设 A_0 和 B_0 分别是它们的上界. 再利用式(4.29)，我们可以进一步得到

$$|f(x,y)|\leqslant A_0|y|+B_0\quad(x_0\leqslant x\leqslant x_2,-\infty<y<\infty).\tag{4.30}$$

进一步我们假设正数

$$a_1\overset{d}{=}x_2-x_1<\frac{1}{4A_0}.$$

因为 $y=y(x)$ 在 $[x_0,\beta_0)$ 上存在，所以有

$$y(x_1)=y_1,\quad (x_1,y_1)\in S.$$

现在,以(x_1,y_1)为中心作矩形区域

$$R_1:\quad |x-x_1|\leqslant \alpha_1,\quad |y-y_1|\leqslant b_1.$$

其中正数b_1是充分大的.显然,R_1是条形区S内的一个有限闭区域.由式(4.30)容易推出,不等式

$$|f(x,y)|\leqslant A_0(|y_1|+b_1)+B_0,\quad (x,y)\in R_1 \tag{4.31}$$

成立.令

$$M_1=A_0(|y_1|+b_1)+B_0+1,\quad h_1=\min\left(a_1,\frac{b_1}{M_1}\right),$$

并以点(x_1,y_1)作为中心作矩形区域

$$R_1^*:\quad |x-x_1|\leqslant h_1,\quad |y-y_1|\leqslant b_1.$$

则$R_1^*\subseteq R_1$.我们在R_1^*内可以应用定理4.4推出,微分方程(4.25)过点(x_1,y_1)的解W必可向右延伸到R_1^*的边界.另一方面,从(4.31)可知,解W在R_1^*内必停留在角形区域

$$|y-y_1|\leqslant M_1|x-x_1|,\quad |x-x_1|\leqslant h_1.$$

因此,解Γ可向右延伸直至跨越区间$[x_0,x_1+h_1)$.由于

$$a_1<\frac{1}{4A_0}\quad 和\quad \lim_{b_1\to\infty}\frac{b_1}{M_1}=\frac{1}{A_0},$$

所以只要取充分大的正数b_1,我们就有

$$h_1=a_1=x_2-x_1.$$

由此推出,W在区间$x_0\leqslant x\leqslant x_2$上存在.但是,区间$[x_0,x_2)$严格大于$W$的右侧最大存在区间$[x_0,\beta_0)$.这是一个矛盾,它证明了$W$的右侧最大存在区间必定是$[x_0,\beta)$.

同样可证W的右侧最大存在区间必定是$(\alpha,x_0]$.因此W的最大存在区间是(α,β).

习 题 4-3

1. 利用定理4.5证明:线性微分方程

$$\frac{\mathrm{d}y}{\mathrm{d}x}=c(x)y+\mathrm{d}(x),\quad x\in D$$

的每一个解$y=y(x)$的(最大)存在区间为D,这里假设$c(x)$和$\mathrm{d}(x)$在区间D上是连续的.

2. 讨论下列微分方程解的存在区间:

(1) $\dfrac{\mathrm{d}y}{\mathrm{d}x}=y(y+1)$;　　(2) $\dfrac{\mathrm{d}y}{\mathrm{d}x}=1-y^2$;

(3) $\dfrac{\mathrm{d}y}{\mathrm{d}x}=x\sin(xy)$;　　(4) $\dfrac{\mathrm{d}y}{\mathrm{d}x}=(1-y^2)\mathrm{e}^{xy^2}$.

3. 在平面上任取一点$P_0(x_0,y_0)$,试证初值问题

$$(C):\quad \frac{\mathrm{d}y}{\mathrm{d}x}=(x-y)\mathrm{e}^{xy^2},\quad y(x_0)=y_0$$

的右行波解(即从P_0出发向右延伸的解)都在区间$x_0\leqslant x<\infty$存在.

第 5 章　线性微分方程组

非线性微分方程的问题在数学的很多应用方面得以体现. 利用线性化的方法可以将其退化为线性微分方程的问题. 这是因为非线性微分方程的求解和控制系统性能研究非常复杂，而线性化后的模型可借助叠加原理的性质，简化系统分析. 本章的主要内容是对线性微分方程组的基本理论和一些解法进行阐述和说明. 这些内容既是微分方程实际应用的工具，也是开展理论分析的基础.

我们首先在第 1 节中介绍线性微分方程组的一些基础知识，给出基本理论，再在第 2 节讨论关于常系数线性微分方程组的一些初等解法，并在第 3 节把上两节的结果应用到线性的高阶微分方程式.

5.1　一般理论

考虑标准形式的 n 阶线性微分方程组

$$\frac{\mathrm{d}f_j}{\mathrm{d}x}=\sum_{j=1}^{n}a_{jk}(x)f_k+y_i(x)\quad(i=1,2,\cdots,n),$$

其中系数函数 $a_{jk}(x)$ 和 $f_j(x)(j,k=1,2,\cdots,n)$ 在区间 $x\in(a,b)$ 上都是连续的. 在前面研究过的知识中，我们知道可以采用矩阵

$$\boldsymbol{A}(x)=(a_{jk}(x))_{n\times n}$$

和向量

$$\boldsymbol{y}=\begin{pmatrix}y_1\\y_2\\\vdots\\y_n\end{pmatrix},\quad \boldsymbol{f}(x)=\begin{pmatrix}f_1(x)\\f_2(x)\\\vdots\\f_n(x)\end{pmatrix}$$

的记号，将上面的线性微分方程组写成向量的形式

$$\frac{\mathrm{d}\boldsymbol{y}}{\mathrm{d}x}=\boldsymbol{A}(x)\boldsymbol{y}+\boldsymbol{f}(x).\tag{5.1}$$

当 $\boldsymbol{f}(x)\neq\boldsymbol{0}(a<x<b)$ 时，称(5.1)是**非齐次的线性微分方程组**；当 $\boldsymbol{f}(x)\equiv\boldsymbol{0}$ 时，也就是说，式(5.1)可以退化为

$$\frac{\mathrm{d}\boldsymbol{y}}{\mathrm{d}x}=\boldsymbol{A}(x)\boldsymbol{y},\tag{5.2}$$

称它是**齐次的线性微分方程组**.

这里值得我们注意的是，n 阶线性微分方程组的向量表达式(5.1)不仅是在形式上与第 2

章的一阶线性微分方程式是相似的，而且关于一阶线性微分方程的一些性质及其通解公式都可以推广到线性微分方程组(5.1).

下面的定理是本章的理论基础，其证明要点与第 3 章定理 3.1 类似. 将继续应用逐步逼近法来证明定理. 较为复杂与不同的是，现在讨论的是方程组，它可以以向量形式出现；但又由于我们讨论的是线性方程组，所以有些地方在比较之下相对来说变得简单，而且结论也更严谨、加强了. 总之，大家可以多留心如下定理与第 3 章定理的异同之处，加深自己的理解.

存在和唯一性定理 线性微分方程组(5.1)存在唯一解 $y=y(x)$ 满足初值条件

$$\boldsymbol{y}(x_0)=\boldsymbol{y}_0, \tag{5.3}$$

且定义于整个区间 $a<x<b$ 上，其中初值 $x_0\in(a,b)$ 和 $y_0\in\mathbb{R}^n$ 是任意给定的.

在讨论非齐次线性微分方程组(5.1)之前，我们先研究齐次线性微分方程组(5.2).

5.1.1 齐次线性微分方程组

引理 5.1 设 $\boldsymbol{y}_1(x)$ 和 $\boldsymbol{y}_2(x)$ 是齐次线性微分方程组(5.2)的解. 则它们的线性组合 $c_1\boldsymbol{y}_1(x)+c_2\boldsymbol{y}_2(x)$ 也是方程组(5.2)的解，其中 c_1 和 c_2 是(实的)任意常数.

引理 5.1 说明了方程组(5.2)的解的集合构成了一个线性空间. 也就是说，以下令齐次线性微分方程组(5.2)在区间 (a,b) 上所有的解所组成的集合为 S. 所以我们可以用线性代数的语言来描述 S 的结构.

引理 5.2 线性空间 S 是 n 维的(这里 n 是微分方程组(5.2)的阶数).

证明 令 $x_0\in(a,b)$ 是固定的. 则由上面的存在和唯一性定理推出，对于任何常数向量 $y_0\in\mathbb{R}^n$，在 S 中存在唯一的元素 $\boldsymbol{y}(x)$，使得 $\boldsymbol{y}(x_0)=\boldsymbol{y}_0$. 这样一来，我们就得到一个映射

$$H: y_0\mapsto\boldsymbol{y}(x);\quad \mathbb{R}^n\to S. \tag{5.4}$$

显然，对于任何 $\boldsymbol{y}(x)\in S$，我们有

$$\boldsymbol{y}_0\in\mathbb{R}^n,\quad H(\boldsymbol{y}(x_0))=\boldsymbol{y}(x).$$

所以映射 H 是满的. 又对于任意 $\boldsymbol{y}_1^0,\boldsymbol{y}_2^0\in\mathbb{R}^n$，令

$$\boldsymbol{y}_1(x)=H(\boldsymbol{y}_1^0),\quad \boldsymbol{y}_2(x)=H(\boldsymbol{y}_2^0).$$

则由解的唯一性推出：

$$\boldsymbol{y}_1(x)\neq\boldsymbol{y}_2(x)\ (a<x<b)\text{，当且仅当 }\boldsymbol{y}_1^0\neq\boldsymbol{y}_2^0.$$

所以映射 H 也是一对一的. 另外，利用引理 5.1 和解的唯一性，我们不难证明：

$$H(C_1\boldsymbol{y}_1^0+C_2\boldsymbol{y}_2^0)=C_1H(\boldsymbol{y}_1^0)+C_2H(\boldsymbol{y}_2^0),$$

亦即映射 H 是线性的.

因此，H 是一个从 $\mathbb{R}^n$ 到 S 的同构映射，它把线性空间 $\mathbb{R}^n$ 的结构迁移到线性空间 S. 换句话说，就线性空间的结构而言，它们是线性同构的，即 $S\cong\mathbb{R}^n$. 所以，S 的维数等于 $\mathbb{R}^n$ 的维数 n，它就是微分方程组(5.2)的阶数. 引理证完.

不难看出，映射(5.4)有明显的几何意义：映射

$$H^{-1}: S\to\mathbb{R}^n$$

把方程组(5.2)在 $n+1$ 维空间 (x,y) 中的积分曲线 Γ：$\{(x,y)\mid y=y(x)\in S\}$ 映到它与 n 维超平面 $\sum_{x_0}$：$\{(x,y)\mid x=x_0\}$ 的交点 $y=y(x_0)$，而且 Γ 与 $\sum_{x_0}$ 在 y_0 点是“横截”相交的，再

利用初值问题解的唯一性可知,映射 H^{-1} 是一对一的.

注意,线性空间 $\mathbb{R}^n$ 有唯一的零向量 0;而线性空间 S 也有唯一的零元素,为了方便仍记作 0[而它的含义为:$y=0(a<x<b)$是齐次线性微分方程组(5.2)的零解]. 易知 $H(0)=0$. 请留心记号 0 在不同场合的含意.

令 $y_k^0\in\mathbb{R}^n$ 和 $y_k(x)=H(y_k^0)(k=1,2,\cdots,m)$. 则 $y_1^0,\cdots,y_m^0$ 在 $\mathbb{R}^n$ 中的线性无关性等价于 $y_1(x),\cdots,y_m(x)$在 S 中的线性无关性. 前者的线性无关性是指

$$C_1y_1^0+\cdots+C_my_m^0=0$$

蕴含 $C_1=0,\cdots,C_m=0$. 而后者的线性无关性是指

$$C_1y_1(x)+\cdots+C_my_m(x)=0\ (a<x<b)$$

蕴含 $C_1=0,\cdots,C_m=0$.

现在,我们来证本节的主要结论.

定理 5.1　齐次线性微分方程组(5.2)在区间 $a<x<b$ 上有 n 个线性无关的解

$$\varphi_1(x),\quad\cdots,\quad\varphi_n(x),\tag{5.5}$$

则它的通解可以表示为

$$y=C_1\varphi_1(x)+\cdots+C_n\varphi_n(x),\tag{5.6}$$

其中 $C_1,\cdots,C_n$ 是任意常数.

证明　利用引理 5.2,我们可以得到 S 的一个基,不妨把它记作(5.5). 因此,它的线性组合生成整个线性空间 S. 这就是说,式(5.6)表示齐次线性微分方程组(5.2)的通解.

通常称齐次线性微分方程组(5.2)的 n 个线性无关的解为一个基本解组. 因此,求方程组(5.2)的通解只需求它的一个基本解组.

假设已知

$$y_1(x),y_2(x),\quad\cdots,\quad y_{n-1}(x),y_n(x)\tag{5.7}$$

是微分方程组(5.2)的 n 个解. 则问题归于判别它们是否线性无关. 下面介绍一个在理论上比较简明的判别法(即定理 5.2).

设在(5.7)中诸解的分量形式为

$$\boldsymbol{y}_1(x)=\begin{pmatrix}y_{11}(x)\\y_{21}(x)\\\vdots\\y_{n1}(x)\end{pmatrix},\quad\cdots,\quad\boldsymbol{y}_n(x)=\begin{pmatrix}y_{1n}(x)\\y_{2n}(x)\\\vdots\\y_{nn}(x)\end{pmatrix},$$

称行列式

$$W(x)=W[\boldsymbol{y}_1(x),\boldsymbol{y}_2(x),\cdots,\boldsymbol{y}_n(x)]=\begin{vmatrix}y_{11}(x)&y_{12}(x)&\cdots&y_{1n}(x)\\y_{21}(x)&y_{22}(x)&\cdots&y_{2n}(x)\\\vdots&\vdots&\vdots&\vdots\\y_{n1}(x)&y_{n2}(x)&\cdots&y_{nn}(x)\end{vmatrix}$$

为解组(5.8)的**朗斯基(Wronsky)行列式**.

引理 5.3　上述朗斯基行列式满足下面的**刘维尔公式**:

$$W(x)=W(x_0)\mathrm{e}^{\int_{x_0}^{x}\mathrm{tr}[\boldsymbol{A}(x)]\mathrm{d}x}\quad(a<x<b),\tag{5.8}$$

其中 $x_0\in(a,b)$，而 $\mathrm{tr}[\boldsymbol{A}(x)]$ 表示矩阵 $\boldsymbol{A}(x)$ 的迹，即

$$\mathrm{tr}[\boldsymbol{A}(x)]=\sum_{j=1}^{n}a_{jj}(x).$$

证明 利用行列式的基本性质可得

$$\frac{\mathrm{d}W}{\mathrm{d}x}=\sum_{i=1}^{n}\begin{vmatrix} y_{11} & y_{12} & \cdots & y_{1n}\\ \vdots & \vdots & \ddots & \vdots\\ \dfrac{\mathrm{d}y_{i1}}{\mathrm{d}x} & \dfrac{\mathrm{d}y_{i2}}{\mathrm{d}x} & \cdots & \dfrac{\mathrm{d}y_{in}}{\mathrm{d}x}\\ \vdots & \vdots & \ddots & \vdots\\ y_{n1} & y_{n2} & \cdots & y_{nn}\end{vmatrix}$$

$$=\sum_{i=1}^{n}\begin{vmatrix} y_{11} & y_{12} & \cdots & y_{1n}\\ \vdots & \vdots & \ddots & \vdots\\ \sum_{j=1}^{n}a_{ij}y_{j1} & \sum_{j=1}^{n}a_{ij}y_{j2} & \cdots & \sum_{j=1}^{n}a_{ij}y_{jn}\\ \vdots & \vdots & \ddots & \vdots\\ y_{n1} & y_{n2} & \cdots & y_{nn}\end{vmatrix}$$

$$=\sum_{i=1}^{n}a_{ii}\cdot\boldsymbol{W}=\mathrm{tr}[\boldsymbol{A}(x)]\cdot W,$$

亦即 $W'=\mathrm{tr}[\boldsymbol{A}(x)]\cdot W$ 这是关于 W 的一阶线性微分方程. 由此解出 W，即得(5.8).

注 5.1 由刘维尔公式(5.8)可见，解组(5.7)的朗斯基行列式 $W(x)$ 在区间 $a<x<b$ 上只有两种可能存在的结果：恒等于零，或恒不等于零. 这也间接说明了解组(5.7)是具有线性相关性或者线性无关性. 具体的论证在如下定理得以体现.

定理 5.2 线性微分方程组(5.2)的解组(5.7)是线性无关的充要条件为

$$W(x)\neq 0\quad(a<x<b).\tag{5.9}$$

证明 由刘维尔公式可知，条件(5.9)等价于 $W(x_0)\neq 0$，而它又等价于初值向量组

$$y_1(x_0),y_2(x_0),\quad\cdots,\quad y_{n-1}(x_0),y_n(x_0)\tag{5.10}$$

在 $\mathfrak{R}^n$ 中是线性无关的，从引理 5.2 的证明中可见，

$$H(C_1y_1(x_0)+\cdots+C_ny_n(x_0))=C_1y_1(x)+\cdots+C_ny_n(x)$$

因此，利用 $H(0)=0$，易知向量组(5.10)在 $\mathfrak{R}^n$ 中是线性无关的，当且仅当解组(5.7)在 S 中是线性无关的.

推论 5.1 解组(5.8)是线性相关的充要条件为

$$W(x)\equiv 0\quad(a<x<b).$$

由刘维尔公式可知，朗斯基行列式 $W(z)\equiv 0$ 等价于在某一特殊点 x_0 的 $W(x_0)\equiv 0$. 因此，在应用中我们只需计算 $W(x_0)$ 是否等于零，就可得知解组(5.7)是否线性无关.

最后，我们顺便引进一些记号，以便为今后的讨论提供方便.

对应于解组(5.7)，令矩阵 $\boldsymbol{Y}(x)=(y_{ij}(x))_{n\times n}$，它叫作方程组(5.2)的矩阵解. 易知

$$\frac{\mathrm{d}Y(x)}{\mathrm{d}x}=\left(\frac{\mathrm{d}y_{ij}(x)}{\mathrm{d}x}\right)_{n\times n}=\left(\sum_{k=1}^{n}a_{ik}(x)y_{kj}(x)\right)_{n\times n}$$

$$= (a_{ij}(x))_{n\times n}(y_{ij}(x))_{n\times n} = \boldsymbol{A}(x)\boldsymbol{Y}(x).$$

亦即方程组(5.2)的解矩阵 $Y(x)$是方程组(5.2)的矩阵解.反之亦然.

当解组(5.7)是一个基本解组时,也就是说,其每一列都是齐次线性微分方程组的解,那么我们称相应的矩阵为解矩阵 $\boldsymbol{Y}(x)$.若它的列在闭区间上是线性无关的解矩阵,这时我们称相应的解矩阵 $\boldsymbol{Y}(x)$为一个基(本)解矩阵.若已知方程组(5.2)的一个基解矩阵 $\boldsymbol{\Phi}(x)$,则由定理 5.1 可知,它的通解为

$$\boldsymbol{y} = \boldsymbol{\Phi}(x)\boldsymbol{c}, \tag{5.11}$$

其中$\boldsymbol{c}$ 是 n 维的任意常数列向量.

推论 5.2　(1) 设 $\boldsymbol{\Phi}(x)$是方程组(5.2)的一个基解矩阵,则对于任一个非奇异的 n 阶常数矩阵 $\boldsymbol{C}$,矩阵

$$\boldsymbol{\Psi}(x) = \boldsymbol{\Phi}(x)\boldsymbol{C} \tag{5.12}$$

也是(5.2)的一个基解矩阵;

(2) 设 $\boldsymbol{\Phi}(x)$和 $\boldsymbol{\Psi}(x)$都是方程组(5.2)的基解矩阵,则必存在一个非奇异的 n 阶常数矩阵 $\boldsymbol{C}$,使得(5.12)成立.

5.1.2　非齐次线性微分方程组

现在,我们可以利用上面§ 5.1.1 的结果来推导非齐次 n 阶线性微分方程组(5.1)的通解结构.

引理 5.4　如果 $\boldsymbol{\Phi}(x)$是与式(5.1)相应的齐次线性微分方程组(5.2)的一个基解矩阵,$\boldsymbol{\varphi}^*(x)$是式(5.1)的一个特解,则(5.1)的任一解 $y=\varphi(x)$可以表示为

$$\boldsymbol{\varphi}(x) = \boldsymbol{\Phi}(x)\boldsymbol{c} + \boldsymbol{\varphi}^*(x),$$

其中 $\boldsymbol{c}$ 是一个与 $\boldsymbol{\varphi}(x)$有关的常数列向量.

证明　容易验证 $\boldsymbol{\varphi}(x)-\boldsymbol{\varphi}^*(x)$是(5.2)的一个解.因此,由(5.15)可知,存在常数列向量 $\boldsymbol{c}$,使得 $\boldsymbol{\varphi}(x)-\boldsymbol{\varphi}^*(x)=\boldsymbol{\Phi}(x)\boldsymbol{c}$,不难得到上述的结果.

引理 5.4 说明,为了得出(5.1)的通解,需要知道齐次线性微分方程组(5.2)的一个基解矩阵 $\boldsymbol{\Phi}(x)$和(5.1)的一个特解 $\boldsymbol{\varphi}^*(x)$.而且,利用下述常数变易法,我们只要知道 $\boldsymbol{\Phi}(x)$就足够了.

假定式(5.1)有如下形式的特解:

$$\boldsymbol{\varphi}^*(x) = \boldsymbol{\Phi}(x)\boldsymbol{c}(x), \tag{5.13}$$

其中,$\boldsymbol{c}(x)$是待定的向量函数.将(5.13)代入方程(5.1),不难推导出

$$\boldsymbol{\Phi}'(x)\boldsymbol{c}(x) + \boldsymbol{\Phi}(x)\boldsymbol{c}'(x) = \boldsymbol{A}(x)\boldsymbol{\Phi}(x)\boldsymbol{c}(x) + \boldsymbol{f}(x). \tag{5.14}$$

另一方面,由于 $\boldsymbol{\Phi}(x)$是方程(5.2)的解矩阵,亦即

$$\boldsymbol{\Phi}'(x) = \boldsymbol{A}(x)\boldsymbol{\Phi}(x).$$

因此由式(5.14)消去相应的项,就可得到

$$\boldsymbol{\Phi}(x)\boldsymbol{c}'(x) = \boldsymbol{f}(x). \tag{5.15}$$

又由于 $\boldsymbol{\Phi}(x)$是(5.2)的基解矩阵,所以它所对应的朗斯基行列式 $\det[\boldsymbol{\Phi}(x)]\neq 0(a<x<b)$.这蕴含 $\boldsymbol{\Phi}(x)$是可逆矩阵.因此,可由(5.15)推出 $\boldsymbol{c}'(x)=\boldsymbol{\Phi}^{-1}(x)\boldsymbol{f}(x)$,从而采取积分得

$$\boldsymbol{c}(x)=\int_{x_0}^{x}\boldsymbol{\Phi}^{-1}(s)\boldsymbol{f}(s)\mathrm{d}s.$$

把上式代回式(5.13),就得到非齐次线性微分方程组的一个特解

$$\boldsymbol{\varphi}^{*}(x)=\boldsymbol{\Phi}(x)\int_{x_0}^{x}\boldsymbol{\Phi}^{-1}(s)\boldsymbol{f}(s)\mathrm{d}s. \tag{5.16}$$

这样我们就得到下面的引理.

引理 5.5 设 $\boldsymbol{\Phi}(x)$ 是(5.2)的一个基解矩阵,则式(5.16)给出非齐次线性微分方程组(5.1)的一个特解.

结合引理 5.4 和引理 5.5,我们就有下面的结论.

定理 5.3 设 $\boldsymbol{\Phi}(x)$ 是(5.2)的一个基解矩阵,则非齐次线性微分方程组(5.1)在区间 $a<x<b$ 上的通解可以表示为

$$\boldsymbol{y}=\boldsymbol{\Phi}(x)\left(c+\int_{x_0}^{x}\boldsymbol{\Phi}^{-1}(s)\boldsymbol{f}(s)\mathrm{d}s\right), \tag{5.17}$$

其中 c 是 n 维的任意常数列向量;而且式(5.1)满足初值条件 $y(x_0)=y_0$ 的解为

$$\boldsymbol{y}=\boldsymbol{\Phi}(x)\boldsymbol{\Phi}^{-1}(x_0)y_0+\boldsymbol{\Phi}(x)\int_{x_0}^{x}\boldsymbol{\Phi}^{-1}(s)\boldsymbol{f}(s)\mathrm{d}s, \tag{5.18}$$

其中 $x_0\in(a,b)$.

例 5.1 求解初值问题:

$$\begin{cases}\dfrac{\mathrm{d}}{\mathrm{d}x}\begin{pmatrix}y_1\\ y_2\end{pmatrix}=\begin{pmatrix}2 & 1\\ 0 & 2\end{pmatrix}\begin{pmatrix}y_1\\ y_2\end{pmatrix}+\begin{pmatrix}\sin x\\ \cos x\end{pmatrix},\\ \begin{pmatrix}y_1(0)\\ y_2(0)\end{pmatrix}=\begin{pmatrix}1\\ -1\end{pmatrix}.\end{cases}$$

事实上,相应齐次线性微分方程组有一个基解矩阵

$$\boldsymbol{\Phi}(x)=\begin{pmatrix}\mathrm{e}^{2x} & x\mathrm{e}^{2x}\\ 0 & \mathrm{e}^{2x}\end{pmatrix}.$$

容易求出

$$\boldsymbol{\Phi}^{-1}(x)=\begin{pmatrix}\mathrm{e}^{-2x} & -x\mathrm{e}^{-2x}\\ 0 & \mathrm{e}^{-2x}\end{pmatrix},$$

利用公式(5.18),就得到所求初值问题的解为

$$\begin{aligned}\begin{pmatrix}y_1\\ y_2\end{pmatrix}&=\begin{bmatrix}(1-x)\mathrm{e}^{2x}\\ -\mathrm{e}^{2x}\end{bmatrix}+\begin{bmatrix}\mathrm{e}^{2x} & x\mathrm{e}^{2x}\\ 0 & \mathrm{e}^{2x}\end{bmatrix}\int_0^x\begin{pmatrix}\mathrm{e}^{-2s} & -s\mathrm{e}^{-2s}\\ 0 & \mathrm{e}^{-2s}\end{pmatrix}\begin{pmatrix}\sin s\\ \cos s\end{pmatrix}\mathrm{d}s\\ &=\begin{pmatrix}\dfrac{1}{25}(-15x+27)\mathrm{e}^{2x}-\dfrac{2}{25}\cos x-\dfrac{14}{25}\sin x\\ -\dfrac{3}{5}\mathrm{e}^{2x}-\dfrac{2}{5}\cos x+\dfrac{1}{5}\sin x\end{pmatrix}.\end{aligned}$$

注 5.2 我们利用上面的**常数变易法**得到式(5.17)和(5.18).它们依赖于方程组(5.2)的一个基解矩阵 $\boldsymbol{\Phi}(x)$.一般而言,我们无法求出 $\boldsymbol{\Phi}(x)$ 的有限形式.也就是说,式(5.17)和式(5.18)所提供的仅是一种结构性的公式.尽管如此,它们在微分方程以及相关的数学分支中(特别在一些理论问题的研究中)仍是常用的重要公式.在某些特殊情形下,针对矩阵 $\boldsymbol{A}(x)$ 的

特点，可以求出(5.2)的一个基解矩阵的有限形式.

例 5.2　试求微分方程组

$$\frac{\mathrm{d}}{\mathrm{d}x}\begin{pmatrix} y_1 \\ y_2 \end{pmatrix} = \begin{pmatrix} 1 & 1 \\ 1 & \dfrac{1}{x} \end{pmatrix}\begin{pmatrix} y_1 \\ y_2 \end{pmatrix} \tag{5.19}$$

的一个基解矩阵，并求出它的通解. 上式中自变量的取值区间为 $x>0$ 或 $x<0$.

显然，当 $x\neq 0$ 时，$\det[\boldsymbol{\Phi}(x)]=x\mathrm{e}^x\neq 0$. 因此，$\boldsymbol{\Phi}(x)$ 是方程(5.19)的一个基解矩阵. 根据定理 5.1，方程(5.19)的通解为

$$\begin{pmatrix} y_1 \\ y_2 \end{pmatrix} = C_1\begin{pmatrix} \mathrm{e}^x \\ 0 \end{pmatrix} + C_2\begin{pmatrix} -x-1 \\ x \end{pmatrix}.$$

其中，方程(5.19)的分量形式为

$$\frac{\mathrm{d}y_1}{\mathrm{d}x} = y_1 + y_2,\quad \frac{\mathrm{d}y_2}{\mathrm{d}x} = \frac{y_2}{x}.$$

从后一式容易求出 y_2 的通解为 $y_2=kx$，其中 k 为任意常数. 可分别取 $y_2=0$ 和 $y_2=x$，代入前一式得到两个相应的特解 $y_1=\mathrm{e}^x$ 和 $y_1=-x-1$. 这样就求得方程(5.19)的一个解矩阵为

$$\boldsymbol{\Phi}(x) = \begin{pmatrix} \mathrm{e}^x & -x-1 \\ 0 & x \end{pmatrix}.$$

注意，这里基解矩阵的朗斯基行列式在 $x=0$ 时值为 $\det[\boldsymbol{\Phi}(0)]=0$. 试问：是否与定理 5.2 的结论不相容？

习　题　5-1

1. 试验证 $\boldsymbol{\Phi}(x)=\begin{bmatrix} 4t & 1 \\ t^3 & 2t^2 \end{bmatrix}$ 是方程组 $\boldsymbol{x}'=\begin{bmatrix} \dfrac{8}{7t} & -\dfrac{4}{7t^3} \\ \dfrac{2t}{7} & \dfrac{13}{7t} \end{bmatrix}\boldsymbol{x}$ 在任何不包含原点的区间 $[a,b]$ 上的基解矩阵.

2. 设 $\boldsymbol{A}(x)$ 为区间 $[a,b]$ 上的连续 n 阶实矩阵，$\boldsymbol{\Phi}(x)$ 为方程 $\boldsymbol{y}'=\boldsymbol{A}(x)\boldsymbol{y}$ 的基解矩阵，而 $\boldsymbol{y}=\boldsymbol{\varphi}(x)$ 为其一解，试验证：

(1) 对于方程 $\boldsymbol{z}'=-\boldsymbol{A}^{\mathrm{T}}(x)\boldsymbol{z}$ 的任一解 $\boldsymbol{z}=\boldsymbol{\varphi}(x)$ 必有 $\boldsymbol{\varphi}^{\mathrm{T}}(x)\boldsymbol{\varphi}(x)=$ 常数；

(2) $\varphi(x)$ 为方程 $\boldsymbol{z}'=-\boldsymbol{A}^{\mathrm{T}}(x)\boldsymbol{z}$ 的基解矩阵的充要条件是存在非奇异的常数矩阵 $\boldsymbol{C}$，使得 $\boldsymbol{\varphi}^{\mathrm{T}}(x)\boldsymbol{\Phi}(x)=\boldsymbol{C}$.

3. 求方程组 $y'=\boldsymbol{D}\boldsymbol{y}$ 的标准基解矩阵，其中 $\boldsymbol{D}=\begin{pmatrix} 3 & -1 & 1 \\ 1 & -1 & 2 \\ 2 & 0 & 1 \end{pmatrix}$.

4. 求解微分方程组 $\begin{cases} y'=-2y-4x+1+\mathrm{e}^t, \\ x'=x-y+t^2. \end{cases}$

5.2 常系数线性微分方程组

本节把讨论的范围限于常系数的情形，主要讨论齐次线性微分方程组 $\boldsymbol{y}'=\boldsymbol{A}\boldsymbol{y}$ 的基解矩阵的结构，A 是 n 阶常数矩阵. 我们将利用矩阵的指数函数解决相应的求解问题.

所谓常系数线性微分方程组，指的是线性徽分方程组

$$\frac{\mathrm{d}\boldsymbol{y}}{\mathrm{d}x}=\boldsymbol{A}\boldsymbol{y}+\boldsymbol{f}(x) \tag{5.20}$$

中的系数矩阵 $\boldsymbol{A}$ 为 n 阶常数矩阵，而 $f(x)$ 是在 $a<x<b$ 上连续的向量函数. 我们已经知道，求解线性微分方程组(5.20)的关键是求出相应齐次线性微分方程组

$$\frac{\mathrm{d}\boldsymbol{y}}{\mathrm{d}x}=\boldsymbol{A}\boldsymbol{y} \tag{5.21}$$

的一个基解矩阵，当 $n=1$ 时，矩阵 $\boldsymbol{A}$ 就是一个实数 a，这时方程(5.21)成为

$$\frac{\mathrm{d}y}{\mathrm{d}x}=ay \tag{5.22}$$

它的通解为 $y=C\mathrm{e}^{ax}$，其中 C 为任意常数. 换句话说，e^{ax} 是方程(5.22)的一个(一阶的)基解矩阵. 由此引申出一个设想：常系数线性微分方程组(5.21)有一个基解矩阵为 $\mathrm{e}^{x\boldsymbol{A}}$. 这里首先需要弄清，把一个矩阵放在指数的位置上是什么意思？

5.2.1 矩阵指数函数的定义和性质

令 M 表示由一切 n 阶(实常数)阵组成的集合. 在线性代数中，我们知道 M 是一个 n^2 维的线性空间，对 M 中的任何元素

$$\boldsymbol{A}=(a_{ij})_{n\times n},$$

定义它的模为

$$\|\boldsymbol{A}\|=\sum_{i,j=1}^{n}|a_{ij}|.$$

则我们容易证明：

(1) $\|\boldsymbol{A}\|\geqslant 0$；而且 $\|\boldsymbol{A}\|=0$ 当且仅当 $\boldsymbol{A}=\boldsymbol{O}$(零矩阵).

(2) 对于任意 $\boldsymbol{A},\boldsymbol{B}\in \boldsymbol{M}$，有不等式

$$\|\boldsymbol{A}+\boldsymbol{B}\|\leqslant\|\boldsymbol{A}\|+\|\boldsymbol{B}\|.$$

现在，我们在 $\boldsymbol{M}$ 中有了这个模 $\|\cdot\|$，就可以仿照实数域中的数学分析来定义矩阵序列、柯西矩阵序列和矩阵无穷级数及其收敛性的概念. 而且容易证明，在 $\boldsymbol{M}$ 中任何柯西序列都是收敛的，即线性空间 $\boldsymbol{M}$ 关于模 $\|\cdot\|$ 是完备的.

另外，在 $\boldsymbol{M}$ 中还特别有乘法运算，即对于任意 $\boldsymbol{A},\boldsymbol{B}\in\boldsymbol{M}$，有 $\boldsymbol{AB}\in\boldsymbol{M}$. 而且

$$\|\boldsymbol{AB}\|\leqslant\|\boldsymbol{A}\|\cdot\|\boldsymbol{B}\|.$$

利用上述性质，我们有

$$\|\boldsymbol{A}^k\|\leqslant\|\boldsymbol{A}\|^k\quad(k\geqslant 1). \tag{5.23}$$

通常令 $\boldsymbol{A}^0$ 为 n 阶单位矩阵 $\boldsymbol{E}$. 这样，上面的不等式对 $k=0$ 不能成立.

由此不难证明下述命题.

命题 5.1　矩阵 $\boldsymbol{A}$ 的幂级数

$$\boldsymbol{E}+\boldsymbol{A}+\frac{\boldsymbol{A}^2}{2!}+\cdots+\frac{\boldsymbol{A}^k}{k!}+\cdots \tag{5.24}$$

是绝对收敛的.

现以记号 $\mathrm{e}^{\boldsymbol{A}}$(或 $\exp \boldsymbol{A}$)表示上述矩阵幂级数的和,并称它为矩阵 $\boldsymbol{A}$ 的指数函数,即

$$\mathrm{e}^{\boldsymbol{A}}=\sum_{k=0}^{\infty}\frac{\boldsymbol{A}^k}{k!}. \tag{5.25}$$

注意,$\mathrm{e}^{\boldsymbol{A}}\in\boldsymbol{M}$. 另外,当 $\boldsymbol{A}$ 是一阶矩阵(即实数)时,$\mathrm{e}^{\boldsymbol{A}}$ 就是通常的指数函数.

现在,我们考察一般矩阵指数函数的性质.

命题 5.2　矩阵指数函数有下面的性质:

(1) 若矩阵 $\boldsymbol{A}$ 和 $\boldsymbol{B}$ 是可交换的(即 $\boldsymbol{AB}=\boldsymbol{BA}$),则

$$\mathrm{e}^{\boldsymbol{A}+\boldsymbol{B}}=\mathrm{e}^{\boldsymbol{A}}\mathrm{e}^{\boldsymbol{B}};$$

(2) 对任何矩阵 $\boldsymbol{A}$,指数函数 $\mathrm{e}^{\boldsymbol{A}}$ 是可逆的,且

$$(\mathrm{e}^{\boldsymbol{A}})^{-1}=\mathrm{e}^{-\boldsymbol{A}};$$

(3) 若 $\boldsymbol{P}$ 是一个非奇异的 n 阶矩阵,则

$$\mathrm{e}^{\boldsymbol{PAP}^{-1}}=\boldsymbol{P}\mathrm{e}^{\boldsymbol{A}}\boldsymbol{P}^{-1}.$$

证明　(1) 由于矩阵级数是绝对收敛的,由二项式定理及 $\boldsymbol{AB}=\boldsymbol{BA}$,可以得到

$$\mathrm{e}^{\boldsymbol{A}+\boldsymbol{B}}=\sum_{k=0}^{\infty}\frac{(\boldsymbol{A}+\boldsymbol{B})^k}{k!}=\sum_{k=0}^{\infty}\left[\sum_{l=0}^{k}\frac{\boldsymbol{A}^l\boldsymbol{B}^{k-l}}{l!(k-l)!}\right].$$

再者,有绝对收敛级数的乘法定理可以推导出

$$\mathrm{e}^{\boldsymbol{A}}\mathrm{e}^{\boldsymbol{B}}=\sum_{i=0}^{\infty}\frac{\boldsymbol{A}^i}{i!}\left(\sum_{j=0}^{\infty}\frac{\boldsymbol{B}^j}{j!}\right)=\sum_{k=0}^{\infty}\left[\sum_{l=0}^{k}\frac{\boldsymbol{A}^l\boldsymbol{B}^{k-l}}{l!(k-l)!}\right].$$

比较以上两个式子,可以得到(1)的结论.

(2) 对于任意矩阵 $\boldsymbol{A}$,$(\mathrm{e}^{\boldsymbol{A}})^{-1}$存在且$(\mathrm{e}^{\boldsymbol{A}})^{-1}=\mathrm{e}^{-\boldsymbol{A}}$. 事实上,$\boldsymbol{A}$ 和 $-\boldsymbol{A}$ 是可交换的,所以在 $\mathrm{e}^{\boldsymbol{A}+\boldsymbol{B}}=\mathrm{e}^{\boldsymbol{A}}\mathrm{e}^{\boldsymbol{B}}$ 中,令 $\boldsymbol{B}=-\boldsymbol{A}$,所以有

$$\mathrm{e}^{\boldsymbol{A}}\mathrm{e}^{-\boldsymbol{A}}=\mathrm{e}^{\boldsymbol{A}+(-\boldsymbol{A})}=\mathrm{e}^{\boldsymbol{O}}=\boldsymbol{E},$$

进一步可以得到结论.

如果 $\boldsymbol{T}$ 是非奇异矩阵,则

$$\mathrm{e}^{\boldsymbol{T}^{-1}\boldsymbol{AT}}=\boldsymbol{T}^{-1}\mathrm{e}^{\boldsymbol{A}}\boldsymbol{T}. \tag{5.26}$$

而

$$\begin{aligned}\mathrm{e}^{\boldsymbol{T}^{-1}\boldsymbol{AT}}&=\boldsymbol{E}+\sum_{k=1}^{\infty}\frac{(\boldsymbol{T}^{-1}\boldsymbol{AT})^k}{k!}=\boldsymbol{E}+\sum_{k=1}^{\infty}\frac{\boldsymbol{T}^{-1}\boldsymbol{A}^k\boldsymbol{T}}{k!}\\&=\boldsymbol{E}+\boldsymbol{T}^{-1}\left(\sum_{k=1}^{\infty}\frac{A^k}{k!}\right)\boldsymbol{T}=\boldsymbol{T}^{-1}\mathrm{e}^{\boldsymbol{A}}\boldsymbol{T}.\end{aligned}$$

5.2.2　常系数齐次线性微分方程组的基解矩阵

利用矩阵指数函数,我们可以通过常系数齐次线性微分方程组的基解矩阵得到其通解.

定理 5.4　对于常系数齐次线性微风方程组,矩阵指数函数 $\boldsymbol{\Psi}(x)=\mathrm{e}^{\boldsymbol{A}x}$ 是常系数齐次线

性微分方程组

$$\frac{\mathrm{d}\boldsymbol{\Psi}}{\mathrm{d}x}=\boldsymbol{A\Psi}$$

的标准基解矩阵，即矩阵 $\boldsymbol{\Psi}(x)$ 满足 $\boldsymbol{\Psi}(x)=\boldsymbol{E}$.

证明 由定义可见，矩阵指数函数

$$\boldsymbol{\Psi}(x)=\mathrm{e}^{\boldsymbol{A}x}=\boldsymbol{E}+x\boldsymbol{A}+\frac{x^2}{2!}\boldsymbol{A}^2+\cdots+\frac{x^n}{n!}\boldsymbol{A}^n+\cdots$$

在任意有限区间上一致收敛，并且可以逐项求导.

故

$$\begin{aligned}\frac{\mathrm{d}}{\mathrm{d}x}\boldsymbol{\Psi}(x)&=\frac{\mathrm{d}}{\mathrm{d}x}\mathrm{e}^{\boldsymbol{A}x}=\boldsymbol{A}+\frac{x}{1!}\boldsymbol{A}^2+\frac{x^2}{2!}\boldsymbol{A}^3+\frac{x^3}{3!}\boldsymbol{A}^4+\cdots+\frac{x^{n-1}}{(n-1)!}\boldsymbol{A}^n+\cdots\\&=\boldsymbol{A}\left(\boldsymbol{E}+x\boldsymbol{A}+\frac{x^2}{2!}\boldsymbol{A}^2+\frac{x^3}{3!}\boldsymbol{A}^3+\cdots+\frac{x^{n-1}}{(n-1)!}\boldsymbol{A}^{n-1}+\cdots\right)\\&=\boldsymbol{A}\mathrm{e}^{\boldsymbol{A}x}=\boldsymbol{A\Psi}(x).\end{aligned}$$

这说明 $\boldsymbol{\Psi}(x)$是(5.21)的解矩阵，且 $\boldsymbol{\Psi}(0)=\boldsymbol{E}$. 从而，$\boldsymbol{\Psi}(x)=\mathrm{e}^{\boldsymbol{A}x}$是标准基解矩阵.

因为 $\boldsymbol{\Psi}(x)=\mathrm{e}^{\boldsymbol{A}x}$是矩阵，从而 $\boldsymbol{\Psi}(x)$是 $\mathbb{R}^n$ 到 $\mathbb{R}^n$ 的线性变换，并且满足如下性质：

(1)（半群性质） $\boldsymbol{\Psi}(x+\tau)=\boldsymbol{\Psi}(x)\boldsymbol{\Psi}(\tau)$；

(2)（恒等性质） $\boldsymbol{\Psi}(0)=\boldsymbol{E}$；

(3)（连续性） $\boldsymbol{\Psi}(x)y$ 关于 x 是连续的，对 $\forall\, y\in\mathbb{R}^n$.

此时也称 $\boldsymbol{\Psi}(x)$是 C_0-半群.

把定理 5.4 应用到定理 5.3，并注意命题 2 中的结论(1)和(2)，则有以下推论.

推论 5.3 常系数非齐次线性微分方程组 (5.20) 在区间 (a,b)上的通解为

$$y=C\mathrm{e}^{x\boldsymbol{A}}+\int_{x_0}^{x}\mathrm{e}^{(x-s)\boldsymbol{A}}f(s)\mathrm{d}s,\tag{5.27}$$

其中 C 是任意的常数列向量；而式(5.20) 满足初值条件 $y(x_0)=y_0$ 的解可以表示为

$$y=\mathrm{e}^{(x-x_0)\boldsymbol{A}}y_0+\int_{x_0}^{x}\mathrm{e}^{(x-s)\boldsymbol{A}}f(s)\mathrm{d}s,\tag{5.28}$$

其中 $x_0\in(a,b)$.

因为矩阵指数函数是用无穷级数定义的，那么怎样计算 $\mathrm{e}^{\boldsymbol{A}x}$？是否能用初等函数的有限形式来表示 $\mathrm{e}^{\boldsymbol{A}x}$？我们先看两个例子.

例 5.3 假设

$$\boldsymbol{A}=\begin{pmatrix}a_1&&&\\&a_2&&\\&&\ddots&\\&&&a_n\end{pmatrix}$$

为对角矩阵，计算 $\mathrm{e}^{\boldsymbol{A}x}$.

解 由定义

$$
e^{Ax} = E + \frac{x}{1!}\begin{pmatrix} a_1 & & & \\ & a_2 & & \\ & & \ddots & \\ & & & a_n \end{pmatrix} + \frac{x^2}{2!}\begin{pmatrix} a_1^2 & & & \\ & a_2^2 & & \\ & & \ddots & \\ & & & a_n^2 \end{pmatrix} + \cdots
$$

$$
= \begin{pmatrix} e^{a_1 x} & & & \\ & e^{a_2 x} & & \\ & & \ddots & \\ & & & e^{a_n x} \end{pmatrix}.
$$

例 5.4　假设

$$
A = \begin{pmatrix} 2 & 1 \\ 0 & 2 \end{pmatrix},
$$

试求矩阵指数函数 e^{xA}.

解　因为矩阵 A 可以分解成两个可交换的矩阵之和,即

$$
A = \begin{pmatrix} 2 & 0 \\ 0 & 2 \end{pmatrix} + \begin{pmatrix} 0 & 1 \\ 0 & 0 \end{pmatrix} = 2E + Z,
$$

且

$$
\begin{pmatrix} 0 & 1 \\ 0 & 0 \end{pmatrix}^2 = \begin{pmatrix} 0 & 0 \\ 0 & 0 \end{pmatrix},
$$

其中 E 为单位矩阵. 因此,A 的矩阵指数函数可以表示为

$$
\begin{aligned}
e^{Ax} &= e^{x(2E+Z)} = e^{2xE} \times e^{xZ} \\
&= \begin{pmatrix} e^{2x} & 0 \\ 0 & e^{2x} \end{pmatrix} \times \left\{ E + x\begin{pmatrix} 0 & 1 \\ 0 & 0 \end{pmatrix} + \frac{x^2}{2!}\begin{pmatrix} 0 & 0 \\ 0 & 0 \end{pmatrix} + \cdots \right\} \\
&= \begin{pmatrix} e^{2x} & 0 \\ 0 & e^{2x} \end{pmatrix} \times \begin{pmatrix} 1 & x \\ 0 & 1 \end{pmatrix} \\
&= e^{2x}\begin{pmatrix} 1 & x \\ 0 & 1 \end{pmatrix}.
\end{aligned}
$$

即为初等函数的有限形式.

5.2.3　利用 Jordan 标准型求基解矩阵

由线性代数的 Jordan 标准型理论知,对于每一个 n 阶矩阵 A,存在 n 阶非奇异矩阵 P(实或复的)使得

$$
A = PJP^{-1},
$$

其中 J 为 Jordan 标准型,

$$\boldsymbol{J}=\operatorname{diag}(\boldsymbol{J}_1,\boldsymbol{J}_2,\cdots,\boldsymbol{J}_m)=\begin{pmatrix}\boldsymbol{J}_1 & & & \\ & \boldsymbol{J}_2 & & \\ & & \ddots & \\ & & & \boldsymbol{J}_m\end{pmatrix},\ \boldsymbol{J}_i=\begin{pmatrix}\lambda_i & 1 & & & \\ & \lambda_i & 1 & & \\ & & \ddots & \ddots & \\ & & & \ddots & 1 \\ & & & & \lambda_i\end{pmatrix}_{n_i\times n_i},$$

$\lambda_i(i=1,\cdots,m)$是 $\boldsymbol{A}$ 的特征值,$n_1+n_2+\cdots+n_m=n$.

由于矩阵 $\lambda_i\boldsymbol{E}$ 与任何矩阵都是可交换的,因此有

$$\mathrm{e}^{x\boldsymbol{J}_i}=\mathrm{e}^{\lambda_i x}\left\{\boldsymbol{E}+x\begin{pmatrix}0 & 1 & & & \\ & \ddots & \ddots & & \\ & & \ddots & \ddots & \\ & & & \ddots & 1 \\ & & & & 0\end{pmatrix}+\frac{x^2}{2!}\begin{pmatrix}0 & 0 & 1 & & \\ & \ddots & \ddots & \ddots & \\ & & \ddots & \ddots & 1 \\ & & & \ddots & 0 \\ & & & & 0\end{pmatrix}\right.$$

$$\left.+\cdots+\frac{x^{n_i-1}}{(n_i-1)!}\begin{pmatrix}0 & \cdots & \cdots & 0 & 1 \\ & \ddots & \cdots & \cdots & 0 \\ & & \ddots & & \vdots \\ & & & \ddots & \vdots \\ & & & & 0\end{pmatrix}\right\},$$

由此得到它的初等函数有限和的形式,即

$$\mathrm{e}^{x\boldsymbol{J}_i}=\mathrm{e}^{\lambda_i x}\begin{pmatrix}1 & x & \frac{x^2}{2!} & \cdots & \cdots & \frac{x^{n_i-1}}{(n_i-1)!} \\ & 1 & x & \cdots & \cdots & \frac{x^{n_i-2}}{(n_i-2)!} \\ & & \ddots & \ddots & & \vdots \\ & & & \ddots & \ddots & \vdots \\ & & & & \ddots & x \\ & & & & & 1\end{pmatrix}, \tag{5.29}$$

$(i=1,2,\cdots,m)$. 又由例 5.3 知

$$e^{xJ}=\begin{pmatrix} e^{xJ_1} & & & \\ & e^{xJ_2} & & \\ & & \ddots & \\ & & & e^{xJ_m}\end{pmatrix}.$$

因此由矩阵指数函数的定义及性质，

$$\begin{aligned} e^{xA} &= \sum_{k=0}^{\infty}\frac{(\boldsymbol{A}x)^k}{k!}=\sum_{k=0}^{\infty}\frac{x^k}{k!}(\boldsymbol{PJP}^{-1})^k=\sum_{k=0}^{\infty}\frac{x^k}{k!}\boldsymbol{PJ}^k\boldsymbol{P}^{-1}=\boldsymbol{P}e^{xJ}\boldsymbol{P}^{-1} \\ &=\boldsymbol{P}\begin{pmatrix} e^{xJ_1} & & \\ & \ddots & \\ & & e^{xJ_m}\end{pmatrix}\boldsymbol{P}^{-1}. \end{aligned} \tag{5.30}$$

式(5.30)提供了实际计算方程组(5.21)的基解矩阵 e^{xA} 的求法. 另外，因为 P 是非奇异矩阵，故

$$e^{xA}\boldsymbol{P}=\boldsymbol{P}e^{xJ}=\boldsymbol{P}\begin{pmatrix} e^{xJ_1} & & & \\ & e^{xJ_2} & & \\ & & \ddots & \\ & & & e^{xJ_m}\end{pmatrix}, \tag{5.31}$$

也是方程组(5.21)的一个基解矩阵，其中 $e^{xJ_i}(1\leqslant i\leqslant m)$ 由(5.29)给出.

例 5.5　求解下列常系数线性非齐次微分方程组：

$$\frac{d\boldsymbol{y}}{dx}=\boldsymbol{A}y+\boldsymbol{f}(x),$$

其中

$$\boldsymbol{y}=\begin{bmatrix} y_1 \\ y_2 \\ y_3\end{bmatrix},\quad \boldsymbol{A}=\begin{pmatrix} 2 & 0 & 0 \\ 0 & -1 & 0 \\ 0 & 1 & -1\end{pmatrix},\quad \boldsymbol{f}(x)=\begin{pmatrix} 0 \\ 1 \\ x\end{pmatrix}.$$

解　因为 $\boldsymbol{A}$ 是 Jordan 标准型，直接计算得

$$e^{xA}=\begin{pmatrix} e^{2x} & \boldsymbol{0}^{T} \\ \boldsymbol{0} & e^{-x}\exp\left(x\begin{pmatrix} 0 & 0 \\ 1 & 0\end{pmatrix}\right)\end{pmatrix}=\begin{pmatrix} e^{2x} & 0 & 0 \\ 0 & e^{-x} & 0 \\ 0 & xe^{-x} & e^{-x}\end{pmatrix}.$$

因此由推论 5.3 得到原方程的通解为

$$y(x)=Ce^{\boldsymbol{A}x}+\int_0^x e^{(x-s)\boldsymbol{A}}f(s)ds=Ce^{\boldsymbol{A}x}+\begin{pmatrix} 0 \\ 1-e^{-x} \\ x-xe^{-x}\end{pmatrix},$$

其中 C 是任意 3 维常数向量.

从式(5.31)来求式(5.21)的基解矩阵，可以避免求逆矩阵并减少一次矩阵乘法的运算. 尽管如此，求 Jordan 标准型 $\boldsymbol{J}$ 及过渡矩阵 $\boldsymbol{P}$ 的计算量仍然很大，所以有必要寻找比较简单的替代方法.

5.2.4 基解矩阵的求法

通过标准型来求矩阵指数函数的方法，其意义是提供对常系数线性微分方程组的解结构的了解，计算量一般比较大．下面通过另一种方法来确定常系数齐次线性微分方程组的基解矩阵．首先给出线性代数中的一个定理．

命题 5.3 设矩阵 $\boldsymbol{A}$ 的互不相同的特征根为 $\lambda_1, \lambda_2, \cdots, \lambda_s$，而相应的重数分别为正整数 $n_1, n_2, \cdots, n_s$，其中 $n_1+n_2+\cdots+n_s=n$．记 n 维常数列向量所组成的线性空间为$\mathbb{V}$，则

(1) $\mathbb{V}$的子集合

$$V_i = \{r \in \mathbb{V} \mid (\boldsymbol{A}-\lambda_i \boldsymbol{E})^{n_i} r = 0\}$$

是矩阵 $\boldsymbol{A}$ 的 $n_i (i=1,2,\cdots,s)$ 维**不变子空间**；

(2) $\mathbb{V}$有直和分解

$$\mathbb{V} = V_1 \oplus V_2 \oplus \cdots \oplus V_s.$$

注 5.3 上面的 V_i 称为 λ_i 的**广义特征子空间**．当矩阵 $\boldsymbol{A}$ 的所有特征根 $\lambda_1, \lambda_2, \cdots, \lambda_s$ 均为实数时，上面的 n 维常数列向量组成的线性空间$\mathbb{V}$可以就是实数域$\mathbb{R}$上的 n 维 Euclid 空间$\mathbb{R}^n$．而当 $\boldsymbol{A}$ 有复的特征根 λ_{j0} 时，广义特征子空间 V_{j0} 就应理解为复数域$\mathbb{C}$上的 n 维向量空间 $\mathbb{C}^n$ 的子空间．这时，上面的 n 维常数列向量组成的线性空间$\mathbb{V}$就是复数域$\mathbb{C}$上的 n 维空间$\mathbb{C}^n$．

下面假设 n 阶矩阵 $\boldsymbol{A}$ 的所有不同的特征根为 $\lambda_1, \lambda_2, \cdots, \lambda_s$，其重数分别是 $n_1, n_2, \cdots, n_s$．

记广义特征子空间 V_j 的基是 $\boldsymbol{r}_{10}^{(j)}, \cdots, \boldsymbol{r}_{n_j 0}^{(j)}$，于是

$$\boldsymbol{r}_{10}^{(1)}, \quad \cdots, \quad \boldsymbol{r}_{n_1 0}^{(1)}, \quad \cdots, \quad \boldsymbol{r}_{10}^{(s)}, \quad \cdots, \quad \boldsymbol{r}_{n_s 0}^{(s)}$$

是 n 维线性空间$\mathbb{V}$的一组基．从而，我们得到方程(5.25)的 n 个解

$$\mathrm{e}^{x\boldsymbol{A}}\boldsymbol{r}_{10}^{(1)}, \quad \cdots, \quad \mathrm{e}^{x\boldsymbol{A}}\boldsymbol{r}_{n_1 0}^{(1)}, \quad \cdots, \quad \mathrm{e}^{x\boldsymbol{A}}\boldsymbol{r}_{10}^{(s)}, \quad \cdots, \quad \mathrm{e}^{x\boldsymbol{A}}\boldsymbol{r}_{n_s 0}^{(s)}. \tag{5.32}$$

以这 n 个解为列向量做成的矩阵记为 $\boldsymbol{\Phi}(x)$，它是方程组(5.21)的解矩阵，且 $\det\boldsymbol{\Phi}(0)\neq 0$，故 $\boldsymbol{\Phi}(x)$是方程组(5.21)的基解矩阵．从而式(5.32)是方程组(5.21)的一个基本解组．于是，方程组(5.21)的通解为

$$y = C_1^{(1)}\mathrm{e}^{x\boldsymbol{A}}\boldsymbol{r}_{10}^{(1)} + \cdots + C_{n_1}^{(1)}\mathrm{e}^{x\boldsymbol{A}}\boldsymbol{r}_{n_1 0}^{(1)} + \cdots + C_1^{s}\mathrm{e}^{x\boldsymbol{A}}\boldsymbol{r}_{10}^{(s)} + \cdots + C_{n_s}^{s}\mathrm{e}^{x\boldsymbol{A}}\boldsymbol{r}_{n_s 0}^{(s)},$$

其中 $C_1^{(1)}, \cdots, C_{n_1}^{(1)}, \cdots, C_1^{s}, \cdots, C_{n_s}^{s}$ 是任意常数．因为 $(\boldsymbol{A}-\lambda_j\boldsymbol{E})^{n_j}\boldsymbol{r}_{k0}^{(j)}=0, k=1,\cdots,n_j$，我们得到

$$\begin{aligned}\mathrm{e}^{x\boldsymbol{A}}\boldsymbol{r}_{k0}^{(j)} &= \mathrm{e}^{\lambda_j x}\mathrm{e}^{x(\boldsymbol{A}-\lambda_j\boldsymbol{E})}\boldsymbol{r}_{k0}^{(j)} \\ &= \mathrm{e}^{\lambda_j x}\left[\boldsymbol{E} + x(\boldsymbol{A}-\lambda_j\boldsymbol{E}) + \frac{x^2}{2!}(\boldsymbol{A}-\lambda_j\boldsymbol{E})^2 + \cdots + \frac{x^{n_j-1}}{(n_j-1)!}(\boldsymbol{A}-\lambda_j\boldsymbol{E})^{n_j-1}\right]\boldsymbol{r}_{k0}^{(j)}.\end{aligned}$$

所以，方程组(5.21)的通解有如下表达式：

$$y = \sum_{j=1}^{s}\sum_{k=1}^{n_j} C_k^{(j)}\mathrm{e}^{\lambda_j x}\left[\sum_{i=0}^{n_j-1}\frac{x^i}{i!}(\boldsymbol{A}-\lambda_j\boldsymbol{E})^i\boldsymbol{r}_{k0}^{(j)}\right], \tag{5.33}$$

其中 $C_1^{(1)}, \cdots, C_{n_1}^{(1)}, \cdots, C_1^{s}, \cdots, C_{n_s}^{s}$ 是任意常数．

因此，我们得到了求常系数齐次线性微分方程组(5.21)的通解的算法，又由于矩阵 $\boldsymbol{A}$ 的若尔当标准型依赖于它的特征根的重数，我们将分两种不同的情况进行讨论．

情况一：$\boldsymbol{A}$ 只有单的特征根

设 n 阶矩阵 $\boldsymbol{A}$ 的特征根 $\lambda_1, \lambda_2, \cdots, \lambda_n$ 均为单根，即 $n_j=1, s=n$，那么特征子空间

$V_j=\{\boldsymbol{r}\in\mathbb{V} \mid (\boldsymbol{A}-\lambda_j\boldsymbol{E})\boldsymbol{r}=0\}$是一维的. 对每一个 j,由特征方程组

$$(\boldsymbol{A}-\lambda_j\boldsymbol{E})\boldsymbol{r}=0$$

求出特征向量 $\boldsymbol{r}_j, j=1,2,\cdots,n$. $\boldsymbol{r}_1,\boldsymbol{r}_2,\cdots,\boldsymbol{r}_n$ 是线性无关的,且构成$\mathbb{V}$的一组基. 于是,方程组(5.21) 的基本解组为

$$\mathrm{e}^{\lambda_1 x}\boldsymbol{r}_1,\quad \mathrm{e}^{\lambda_2 x}\boldsymbol{r}_2,\quad \cdots,\quad \mathrm{e}^{\lambda_n x}\boldsymbol{r}_n.$$

情况二:$\boldsymbol{A}$ 有重的特征根

假设 n 阶矩阵 $\boldsymbol{A}$ 有重根,不妨假设它的特征根为 $\lambda_1,\lambda_2,\cdots,\lambda_s$,而相应的重数分别是 n_1, $n_2,\cdots,n_s(n_1+n_2+\cdots+n_s=n)$. 对每一个 j,由广义特征方程组

$$(\boldsymbol{A}-\lambda_j\boldsymbol{E})^{n_j}\boldsymbol{r}=\boldsymbol{0} \tag{5.34}$$

求出 n_j 个线性无关的广义特征向量

$$\boldsymbol{r}_{10}^{(j)},\quad \cdots,\quad \boldsymbol{r}_{n_j 0}^{(j)}.$$

再由这 n_j 个线性无关的广义特征向量的每一个 $\boldsymbol{r}_{k0}^{(j)}$ 出发,依次求出下列向量:

$$\begin{aligned}
&\boldsymbol{r}_{k1}^{(j)}=(\boldsymbol{A}-\lambda_j\boldsymbol{E})\boldsymbol{r}_{k0}^{(j)},\\
&\boldsymbol{r}_{k2}^{(j)}=(\boldsymbol{A}-\lambda_j\boldsymbol{E})^2\boldsymbol{r}_{k0}^{(j)}=(\boldsymbol{A}-\lambda_j\boldsymbol{E})\boldsymbol{r}_{k1}^{(j)},\\
&\cdots\cdots\\
&\boldsymbol{r}_{kn_j-1}^{(j)}=(\boldsymbol{A}-\lambda_j\boldsymbol{E})^{n_j-1}\boldsymbol{r}_{k0}^{(j)}=\cdots=(\boldsymbol{A}-\lambda_j\boldsymbol{E})\boldsymbol{r}_{kn_j-2}^{(j)},
\end{aligned} \tag{5.35}$$

再作出向量多项式

$$\boldsymbol{P}_k^{(j)}(x)=\boldsymbol{r}_{k0}^{(j)}+\frac{x}{1!}\boldsymbol{r}_{k1}^{(j)}+\frac{x^2}{2!}\boldsymbol{r}_{k2}^{(j)}+\cdots+\frac{x^{n_i-1}}{(n_j-1)!}\boldsymbol{r}_{kn_j-1}^{(j)}, \tag{5.36}$$

其中 $k=1,\cdots,n_j$,那么常系数齐次线性微分方程组(5.21)的基本解组为

$$\mathrm{e}^{\lambda_1 x}\boldsymbol{P}_1^{(1)}(x),\cdots,\mathrm{e}^{\lambda_1 x}\boldsymbol{P}_{n_1}^{(1)}(x);\quad\cdots;\quad \mathrm{e}^{\lambda_s x}\boldsymbol{P}_1^{(s)}(x),\cdots,\mathrm{e}^{\lambda_s x}\boldsymbol{P}_{n_s}^{(s)}(x). \tag{5.37}$$

上面两种情形可以总结为下面的定理.

定理 5.5　设 n 阶矩阵 $\boldsymbol{A}$ 有 n 个互不相同的特征根 $\lambda_1,\lambda_2,\cdots,\lambda_n$,则矩阵函数

$$\boldsymbol{\Psi}(x)=(\mathrm{e}^{\lambda_1 x}\boldsymbol{r}_1,\cdots,\mathrm{e}^{\lambda_n x}\boldsymbol{r}_n)$$

是(5.21)的一个基解矩阵,其中 $\boldsymbol{r}_i$ 是 $\boldsymbol{A}$ 的与 λ_i 相应的特征向量.

定理 5.6　设 n 阶矩阵 $\boldsymbol{A}$ 的互不相同的特征根是 $\lambda_1,\lambda_2,\cdots,\lambda_s$,且其对应的重数分别为 $n_1,n_2,\cdots,n_s$,其中 $n_1+n_2+\cdots+n_s=n$,则常系数齐次线性微分方程组(5.21),即

$$\frac{\mathrm{d}y}{\mathrm{d}x}=\boldsymbol{A}y$$

有基解矩阵 $\boldsymbol{\Psi}(x)$为

$$(\mathrm{e}^{\lambda_1 x}\boldsymbol{P}_1^{(1)}(x),\cdots,\mathrm{e}^{\lambda_1 x}\boldsymbol{P}_{n_1}^{(1)}(x);\cdots;\mathrm{e}^{\lambda_s x}\boldsymbol{P}_1^{(s)}(x),\cdots,\mathrm{e}^{\lambda_s x}\boldsymbol{P}_{n_s}^{(s)}(x)), \tag{5.38}$$

其中 $\boldsymbol{P}_k^{(j)}(x)$由(5.36)定义,它是与 λ_j 相对应的第 k 个向量多项式($i=1,2,\cdots,s;j=1,2,\cdots,n_j$),而 $\boldsymbol{r}_{10}^{(i)},\cdots,\boldsymbol{r}_{n_j 0}^{(i)}$是广义特征方程组(5.34)的 n_j 个线性无关的解,且由(5.35)确定了向量多项式 $\boldsymbol{P}_k^{(j)}(x)$中的其他系数向量.

推论 5.4　对常系数齐次线性微分方程组(5.21),有

(1) 如果 $\boldsymbol{A}$ 的特征根的实部都是负的,则(5.21)的任一解当 $x\to+\infty$时都趋于零;

(2) 如果 $\boldsymbol{A}$ 的特征根的实部都是非正的,且实部为零的特征根都是简单特征根,则(5.21)

的任一解当 $x\to+\infty$ 时都保持有界；

(3) 如果 $\boldsymbol{A}$ 的特征根至少有一个具有正实部，则(5.21)至少有一个解当 $x\to+\infty$ 时趋于无穷.

证明 由通解表达式(5.33)知，方程组(5.21)的任一解都可以表示为 x 的指数函数与 x 的幂函数的乘积的线性组合. 由此可以推出(1)和(2). 下证(3).

设 $a+\mathrm{i}b$ 是 $\boldsymbol{A}$ 的一个特征根，$a>0$. 取 $\boldsymbol{\alpha}$ 为 $\boldsymbol{A}$ 的对应于特征根 $a+\mathrm{i}b$ 的特征向量，则

$$\varphi(x,\boldsymbol{\alpha})=\boldsymbol{\alpha}\mathrm{e}^{x(a+\mathrm{i}b)}$$

是方程组(5.21)的一个解，且 $\|\varphi(x,\boldsymbol{\alpha})\|=\mathrm{e}^{ax}\|\boldsymbol{\alpha}\|\to\infty$，当 $x\to+\infty$ 时.

证毕.

例 5.6 求常系数齐次线性微分方程组

$$\frac{\mathrm{d}\boldsymbol{\Psi}}{\mathrm{d}x}=\begin{pmatrix}-3 & 48 & -28\\ -4 & 40 & 22\\ -6 & 57 & 31\end{pmatrix}\boldsymbol{\Psi}$$

的通解.

解 易知

$$\det(\boldsymbol{A}-\lambda\boldsymbol{E})=(\lambda-1)(\lambda-2)(\lambda-3),$$

因此，矩阵 $\boldsymbol{A}$ 有特征根 $\lambda_1=1,\lambda_2=2$ 和 $\lambda_3=3$. 通过计算解得与之相应的特征向量可以取为

$$\boldsymbol{r}_1=\begin{pmatrix}3\\2\\3\end{pmatrix},\quad \boldsymbol{r}_2=\begin{pmatrix}4\\1\\1\end{pmatrix},\quad \boldsymbol{r}_3=\begin{pmatrix}2\\2\\3\end{pmatrix}.$$

因此，该方程组的通解为

$$\boldsymbol{\Psi}(x)=C_1\begin{pmatrix}3\mathrm{e}^{x}\\2\mathrm{e}^{x}\\3\mathrm{e}^{x}\end{pmatrix}+C_2\begin{pmatrix}4\mathrm{e}^{2x}\\\mathrm{e}^{2x}\\\mathrm{e}^{2x}\end{pmatrix}+C_3\begin{pmatrix}2\mathrm{e}^{3x}\\2\mathrm{e}^{3x}\\3\mathrm{e}^{3x}\end{pmatrix},$$

其中 C_1,C_2 和 C_3 为任意常数.

例 5.7 求微分方程组

$$\frac{\mathrm{d}\boldsymbol{\Psi}}{\mathrm{d}x}=\begin{pmatrix}3 & 5\\ -5 & 3\end{pmatrix}\boldsymbol{\Psi}.$$

解 易知

$$\det[\boldsymbol{A}-\lambda\boldsymbol{E}]=\lambda^2-6\lambda+34.\ \frac{\mathrm{d}\boldsymbol{\Psi}}{\mathrm{d}x}=\begin{pmatrix}3 & 5\\ -5 & 3\end{pmatrix}\boldsymbol{\Psi}.$$

因此取矩阵 $\boldsymbol{A}$ 有特征根 $\lambda_1=3+5\mathrm{i}$ 和 $\lambda_2=3-5\mathrm{i}$，且相应的特征向量可分别取

$$\boldsymbol{r}_1=\begin{pmatrix}1\\\mathrm{i}\end{pmatrix},\quad \boldsymbol{r}_2=\begin{pmatrix}\mathrm{i}\\1\end{pmatrix}.$$

故解矩阵取为

$$\boldsymbol{\Psi}(x)=\begin{pmatrix}\mathrm{e}^{(3+5\mathrm{i})x} & \mathrm{i}\mathrm{e}^{(3-5\mathrm{i})x}\\ \mathrm{i}\mathrm{e}^{(3+5\mathrm{i})x} & \mathrm{e}^{(3-5\mathrm{i})x}\end{pmatrix},$$

这是一个复值矩阵. 注意到 $\boldsymbol{\Psi}(x)=(\mathrm{e}^{\lambda_1 x}\boldsymbol{r}_1,\cdots,\mathrm{e}^{\lambda_n x}\boldsymbol{r}_n)$,从而可得实的基解矩阵

$$
\begin{aligned}
\mathrm{e}^{\boldsymbol{A}x} &= \boldsymbol{\Psi}(x)\boldsymbol{\Psi}^{-1}(0)\\
&= \frac{1}{2}\begin{pmatrix} \mathrm{e}^{(3+5\mathrm{i})x} & \mathrm{i}\mathrm{e}^{(3-5\mathrm{i})x} \\ \mathrm{i}\mathrm{e}^{(3+5\mathrm{i})x} & \mathrm{e}^{(3-5\mathrm{i})x} \end{pmatrix}\begin{pmatrix} 1 & -\mathrm{i} \\ -\mathrm{i} & 1 \end{pmatrix}\\
&= \frac{1}{2}\begin{pmatrix} \mathrm{e}^{(3+5\mathrm{i})x}+\mathrm{e}^{(3-5\mathrm{i})x} & -\mathrm{i}(\mathrm{e}^{(3+5\mathrm{i})x}-\mathrm{e}^{(3-5\mathrm{i})x}) \\ \mathrm{i}(\mathrm{e}^{(3+5\mathrm{i})x}-\mathrm{e}^{(3-5\mathrm{i})x}) & \mathrm{e}^{(3+5\mathrm{i})x}+\mathrm{e}^{(3-5\mathrm{i})x} \end{pmatrix}\\
&= \mathrm{e}^{3x}\begin{pmatrix} \cos 5x & \sin 5x \\ -\sin 5x & \cos 5x \end{pmatrix}.
\end{aligned}
$$

由此可得到

$$
\frac{\mathrm{d}\boldsymbol{\Psi}}{\mathrm{d}x} = \begin{pmatrix} 3 & 5 \\ -5 & 3 \end{pmatrix}\boldsymbol{\Psi}.
$$

的通解为

$$
\boldsymbol{y} = C_1\mathrm{e}^{3x}\begin{pmatrix} \cos 5x \\ -\sin 5x \end{pmatrix} + C_2\mathrm{e}^{3x}\begin{pmatrix} \sin 5x \\ \cos 5x \end{pmatrix},
$$

其中 C_1 和 C_2 是任意常数.

注 5.4　一般地,矩阵 $\boldsymbol{A}$ 可能有复的特征根 $\lambda=\alpha+\mathrm{i}\beta$. 此时与 λ 相对应的特征向量 $\boldsymbol{r}$ 也是复的. 也就是说,方程组(5.21)可能有复值解,即通过此法求出的方程组(5.21)的基解矩阵可能是复的解矩阵. 但是,对于实矩阵 $\boldsymbol{A}$,我们希望得到方程组(5.21)的实的基解矩阵. 下面介绍两种方法求实的基解矩阵.

方法一　因为 $\boldsymbol{A}$ 是实矩阵,由矩阵指数函数的定义知,$\mathrm{e}^{x\boldsymbol{A}}$ 也是实矩阵,且是(5.21)的基解矩阵. 因 $\boldsymbol{\Psi}(x)$ 和 $\mathrm{e}^{x\boldsymbol{A}}$ 均是(5.21)的基解矩阵,故存在可逆的常数矩阵 P,使得 $\boldsymbol{\Psi}(x)=\mathrm{e}^{x\boldsymbol{A}}$. 于是,$P=\boldsymbol{\Psi}(0)$. 因此,可以通过复的基解矩阵求出实的基解矩阵 $\mathrm{e}^{x\boldsymbol{A}}=\boldsymbol{\Psi}(x)\boldsymbol{\Psi}^{-1}(0)$.

方法二　通过复值解的实部和虚部来求实值解. 为此,有如下命题.

命题 5.4　设方程组(5.21)有一个复值解

$$
y(x) = u(x) + \mathrm{i}v(x),
$$

则 $u(x)$ 和 $v(x)$ 也是方程组(5.21)的解.

证明　$y(x)=u(x)+\mathrm{i}v(x)$ 是实变量 x 的复值函数,易知:

(1) $y(x)$ 连续 $\Leftrightarrow u(x),v(x)$ 均连续;

(2) $y(x)$ 可微 $\Leftrightarrow u(x),v(x)$ 均可微,且 $\dfrac{\mathrm{d}y(x)}{\mathrm{d}x}=\dfrac{\mathrm{d}u(x)}{\mathrm{d}x}+\mathrm{i}\dfrac{\mathrm{d}v(x)}{\mathrm{d}x}$.

因假设 $y(x)=u(x)+\mathrm{i}v(x)$ 是方程组(5.21)的一个复值解,于是

$$
\frac{\mathrm{d}u(x)}{\mathrm{d}x} + \mathrm{i}\frac{\mathrm{d}v(x)}{\mathrm{d}x} = \boldsymbol{A}(u(x)+\mathrm{i}v(x)) = \boldsymbol{A}u(x) + \mathrm{i}\boldsymbol{A}v(x).
$$

由实部和虚部分别对应相等,得

$$
\frac{\mathrm{d}u(x)}{\mathrm{d}x} = \boldsymbol{A}u(x), \quad \frac{\mathrm{d}v(x)}{\mathrm{d}x} = \boldsymbol{A}v(x).
$$

所以,$u(x)$ 和 $v(x)$ 也是式(5.21)的解.

为了方便,我们也提供上面(1),(2)的证明.

事实上,(1)由如下关系

$$|u(x)-u(x_0)|,$$

$$|v(x)-v(x_0)|\leqslant|y(x)-y(x_0)|\leqslant|u(x)-u(x_0)|+|v(x)-v(x_0)|$$

容易推出.

(2) 由如下关系

$$\left|\frac{u(x+\Delta x)-u(x)}{\Delta x}-a\right|,$$

$$\left|\frac{v(x+\Delta x)-v(x)}{\Delta x}-b\right|\leqslant\left|\frac{y(x+\Delta x)-y(x)}{\Delta x}-(a+\mathrm{i}b)\right|$$
$$\leqslant\left|\frac{u(x+\Delta x)-u(x)}{\Delta x}-a\right|+\left|\frac{v(x+\Delta x)-v(x)}{\Delta x}-b\right|$$

容易推出.

在场稀释齐次线性微分方程复值解写成实部和虚部的过程中,常用到 Euler 公式

$$\mathrm{e}^{\alpha+\mathrm{i}\beta}=\mathrm{e}^{\alpha}(\cos\beta+\mathrm{i}\sin\beta).$$

为了简便,我们只考虑单根的情形. 现假设 $\boldsymbol{A}$ 的 n 个不同的特征根为 $\lambda_1,\lambda_2,\cdots,\lambda_r,\alpha_1+\mathrm{i}\beta_1,\alpha_1-\mathrm{i}\beta_1,\cdots,\alpha_l+\mathrm{i}\beta_l,\alpha_l-\mathrm{i}\beta_l$,相应的特征向量为 $\boldsymbol{p}_1,\cdots,\boldsymbol{p}_r,\boldsymbol{q}_1,\bar{\boldsymbol{q}}_1,\cdots,\boldsymbol{q}_l,\bar{\boldsymbol{q}}_l$,其中 $r+2l=n$,则方程组(5.21)的基本解组为

$$\mathrm{e}^{\lambda_1x}\boldsymbol{p}_1,\cdots,\mathrm{e}^{\lambda_rx}\boldsymbol{p}_r,\mathrm{e}^{(\alpha_1+\mathrm{i}\beta_1)x}\boldsymbol{q}_1,\mathrm{e}^{(\alpha_1-\mathrm{i}\beta_1)x}\bar{\boldsymbol{q}}_1,\cdots,\mathrm{e}^{(\alpha_l+\mathrm{i}\beta_l)x}\boldsymbol{q}_l,\mathrm{e}^{(\alpha_l-\mathrm{i}\beta_l)x}\bar{\boldsymbol{q}}_l,\tag{5.39}$$

其中复值解是共轭成对出现的. 利用 Euler 公式得到方程组(5.25)的 n 个实值解

$$\mathrm{e}^{\lambda_1x}\boldsymbol{p}_1,\cdots,\mathrm{e}^{\lambda_rx}\boldsymbol{p}_r,\boldsymbol{u}_1(x),\boldsymbol{v}_1(x),\cdots,\boldsymbol{u}_l(x),\boldsymbol{v}_l(x).\tag{5.40}$$

因为 n 个线性无关解组(5.39)可以表示为函数组(5.40)的线性组合,所以(5.40)的 n 个实值解必定是线性无关的,从而构成方程组(5.21)的实的基本解组,并且由这 n 个实值解构成的解矩阵就是实的基解矩阵.

对有重根的情形,也是利用 Euler 公式求出复值解的实部和虚部,并利用实部和虚部代替复值解,由此求出实的基本解组.

下面,我们给出常系数齐次线性微分方程组解的估计.

推论 5.5 设 $\boldsymbol{A}\in M$,其中 $\boldsymbol{M}$ 是 n 阶实常数矩阵的全体构成的集合. 如果 $\boldsymbol{A}$ 的特征值的实部都为复数,则 $\exists\,\rho>0,a>0$,使得对 $\forall\,\boldsymbol{v}=(v_1,\cdots,v_n)^{\mathrm{T}}\in\mathbb{R}^n$,有

$$\|\mathrm{e}^{\boldsymbol{A}x}\boldsymbol{v}\|_2\leqslant a\mathrm{e}^{-\rho x}\ \|\boldsymbol{v}\|_2,x\geqslant0.\tag{5.41}$$

其中 $\|\boldsymbol{v}\|_2=\sqrt{v_1^2+\cdots+v_n^2}$.

证 易知

$$\boldsymbol{\Psi}(x)=(\mathrm{e}^{\lambda_1x}\boldsymbol{P}_1^{(1)}(x),\cdots,\mathrm{e}^{\lambda_1x}\boldsymbol{P}_{n_1}^{(1)}(x);\cdots;\mathrm{e}^{\lambda_sx}\boldsymbol{P}_1^{(s)}(x),\cdots,\mathrm{e}^{\lambda_sx}\boldsymbol{P}_{n_s}^{(s)}(x))\tag{5.42}$$

是齐次线性微分方程组(5.21)的基解矩阵,所以存在非奇异的常数矩阵 $\boldsymbol{C}\in\boldsymbol{M}$ 使得

$$\mathrm{e}^{\boldsymbol{A}x}=\boldsymbol{\Psi}(x)\boldsymbol{C}=:(\boldsymbol{w}_1(x),\cdots,\boldsymbol{w}_n(x)),\tag{5.43}$$

其中

$$\boldsymbol{w}_i(x)=\sum_{j-1}^{s}\boldsymbol{P}_{ij}(x)\mathrm{e}^{\lambda_jx},\quad i=1,\cdots,n,$$

$\boldsymbol{P}_{ij}(x)$是次数$\leqslant n-1$ 的 n 维向量值多项式.

记 $\lambda_j=\alpha_j+\sqrt{-1}\beta_j$，$\alpha=\max\limits_{1\leqslant j\leqslant s}\alpha_j$，由三角不等式和 Cauchy 不等式得

$$\begin{aligned}\sum_{i=1}^{n}\|\boldsymbol{w}_i(x)\|_2^2&\leqslant\sum_{i=1}^{n}\Big(\sum_{j=1}^{s}\|\boldsymbol{P}_{ij}(x)\mathrm{e}^{\lambda_j x}\|_2\Big)^2=\sum_{i=1}^{n}\Big(\sum_{j=1}^{s}\|\boldsymbol{P}_{ij}(x)\|_2\mathrm{e}^{\lambda_j x}\Big)^2\\&\leqslant\sum_{i=1}^{n}\sum_{j=1}^{s}\|\boldsymbol{P}_{ij}(x)\|_2^2\sum_{j=1}^{s}\mathrm{e}^{2\alpha_j x}\\&\leqslant n\mathrm{e}^{2\alpha x}\sum_{i=1}^{n}\sum_{j=1}^{s}\|\boldsymbol{P}_{ij}(x)\|_2^2\\&\leqslant n\mathrm{e}^{2\alpha x}\sum_{i=1}^{n}\sum_{j=1}^{s}nN^2\Big(\sum_{k=0}^{n-1}|x|^k\Big)^2\\&\leqslant n^4N^2\mathrm{e}^{2\alpha x}\Big(\sum_{k=0}^{n-1}|x|^k\Big)^2,\end{aligned}$$

其中 N 是 $\boldsymbol{P}_{ij}(x)$，$i=1,\cdots,n$，$j=1,\cdots,s$ 的系数的绝对值的最大值. 所以再由三角不等式和 Cauchy 不等式得

$$\|\mathrm{e}^{x\boldsymbol{A}}\boldsymbol{v}\|_2\leqslant\sum_{i=1}^{n}\|\boldsymbol{w}_i(x)\|_2|v_i|\leqslant\|\boldsymbol{v}\|_2\Big(\sum_{i=1}^{n}\|\boldsymbol{w}_i(x)\|_2^2\Big)^{\frac{1}{2}}\leqslant\|\boldsymbol{v}\|_2 n^2N\mathrm{e}^{\alpha x}\sum_{k=0}^{n-1}|x|^k. \tag{5.44}$$

取 $\rho\in(0,-\alpha)$，由于

$$\lim_{x\to\infty}\mathrm{e}^{x(\alpha+\rho)}\sum_{k=0}^{n-1}|x|^k=0, \tag{5.45}$$

所以存在 $K_0>0$ 使得

$$\mathrm{e}^{x\alpha}\sum_{k=0}^{n-1}|x|^k\leqslant K_0\mathrm{e}^{-\rho x},\ x\in[0,\infty).$$

令 $a:=n^2NK_0$ 即可得到推论的证明.

例 5.8　求常系数齐次线性微分方程组

$$\frac{\mathrm{d}\boldsymbol{y}}{\mathrm{d}x}=\boldsymbol{A}\boldsymbol{y},$$

$$\boldsymbol{A}=\begin{pmatrix}0&1&0&0\\-1&2&0&0\\-2&2&1&0\\0&1&0&-1\end{pmatrix}$$

的基解矩阵.

解　因为

$$\det(\boldsymbol{A}-\lambda\boldsymbol{E})=(\lambda+1)(\lambda-1)^3,$$

故 $\boldsymbol{A}$ 的特征值为

$$\lambda_1=-1,\quad \lambda_2=1(\text{三重}).$$

特征值 $\lambda_1=-1$ 对应的特征向量为 $\boldsymbol{r}=(0,0,0,1)^{\mathrm{T}}$. 对于 $\lambda_2=1$，从特征方程组

$$(\boldsymbol{A}-\boldsymbol{E})^3\boldsymbol{r}=0$$

解得

$$\boldsymbol{r}_{10}^{(2)}=\begin{pmatrix}-1\\1\\0\\0\end{pmatrix},\quad \boldsymbol{r}_{20}^{(2)}=\begin{pmatrix}0\\0\\1\\0\end{pmatrix},\quad \boldsymbol{r}_{30}^{(2)}=\begin{pmatrix}4\\0\\0\\1\end{pmatrix}.$$

进一步地，

$$\boldsymbol{r}_{11}^{(2)}=(\boldsymbol{A}-\boldsymbol{E})r_{10}^{(2)}=\begin{pmatrix}2\\2\\4\\1\end{pmatrix},\boldsymbol{r}_{12}^{(2)}=(\boldsymbol{A}-\boldsymbol{E})r_{11}^{(2)}=\begin{pmatrix}0\\0\\0\\0\end{pmatrix},\boldsymbol{r}_{21}^{(2)}=(\boldsymbol{A}-\boldsymbol{E})r_{20}^{(2)}=\begin{pmatrix}0\\0\\0\\0\end{pmatrix},$$

$$\boldsymbol{r}_{31}^{(2)}=(\boldsymbol{A}-\boldsymbol{E})r_{30}^{(2)}=\begin{pmatrix}-4\\-4\\8\\-2\end{pmatrix},\boldsymbol{r}_{32}^{(2)}=(\boldsymbol{A}-\boldsymbol{E})r_{31}^{(2)}=\begin{pmatrix}0\\0\\0\\0\end{pmatrix}.$$

所以原齐次微分方程组有基解矩阵

$$\begin{aligned}\boldsymbol{\Psi}(x)&=(\mathrm{e}^{-x}r_1\quad \mathrm{e}^{x}(r_{10}^{(2)}+xr_{11}^{(2)})\quad \mathrm{e}^{x}r_{20}^{(2)}\quad \mathrm{e}^{x}(r_{30}^{(2)}+xr_{31}^{(2)}))\\&=\begin{pmatrix}0&-\mathrm{e}^{x}+2x\mathrm{e}^{x}&0&4\mathrm{e}^{x}-4x\mathrm{e}^{x}\\0&\mathrm{e}^{x}+2x\mathrm{e}^{x}&0&-4x\mathrm{e}^{x}\\0&4x\mathrm{e}^{x}&\mathrm{e}^{x}&-8x\mathrm{e}^{x}\\\mathrm{e}^{-x}&x\mathrm{e}^{x}&0&\mathrm{e}^{x}-2x\mathrm{e}^{x}\end{pmatrix}.\end{aligned}$$

例 5.9 求解微分方程组的初值问题

$$\frac{\mathrm{d}y}{\mathrm{d}x}=\boldsymbol{A}y+b,\quad \boldsymbol{A}=\begin{pmatrix}3&-1&1\\2&0&1\\1&-1&2\end{pmatrix},\quad \boldsymbol{b}=\begin{pmatrix}0\\0\\\mathrm{e}^{x}\cos 2x\end{pmatrix}.$$

解 本题是常系数非齐次线性微分方程组的求解. 特征方程为

$$\det(\boldsymbol{A}-\lambda\boldsymbol{E})=(1-\lambda)(\lambda^2-2\lambda+5),$$

易知特征根是 $\lambda_1=1,\lambda_{2,3}=1\pm 2\mathrm{i}$.

(1) 当 $\lambda_1=1$ 时，由特征方程组

$$(\boldsymbol{A}-\boldsymbol{E})\boldsymbol{r}=\begin{pmatrix}0&0&0\\2&0&-2\\3&2&0\end{pmatrix}\begin{pmatrix}u_1\\u_2\\u_3\end{pmatrix}=\begin{pmatrix}0\\0\\0\end{pmatrix},$$

得 $u_1=u_3,u_2=-\dfrac{3}{2}u_1$. 求得与 $\lambda_1=1$ 对应的特征向量为 $\begin{pmatrix}2\\-3\\2\end{pmatrix}$. 从而，对应的齐次方程组有解

$$y^{(1)}(x)=\mathrm{e}^{x}\begin{pmatrix}2\\-3\\2\end{pmatrix}.$$

(2) 当 $\lambda_2=1+2\mathrm{i}$ 时，由特征方程组

$$[\boldsymbol{A}-(1+2\mathrm{i})\boldsymbol{E}]\boldsymbol{r}=\begin{pmatrix}-2\mathrm{i} & 0 & 0\\ 2 & -2\mathrm{i} & -2\\ 3 & 2 & -2\mathrm{i}\end{pmatrix}\begin{pmatrix}u_1\\ u_2\\ u_3\end{pmatrix}=\begin{pmatrix}0\\ 0\\ 0\end{pmatrix},$$

得 $u_1=0$，$u_3=-\mathrm{i}u_2$. 求得与 $\lambda_2=1+2\mathrm{i}$ 对应的特征向量为 $\begin{pmatrix}0\\ 1\\ \mathrm{i}\end{pmatrix}$. 从而，对应的齐次方程组有解 $\mathrm{e}^{(1+2\mathrm{i})x}\begin{pmatrix}0\\ 1\\ -\mathrm{i}\end{pmatrix}$，它是一个复值解.

下面求实值解. 因为

$$\mathrm{e}^{(1+2\mathrm{i})x}\begin{pmatrix}0\\ 1\\ -\mathrm{i}\end{pmatrix}=\mathrm{e}^{x}\begin{pmatrix}0\\ \cos 2x\\ \sin 2x\end{pmatrix}+\mathrm{i}\mathrm{e}^{x}\begin{pmatrix}0\\ \sin 2x\\ -\cos 2x\end{pmatrix},$$

于是对应齐次方程组有两个实值解

$$\boldsymbol{y}^{(2)}(x)=\mathrm{e}^{x}\begin{pmatrix}0\\ \cos 2x\\ \sin 2x\end{pmatrix},\quad \boldsymbol{y}^{(3)}(x)=\mathrm{e}^{x}\begin{pmatrix}0\\ \sin 2x\\ -\cos 2x\end{pmatrix},$$

且解 $\boldsymbol{y}^{(1)}(x)$，$\boldsymbol{y}^{(2)}(x)$，$\boldsymbol{y}^{(3)}(x)$ 是线性无关的. 因此，求得基解矩阵

$$\boldsymbol{\Psi}(x)=\begin{pmatrix}2\mathrm{e}^{x} & 0 & 0\\ -3\mathrm{e}^{x} & \mathrm{e}^{x}\cos 2x & \mathrm{e}^{x}\sin 2x\\ 2\mathrm{e}^{x} & \mathrm{e}^{x}\sin 2x & -\mathrm{e}^{x}\cos 2x\end{pmatrix}.$$

易知

$$\boldsymbol{\Psi}^{-1}(0)=\begin{pmatrix}2 & 0 & 0\\ -3 & 1 & 0\\ 2 & 0 & -1\end{pmatrix}^{-1}=\begin{pmatrix}\frac{1}{2} & 0 & 0\\ \frac{3}{2} & 1 & 0\\ 1 & 0 & -1\end{pmatrix}.$$

于是

$$\mathrm{e}^{\boldsymbol{A}x}=\boldsymbol{\Psi}(x)\boldsymbol{\Psi}^{-1}(0)=\mathrm{e}^{x}\begin{pmatrix}1 & 0 & 0\\ -\frac{3}{2}+\frac{3}{2}\cos 2x+\sin 2x & \cos 2x & -\sin 2x\\ 1+\frac{3}{2}\sin 2x-\cos 2x & \sin 2x & \cos 2x\end{pmatrix}.$$

因此，所要求的解为

$$y(x)=\mathrm{e}^{\boldsymbol{A}x}y(0)+\mathrm{e}^{\boldsymbol{A}x}\int_0^x \mathrm{e}^{-\boldsymbol{A}s}f(s)\mathrm{d}s$$

$$= e^{\mathbf{A}x}\begin{pmatrix}0\\1\\1\end{pmatrix}+e^{\mathbf{A}x}\int_0^x e^{-s}\begin{pmatrix}1 & 0 & 0\\ -\dfrac{3}{2}+\dfrac{3}{2}\cos 2x+\sin 2x & \cos 2x & -\sin 2x\\ 1+\dfrac{3}{2}\sin 2x-\cos 2x & \sin 2x & \cos 2x\end{pmatrix}\begin{pmatrix}0\\0\\e^{x}\cos 2x\end{pmatrix}ds$$

$$= e^{x}\begin{pmatrix}0\\ \cos 2x-\sin 2x\\ \cos 2x+\sin 2x\end{pmatrix}+e^{\mathbf{A}x}\int_0^x\begin{pmatrix}0\\ \sin 2s\cdot\cos 2s\\ \cos^2 2s\end{pmatrix}ds$$

$$= e^{x}\begin{pmatrix}0\\ \cos 2x-\left(1+\dfrac{1}{2}x\right)\sin 2x\\ \left(1+\dfrac{1}{2}x\right)\cos 2x+\dfrac{5}{4}\sin 2x\end{pmatrix}.$$

5.3 高阶线性微分方程

本节我们在前面一阶线性微分方程的基础上，进一步讨论 n 阶线性微分方程，即

$$\frac{d^n y}{dx^n}+a_1(x)\frac{d^{n-1}y}{dx^{n-1}}+a_2(x)\frac{d^{n-2}y}{dx^{n-2}}+\cdots+a_{n-1}(x)\frac{dy}{dx}+a_n(x)y=f(x),\tag{5.46}$$

其中 $a_1(x),\cdots,a_n(x)$ 和 $f(x)$ 都是区间 $a<x<b$ 上的连续函数且 $y=f(x)$. 当 $f(x)$ 不恒为零时，称上述方程为非齐次线性微分方程；与之相对应的齐次线性微分方程是

$$\frac{d^n y}{dx^n}+a_1(x)\frac{d^{n-1}y}{dx^{n-1}}+a_2(x)\frac{d^{n-2}y}{dx^{n-2}}+\cdots+a_{n-1}(x)\frac{dy}{dx}+a_n(x)y=0.\tag{5.47}$$

下面我们引入新的函数

$$y_1=y,\quad y_2=y',\quad \cdots,\quad y_n=y^{(n-1)},\tag{5.48}$$

则方程(5.46)与线性微分方程组

$$\frac{d}{dx}\mathbf{Y}(x)=\mathbf{A}(x)\mathbf{Y}(x)+\boldsymbol{f}(x),\tag{5.49}$$

等价，式(5.49)中的未知函数分别为

$$\mathbf{Y}(x)=\begin{pmatrix}y_1\\y_2\\\vdots\\y_{n-1}\\y_n\end{pmatrix},\quad \boldsymbol{f}(x)=\begin{pmatrix}0\\0\\\vdots\\0\\f(x)\end{pmatrix},$$

$$\mathbf{A}(x)=\begin{pmatrix}0 & 1 & 0 & \cdots & 0\\ 0 & 0 & 1 & \cdots & 0\\ \vdots & \vdots & \vdots & & \vdots\\ 0 & 0 & 0 & \cdots & 1\\ -a_n(x) & -a_{n-1}(x) & -a_{n-2}(x) & \cdots & -a_1(x)\end{pmatrix}.$$

于是齐次线性微分方程(5.47)也可以转化为如下的形式

$$\frac{\mathrm{d}}{\mathrm{d}x}\boldsymbol{Y}(x)=\boldsymbol{A}(x)\boldsymbol{Y}(x). \tag{5.50}$$

线性微分方程虽然简单，但是对一般非线性微分方程的研究大都是基于线性微分方程的基础上，所以线性微分方程一直都是我们的一个研究重点. 从前面的内容看，本章前两节的结果都可以应用到(5.49)和(5.50)上，而且利用 $\boldsymbol{f}(x)$和 $\boldsymbol{A}(x)$的特殊形式，我们可以获得某些更深入的结果. 进而在某些向量公式中，只要取第一个分量，就能得到与(5.46)和(5.47)相应的结果. 特别地，微分方程(5.46)的解在 $a<x<b$ 上存在且唯一，如果(5.46)满足初值条件

$$y(x_0)=y_0,\quad y'(x_0)=y'_0,\quad \cdots,\quad y^{(n-1)}(x_0)=y_0^{(n-1)}. \tag{5.51}$$

5.3.1　高阶线性微分方程的一般理论

假设函数组 $\varphi_1(x),\varphi_2(x),\cdots,\varphi_n(x)$是齐次线性微分方程(5.47)的 n 个解，则根据式(5.48)，方程组 $\varphi_1(x),\varphi_2(x),\cdots,\varphi_n(x)$的 n 个相应的解为

$$\begin{pmatrix}\varphi_1(x)\\ \varphi'_1(x)\\ \vdots\\ \varphi_1^{(n-1)}(x)\end{pmatrix},\quad \begin{pmatrix}\varphi_2(x)\\ \varphi'_2(x)\\ \vdots\\ \varphi_2^{(n-1)}(x)\end{pmatrix},\quad \cdots,\quad \begin{pmatrix}\varphi_n(x)\\ \varphi'_n(x)\\ \vdots\\ \varphi_n^{(n-1)}(x)\end{pmatrix}. \tag{5.52}$$

它们的朗斯基行列式可写为

$$\boldsymbol{W}(x)=\begin{vmatrix}\varphi_1(x) & \varphi_2(x) & \cdots & \varphi_n(x)\\ \varphi'_1(x) & \varphi'_2(x) & \cdots & \varphi'_n(x)\\ \vdots & \vdots & & \vdots\\ \varphi_1^{(n-1)}(x) & \varphi_2^{(n-1)}(x) & \cdots & \varphi_n^{(n-1)}(x)\end{vmatrix}. \tag{5.53}$$

注意，上面的朗斯基行列式中，从第二行开始的每一行都是由第一行逐次求导得到的，也就是说，它们本质上都是由第一行决定的. 因此，我们也把(5.53)称为函数组 $\varphi_1(x),\varphi_2(x),\cdots,\varphi_n(x)$的朗斯基行列式.

同理，利用关系式(5.48)，可以得到下面的结论.

命题 5.5　齐次线性微分方程(5.47)的解组 $\varphi_1(x),\varphi_2(x),\cdots,\varphi_n(x)$在 $a<x<b$ 上是线性无关(相关)的，当且仅当由它们作出的向量函数组(5.52)[它是方程组(5.50)的解组]在 $a<x<b$ 上是线性无关(相关)的.

接下来，在 5.1 节中得到的齐次线性微分方程组的两个定理就可以推广到高阶方程式的情形.

定理 5.1*　齐次线性微分方程(5.47)在区间 $a<x<b$ 上存在 n 个线性无关的解 $\varphi_1(x),\varphi_2(x),\cdots,\varphi_n(x)$，则方程(5.47)的通解为

$$y=C_1\varphi_1(x)+\cdots+C_n\varphi_n(x),$$

其中，$C_1,\cdots,C_n$ 为任意常数.

定理 5.2*　齐次线性微分方程(5.47)的解组 $\varphi_1(x),\varphi_2(x),\cdots,\varphi_n(x)$是线性无关的充要条件是它的朗斯基行列式(5.53)在区间 $a<x<b$ 上恒不为零(而且它在某一点 $x_0\in(a,b)$的

值 $W(x_0)\neq 0$).

我们称齐次线性微分方程(5.47)的 n 个线性无关的解为一个基本解组，定理 5.1* 证明了基本解组的存在性，而定理 5.2* 表述了怎样判断一个解组是否为基本解组.

注 5.5 注意到微分方程(5.50)中矩阵 $\mathbf{A}(x)$ 的特点，即 $\mathrm{tr}[\mathbf{A}(x)]=-a_1(x)$，此时，刘维尔公式就可以取成较为简单的形式：

$$W(x)=W(x_0)\exp\left(-\int_{x_0}^{x}a_1(s)\mathrm{d}s\right)\quad(a<x<b),\tag{5.54}$$

其中 $W(x)$ 是方程(5.47)的解组 $\varphi_1(x),\varphi_2(x),\cdots,\varphi_n(x)$ 的朗斯基行列式(5.53)，$x_0\in(a,b)$. 当 $n=2$ 时，我们注意到可以利用(5.54)将方程(5.47)的一个非零解导出它的通解.

例 5.10 假设二阶齐次线性微分方程

$$y''+p(x)y'+q(x)y=0\tag{5.55}$$

的一个非零解为 $y=\varphi(x)$，其中函数 $p(x)$ 和 $q(x)$ 是区间 $a<x<b$ 上的连续函数，则方程(5.55)的通解可表示为

$$y=\varphi(x)\left[C_1+C_2\int_{x_0}^{x}\frac{1}{\varphi^2(s)}\exp\left(-\int_{x_0}^{s}p(t)\mathrm{d}t\right)\mathrm{d}s\right],\tag{5.56}$$

其中 C_1 和 C_2 为任意常数.

证明 首先，我们假设 $y=\varphi(x)$ 在区间 $a<x<b$ 上恒不为零，对于更一般的情形同理可证. 设 $y=y(x)$ 是方程(5.55)的任一解，根据刘维尔公式(5.54)，我们可以得到

$$\begin{vmatrix}\varphi & y\\ \varphi' & y'\end{vmatrix}=Ce^{-\int p(x)\mathrm{d}x},$$

其中常数 $C\neq 0$，根据行列式性质，进而可以写为

$$\varphi y'-\varphi' y=Ce^{-\int p(x)\mathrm{d}x}.$$

接下来，将积分因子 $\frac{1}{\varphi^2}$ 分别乘以上式两端，可得

$$\frac{\mathrm{d}}{\mathrm{d}x}\left(\frac{y}{\varphi}\right)=\frac{C}{\varphi^2}e^{-\int p(x)\mathrm{d}x},$$

对上式进行积分，就可以得到式(5.56)的结论.

接下来，将 5.1 中的非齐次线性微分方程组的常数变易公式应用于方程(5.46)，可以得到下面的定理.

定理 5.3* 设 $\varphi_1(x),\cdots,\varphi_n(x)$ 是齐次线性微分方程(5.47)在区间 $a<x<b$ 上的一个基本解组，则非齐次线性微分方程(5.46)的通解可表示为

$$y=C_1\varphi_1(x)+\cdots+C_n\varphi_n(x)+\varphi^*(x),\tag{5.57}$$

其中 $C_1,\cdots,C_n$ 是任意常数，

$$\varphi^*(x)=\sum_{k=1}^{n}\varphi_k(x)\cdot\int_{x_0}^{x}\frac{W_k(s)}{W(s)}f(s)\mathrm{d}s\tag{5.58}$$

是方程(5.46)的一个特解. 式(5.58)中的函数 $W(x)$ 是 $\varphi_1(x),\cdots,\varphi_n(x)$ 的朗斯基行列式(5.53)，而 $W_k(x)$ 是 $W(x)$ 中第 n 行第 k 列元素的代数余子式.

证明 对于分别与式(5.46)和(5.47)等价的微分方程组(5.49)和(5.50)，我们应用定理

5.3,即可得到公式(5.17),其中的基解矩阵$\boldsymbol{\Phi}(x)$是由向量函数组(5.52)作为列向量所组成的矩阵,进一步地,考察(5.17)的第一个分量,我们即可得到式(5.57),接下来仅需要证明(5.17)中的向量函数

$$\boldsymbol{\Phi}(x)\int_{x_0}^{x}\boldsymbol{\Phi}^{-1}(\boldsymbol{s})\boldsymbol{f}(s)\mathrm{d}s$$

的第一个分量就是由(5.58)给出的函数$\varphi^*(x)$.

根据方程组(5.49)中$\boldsymbol{f}(x)$的特性,可以给出

$$\int_{x_0}^{x}\boldsymbol{\Phi}(x)\boldsymbol{\Phi}^{-1}(s)\boldsymbol{f}(s)\mathrm{d}s=\int_{x_0}^{x}\frac{\boldsymbol{\Phi}(x)}{W(s)}\begin{pmatrix} * & \cdots & * & W_1(s)\\ * & \cdots & * & W_2(s)\\ \vdots & & \vdots & \vdots\\ * & \cdots & * & W_n(s)\end{pmatrix}\begin{pmatrix}0\\0\\ \vdots\\ f(s)\end{pmatrix}\mathrm{d}s$$

$$=\int_{x_0}^{x}\frac{\boldsymbol{f}(x)}{W(s)}\begin{pmatrix}\varphi_1(x) & \cdots & \varphi_{n-1}(x) & \varphi_n(x)\\ * & \cdots & * & *\\ \vdots & & \vdots & \vdots\\ * & \cdots & * & *\end{pmatrix}\begin{pmatrix}W_1(s)\\W_2(s)\\ \vdots\\ W_n(s)\end{pmatrix}\mathrm{d}s.$$

显而易见,上述的表达式中的第一个分量就是由(5.58)给出的函数$\varphi^*(x)$.(为方便起见,不用写出的元素用$*$表示.)

例5.11　已知$p(x)$,$q(x)$和$f(x)$都是区间$a<x<b$上的连续函数.如果二阶线性微分方程

$$y''+p(x)y'+q(x)y=f(x)\tag{5.59}$$

的相应齐次方程的两个线性无关的特解$y=\varphi_1(x)$与$y=\varphi_2(x)$,试求它的通解.

显然,利用式(5.57)和(5.58),可得方程(5.59)在区间$a<x<b$上的通解为

$$y=C_1\varphi_1(x)+C_2\varphi_2(x)+\int_{x_0}^{x}\frac{\varphi_1(s)\varphi_2(x)-\varphi_1(x)\varphi_2(s)}{\varphi_1(s)\varphi'_2(s)-\varphi_2(s)\varphi'_1(s)}f(s)\mathrm{d}s,\tag{5.60}$$

其中C_1和C_2为任意常数.

接下来我们应用高阶线性方程的常数变易法来重新推导式(5.60).

根据前面已给出的结论,与二阶线性微分方程(5.59)相应的齐次方程的解可以表示为

$$y=C_1\varphi_1(x)+C_2\varphi_2(x),$$

其中C_1和C_2为任意常数.此时我们假定非齐次方程(5.59)也有如上形式的解,但其中C_1和C_2变为x的函数,相应的齐次方程的解表示为

$$y=C_1(x)\varphi_1(x)+C_2(x)\varphi_2(x).\tag{5.61}$$

对上式求导一次后,

$$y'=C'_1(x)\varphi_1(x)+C'_2(x)\varphi_2(x)+C_1(x)\varphi'_1(x)+C_2(x)\varphi'_2(x).$$

令

$$C'_1(x)\varphi_1(x)+C'_2(x)\varphi_2(x)=0,\tag{5.62}$$

则有

$$y'=C_1(x)\varphi'_1(x)+C_2(x)\varphi'_2(x).\tag{5.63}$$

对比式(5.19),并注意到 $f(x)$前 $n-1$ 个分量都为零,可知上面的假定是合理的.再对式(5.63)两边求导,把所得结果以及式(5.61),(5.63)代入微分方程(5.59)中,可得

$$C'_1(x)\varphi'_1(x)+C'_2(x)\varphi'_2(x)=f(x). \tag{5.64}$$

将式(5.62)和(5.64)联立成一个方程组,从而解出

$$C'_1(x)=-\frac{\varphi_2(x)f(x)}{W(x)},\quad C'_2(x)=-\frac{\varphi_1(x)f(x)}{W(x)}.$$

最后对上式积分,进而把将得到的 $C_1(x)$和 $C_2(x)$的表达式代入式(5.61),化简之后即可得到式(5.60).

5.3.2 常系数高阶线性微分方程

现在,讨论 n 阶线性常系数微分方程

$$y^{(n)}+a_1y^{(n-1)}+\cdots+a_{n-1}y'+a_ny=f(x), \tag{5.65}$$

和相应的 n 阶齐次线性方程

$$y^{(n)}+a_1y^{(n-1)}+\cdots+a_{n-1}y'+a_ny=0, \tag{5.66}$$

其中 $a_1,\cdots,a_n$ 是实常数,而 $f(x)$是区间 $x\in(a,b)$上的实值连续函数.

如前所述,可以将它的求解问题归结为代数方程的求根问题,下面我们就展开讨论具体的解法.利用变换(5.48)引进与 y 相关的未知函数,即

$$y_1=y,\quad y_2=y',\quad \cdots,\quad y_n=y^{(n-1)},$$

则方程(5.66)等价于常系数齐次线性微分方程组

$$\frac{\mathrm{d}}{\mathrm{d}x}\boldsymbol{Y}(x)-\boldsymbol{AY}(x)=\boldsymbol{0}, \tag{5.67}$$

其中

$$\boldsymbol{A}=\begin{pmatrix} 0 & 1 & 0 & \cdots & 0 & 0 \\ 0 & 0 & 1 & \cdots & 0 & 0 \\ \vdots & \vdots & \vdots & & \vdots & \vdots \\ 0 & 0 & 0 & \cdots & 0 & 1 \\ -a_n & -a_{n-1} & -a_{n-2} & \cdots & -a_2 & -a_1 \end{pmatrix}. \tag{5.68}$$

注意矩阵 $\boldsymbol{A}$ 的特征行列式为

$$\det(\lambda\boldsymbol{E}-\boldsymbol{A})=\begin{vmatrix} \lambda & -1 & 0 & \cdots & 0 & 0 \\ 0 & \lambda & -1 & \cdots & 0 & 0 \\ \vdots & \vdots & \vdots & & \vdots & \vdots \\ 0 & 0 & 0 & \cdots & \lambda & -1 \\ a_n & a_{n-1} & a_{n-2} & \cdots & a_2 & \lambda+a_1 \end{vmatrix}. \tag{5.69}$$

因此,矩阵 $\boldsymbol{A}$ 的特征方程为关于 λ 的 n 次多项式

$$G(\lambda)=\det(\lambda\boldsymbol{E}-\boldsymbol{A})=\lambda^n+a_1\lambda^{n-1}+\cdots+a_{n-1}\lambda+a_n=0, \tag{5.70}$$

这正好是在微分方程(5.66)中把 $y^{(k)}$ 分别换成 $\lambda^k(k=0,1,\cdots,n)$所得出的代数方程.所以,方程(5.70)也叫作微分方程(5.66)的特征方程,它所产生的根称为特征根.

定理 5.6* 设常系数齐次线性微分方程(5.66)的特征方程(5.70)在复数域中共有 s 个

互不相同的根 $\lambda_1,\cdots,\lambda_s$，其对应的重数分别为 $n_1,\cdots,n_s(n_1+\cdots+n_s=n)$. 则函数组

$$\begin{cases} e^{\lambda_1 x}, x e^{\lambda_1 x}, \cdots, x^{n_1-1} e^{\lambda_1 x}; \\ \cdots\cdots \\ e^{\lambda_s x}, x e^{\lambda_s x}, \cdots, x^{n_s-1} e^{\lambda_s x} \end{cases} \tag{5.71}$$

是微分方程(5.66)的一个基本解组.

由于行列式(5.69)右上角的 $n-1$ 阶子式取值 1 或 -1，所以矩阵 $(\lambda\boldsymbol{E}-\boldsymbol{A})$ 的各个 $n-1$ 阶行列式的公因子是 1，从而低于 $n-1$ 的各阶行列式的公因子都是 1. 因此，在 $\boldsymbol{A}$ 的若尔当标准型 $\boldsymbol{J}$ 中相应于特征根 λ_k 的若尔当块只有一个，从而它是 n_k 阶的，并有如下的标准形式：

$$\boldsymbol{J}_k = \begin{pmatrix} \lambda_k & 1 & & \\ & \lambda_k & \ddots & \\ & & \ddots & 1 \\ & & & \lambda_k \end{pmatrix}$$

$(k=1,\cdots,s)$. 假设化 $\boldsymbol{A}$ 为若尔当标准型 $\boldsymbol{J}$ 的过渡矩为 $\boldsymbol{P}$，并且

$$\boldsymbol{AP} = \boldsymbol{PJ} = \boldsymbol{P}\begin{pmatrix} \boldsymbol{J}_1 & & & \\ & \boldsymbol{J}_2 & & \\ & & \ddots & \\ & & & \boldsymbol{J}_s \end{pmatrix}, \tag{5.72}$$

则我们可以断言，矩阵 $\boldsymbol{P}=(p_{ij})$ 的第一行元素满足下面的性质：

$$p_{1m_j} \neq 0 \quad (j=1,2,\cdots,s), \tag{5.73}$$

其中

$$m_1 = 1,\quad m_2 = n_1+1,\quad \cdots,\quad m_s = n_1+\cdots+n_{s-1}+1.$$

事实上，若某个 $p_{1m_j}=0$，则由矩阵 $\boldsymbol{A}$ 的特殊形式式(5.68)及式(5.72)可以明白，$\boldsymbol{P}$ 的第 m_j 列元素都等于零，这与过渡矩阵 $\boldsymbol{P}$ 的非奇异性矛盾.

现在利用式(5.31)和式(5.29)不难看出，方程组(5.67)的基解矩阵 $e^{x\boldsymbol{A}}\boldsymbol{P}$ 中的第一行元素依次是

$$p_{1m_1}e^{\lambda_1 x},\ * e^{\lambda_1 x} + p_{1m_1} x e^{\lambda_1 x},\cdots,\ * e^{\lambda_1 x} + \cdots + \frac{p_{1m_1} x^{n_1-1}}{(n_1-1)!} e^{\lambda_1 x},$$

$$\cdots\cdots$$

$$p_{1m_s}e^{\lambda_s x},\ * e^{\lambda_s x} + p_{1m_s} x e^{\lambda_s x},\cdots,\ * e^{\lambda_s x} + \cdots + \frac{p_{1m_s} x^{n_s-1}}{(n_s-1)!} e^{\lambda_s x},$$

其中 * 表示常值系数. 把上式与(5.71)相比较，容易看出：只要利用条件(5.73)和齐次线性微分方程解的叠加原理(引理 5.1)，就可以对矩阵 $e^{x\boldsymbol{A}}\boldsymbol{P}$ 进行适当的初等列变换，依次消去在第一行中含 * 的各项，从而得到方程(5.67)的另一个基解矩阵，而它恰以(5.71)为其第一行元素. 定理 5.6* 证完.

注 5.6　当特征方程(5.70)有复根时，它们必然成对共轭出现，而(5.71)中与之相应的复值函数也将成对共轭出现. 此时采用 5.2 节注 5.4 所说的提取实部和虚部的方法就可得到相应的实值解.

例 5.12 求解微分方程

$$y''+3y'+2y=0.$$

解 利用式(5.70)可得特征方程为

$$\lambda^2+3\lambda+2=(\lambda+1)(\lambda+2)=0,$$

因此特征根为-1和-2,它们均为单根.由定理 5.6*,方程的一个基本解组是

$$e^{-x},e^{-2x}.$$

所以方程的通解是

$$y=C_1e^{-x}+C_2e^{-2x}.$$

例 5.13 求解微分方程

$$y^{(4)}+4y'''+8y''+8y'+4y=0.$$

解 特征方程为

$$\lambda^4+4\lambda^3+8\lambda^2+8\lambda+4=[(\lambda+1)^2+1]^2=0,$$

即

$$(\lambda+1+i)^2(\lambda+1-i)^2=0,$$

因此,特征根为$\lambda=-1-i,-1+i$;它们都是二重根.我们得到一个基本解组

$$e^{(-1+i)x},e^{(-1-i)x},xe^{(-1+i)x},xe^{(-1-i)x}.$$

或

$$e^{-x}\cos x,e^{-x}\sin x,xe^{-x}\cos x,xe^{-x}\sin x.$$

所以,原方程的通解是

$$y=(C_1+C_2x)e^{(-1+i)x}+(C_3+C_4x)e^{(-1-i)x}$$

或

$$y=(C_1+C_2x)e^{-x}\cos x+(C_3+C_4x)e^{-x}\sin x.$$

例 5.14 求解微分方程

$$y''+\beta^2y=f(x), \tag{5.74}$$

其中$\beta>0$是常数,而$f(x)$是区间$a<x<b$上的连续函数.

解 由于相应齐次线性微分方程的特征方程是

$$\lambda^2+\beta^2=0,$$

不难按上例的方法求得齐次方程的一个基本解组

$$\varphi_1(x)=\cos(\beta x),\quad \varphi_2(x)=\sin(\beta x).$$

然后,利用常数变易公式(5.60),我们在区间$a<x<b$上得到非齐次方程(5.74)的通解为

$$y=C_1\cos(\beta x)+C_2\sin(\beta x)+\frac{1}{\beta}\int_{x_0}^{x}f(s)\sin[\beta(x-s)]ds,$$

其中C_1和C_2为任意常数.

一般而言,我们可以先应用定理 5.6*求出齐次线性微分方程(5.66)的一个基本解组,然后再应用公式(5.57)和(5.58)得到相应的非齐次线性微分方程(5.65)的通解,但是,当$f(x)$取某些特殊形式时,我们可以凭经验推测相应特解$\varphi^*(x)$所具有的形式,然后,根据这样的形式,再利用待定系数法来确定这种特解.

例如，设方程(5.65)中的非齐次项为

$$f(x)=P_m(x)e^{\mu x},$$

其中 $P_m(x)$ 表示 x 的 m 次多项式，那么当 μ 不是方程(5.66)的特征根时，我们预测微分方程(5.65)有如下形式的特解：

$$\varphi^*(x)=Q_m(x)e^{\mu x},$$

其中 m 次多项式 $Q_m(x)$ 的系数待定：把 $\varphi^*(x)$ 代入相应的方程(5.65)，就可确定 $Q_m(x)$ 的系数，从而最后得到所求的特解；而当 μ 是 k 重特征根时，则需令

$$\varphi^*(x)=x^kQ_m(x)e^{\mu x},$$

代入方程后也一样可以确定多项式 $Q_m(x)$ 的系数.

又如，设

$$f(x)=[A_m(x)\cos(\beta x)+B_l(x)\sin(\beta x)]e^{\alpha x},$$

其中 $A_m(x)$ 和 $B_l(x)$ 分别是 x 的 m 次和 l 次多项式，那么相应特解的形式是

$$\varphi^*(x)=x^k[C_n(x)\cos(\beta x)+D_n(x)\sin(\beta x)]e^{\alpha x},$$

其中的非负整数 k 是 $\alpha\pm i\beta$ 作为方程(5.66)的特征根的重数(当 $\alpha\pm i\beta$ 不是特征根时取 $k=0$)，$n=\max\{m,l\}$，而 n 次多项式 $C_n(x)$ 和 $D_n(x)$ 的系数待定.

例 5.15　求解微分方程

$$\frac{d^{(3)}(y)}{dx}+3\frac{d^{(2)}(y)}{dx}+3\frac{dy}{dx}+y=e^{-x}(x-5).$$

解　特征方程为

$$\lambda^3+3\lambda^2+3\lambda+1=(\lambda+1)^3=0,$$

它有三重特征根 $\lambda=-1$. 因此，设方程有特解

$$y^*=x^3(a+bx)e^{-x}=(ax^3+bx^4)e^{-x},$$

其中常数 a 和 b 待定，把它代入微分方程，得出

$$(6a+24bx)e^{-x}=(x-5)e^{-x},$$

由此推知

$$a=-\frac{5}{6},\quad b=\frac{1}{24}.$$

所以，原方程的通解为

$$y=\left(C_1+C_2x+C_3x^2-\frac{5}{6}x^3+\frac{1}{24}x^4\right)e^{-x}.$$

例 5.16　求解微分方程

$$\frac{d^{(2)}y}{dx}+4\frac{dy}{dx}+4y=\cos 2x.$$

解　特征方程为

$$\lambda^2+4\lambda+4=(\lambda+2)^2=0,$$

它有二重特征根 $\lambda=-2$. 另一方面，方程的非齐次项为 $\cos 2x=\frac{1}{2}(e^{i2x}+e^{-i2x})$. 由此可见，相应的 $\mu=\pm 2i$ 与特征根 $\lambda=-2$ 是不相等的，因此，我们可设方程有特解

$$y^* = a\cos 2x + b\sin 2x,$$

其中常数 a 和 b 待定，把它代入原方程，得出

$$8b\cos 2x - 8a\sin 2x = \cos 2x,$$

由此推知

$$a = 0, b = \frac{1}{8}.$$

所以，原方程的通解为

$$y = (C_1 + C_2 x)e^{-2x} + \frac{1}{8}\sin 2x.$$

在一些情况下，我们可以将多个未知函数的线性微分方程组化为其中某一个未知函数的高阶微分方程来求解，这种方法类似于代数方程组的消元法.

例 5.17 求解线性微分方程组

$$\frac{dx}{dt} = x - 5y, \frac{dy}{dt} = 2x - y.$$

解 从第一个方程可得

$$y = \frac{1}{5}\left(x - \frac{dx}{dt}\right). \tag{5.75}$$

把它代入第二个方程，就得到关于 x 的二阶方程式

$$\frac{d^2x}{dt^2} + 9x = 0.$$

不难求出它的一个基本解组为

$$x_1 = \cos 3t, \quad x_2 = \sin 3t,$$

把 x_1 和 x_2 分别代入式(5.75)，得出 y 的两个相应的解为

$$y_1 = \frac{1}{5}(\cos 3t + 3\sin 3t), \quad y_2 = \frac{1}{5}(\sin 3t - 3\cos 3t).$$

由此得到原来微分方程组的通解为

$$\begin{pmatrix} x \\ y \end{pmatrix} = C_1\begin{pmatrix} 5\cos 3t \\ \cos 3t + 3\sin 3t \end{pmatrix} + C_2\begin{pmatrix} 5\sin 3t \\ \sin 3t - 3\cos 3t \end{pmatrix},$$

其中 C_1 和 C_2 为任意常数.

习 题 5-3

1. 求解以下常系数线性微分方程：

(1) $y^{(4)} - 6y^{(2)} + 5x = 0$； (2) $y^{(5)} - 4y^{(3)}$；

(3) $y^{(4)} - 4y^{(2)} + 3x = t^2 - 3$； (4) $y^{(3)} - x = e^t$；

(5) $y^{(2)} + x = \sin t - \cos 2t$； (6) $y^{(2)} + x = \frac{1}{\sin^3 t}$.

2. 求非齐次线性方程 $xy^{(2)} - y' - 4x^3 y = x^3 e^{x^2}$ 的通解.

3. 考虑微分方程

$$\frac{\mathrm{d}^{(2)}y}{\mathrm{d}x}+q'(x)y=0.$$

(1) 设 $y=\varphi(x)$ 与 $y=\psi(x)$ 是它的任意两个解,试证 $\varphi(x)$ 与 $\psi(x)$ 的朗斯基行列式恒为一个常数.

(2) 设已知方程有一个特解为 $y=\mathrm{e}^x$,试求这方程的通解,并确定 $q(x)$.

4. 考虑微分方程

$$y''+p(x)y'+q(x)y=0, \tag{5.76}$$

其中 $p(x)$和 $q(x)$是区间 $I:a<x<b$ 上的连续函数. 设 $y=\varphi(x)$是方程(5.76)在区间 I 上的一个非零解[即 $\varphi(x)$在区间 I 上不恒等于零],试证 $\varphi(x)$在区间 I 上只有简单零点(即:如果存在 $x_0\in I$,使得 $\varphi(x_0)=0$,那么必有 $\varphi'(x_0)\neq 0$. 并由此进一步证明,$\varphi(x)$在任意有限闭区间上至多有有限个零点,从而每一个零点都是孤立的.

5. 设函数 $u(x)$和 $v(x)$是方程(5.76)的一个基本解组,试证:

(1) 方程的系数函数 $p(x)$和 $q(x)$能由这个基本解组唯一地确定.

(2) $u(x)$和 $v(x)$没有共同的零点.

6. 设欧拉方程

$$x^n y^{(n)}+a_1x^{n-1}y^{(n-1)}+\cdots+a_{n-1}xy'+a_ny=0,$$

其中 $a_1,a_2,\cdots,a_n$ 都是常数,$x>0$. 试利用适当的变换把它化成常系数的齐次线性微分方程.

7. 求解有阻尼的弹簧振动方程

$$m\frac{\mathrm{d}^2x}{\mathrm{d}t^2}+r\frac{\mathrm{d}x}{\mathrm{d}t}+kx=0,$$

其中 m,r 和 k 都是正的常数. 并就 $\Delta=r^2-4mk$ 大于、等于和小于零的不同情况,说明相应解的物理意义.

第6章　定性理论与分支理论初步

由常微分方程来直接研究和判断解的性质，是常微分方程定性理论的基本思想. 19 世纪 80 年代末法国数学家庞加莱发表“微分方程所定义的积分曲线”开创了微分方程定性理论，该理论方法不需要借助微分方程的求解，因而是研究非线性微分方程的有效手段. 经过一个世纪的发展，这种方法广泛应用于航天技术、生物技术、现代物理、经济学等领域，成为常微分方程发展的主流.

俄国数学家李雅普诺夫针对微分方程的稳定性进行深入研究，对微分方程解的稳定性的研究也是定性理论的重要工作. 近年来，人们对微分方程某一解在初值或参数扰动下的稳定性（即 Lyapunov 稳定性）以及这种稳定性遭到破坏时所可能出现的混沌（chaos）现象产生兴趣，并且对在一定范围内解族的拓扑结构在微分方程的扰动下的稳定性（即结构稳定性），以及这种稳定性遭到破坏时所出现的分支（bifurcation）现象也十分关注.

定性的思想和方法已逐渐渗透到其他数学分支，形成微分方程主要研究内容. 本章主要介绍定性理论中的基本思想和方法.

6.1　相空间、轨线、动力学系统

6.1.1　相空间与轨线

考虑方程组

$$\frac{\mathrm{d}\boldsymbol{x}}{\mathrm{d}t}=\boldsymbol{v}(t,x),\tag{6.1}$$

其中

$$\boldsymbol{x}=[x_1,x_2,\cdots,x_n]^{\mathrm{T}},\quad \boldsymbol{v}=[v_1,v_2,\cdots,v_n]^{\mathrm{T}}.$$

假设 $v\in C(R\times G)(G\subset R^n)$ 且满足解的唯一性条件，于是对任意 $(t_0,x_0)\in(R\times G)$，方程组(6.1)过此点有唯一解 $x=x(t;t_0,x_0)$，且有 $x_0=x(t;t_0,x_0)$.

当方程组描述质点运动时，设一个运动质点 M 在时刻 t 的 n 维空间坐标为 $\boldsymbol{x}=[x_1,x_2,\cdots,x_n]^{\mathrm{T}}$，该点的速度为

$$\boldsymbol{v}=[v_1,v_2,\cdots,v_n]^{\mathrm{T}},$$

如果速度只与坐标有关、与时刻无关，即 $\boldsymbol{v}=\boldsymbol{v}(x)$，称为自治微分方程. 如果速度还与时刻有关，称为非自治微分方程.

如果(6.1)满足微分方程解的存在唯一性条件，则任给初始条件 $x(t_0)=x_0$，其解是唯一确定的

$$x = \varphi(t, t_0, x_0), \tag{6.2}$$

它描述了质点 M 在 t_0 时刻经过点 x_0 的运动. x 取值的空间 R^n 称为相空间,(t,x) 取值的空间称为 $R^1 \times R^n$ 增广相空间. 按照微分方程的几何解释,方程(6.1)定义了一个相空间上的向量场,而解(6.2)在相空间中的图像是一条通过 (t_0, x_0),且每个时刻其在相空间上的投影与向量场吻合的光滑曲线(即积分曲线).

现给出相空间中的解释. 对于自治微分方程

$$\frac{\mathrm{d}\boldsymbol{x}}{\mathrm{d}t} = \boldsymbol{v} = [v_1(x), v_2(x), \cdots, v_n(x)]^{\mathrm{T}}, \tag{6.3}$$

给出了相空间 R^n 上的一个定常速度场;而解(6.2)在相空间中给出的一条与速度场(6.3)处处相吻合的曲线(轨线),其中时间 t 为参数,且参数 t_0 对应于轨线上的点 x_0. 随着时间的演变,质点的坐标 $x(t)$ 在相空间中沿着轨线的变动,通常用箭头在轨线上标明相应于时间 t 增大时质点的运动方向.

积分曲线是增广空间中的曲线;轨线是相空间中的曲线,它可视为积分曲线向相空间投影的结果. 轨线有明确的力学意义:它是质点 M 在相空间中的运动轨迹.

如果 x_0 是速度场(6.3)的零点,则 x_0 可视为一条退化的轨线,称为平衡点. 由于平衡点附近的轨线可能出现各种奇怪的分支,通常又称其为奇点.

如果解(6.2)是非定常的周期运动,即存在 $T>0$,使得

$$\boldsymbol{\varphi}(t+T, t_0, x_0) = \boldsymbol{\varphi}(t, t_0, x_0)$$

则它在相空间中的轨线是一条闭曲线,称为闭轨.

例 6.1　设质点 $M(x,y)$ 在 xOy 平面上运动,已知它在 (x,y) 点的速度 $v(x,y)$ 具有如下的水平与垂直分量:

$$v_x = -y + x(x^2+y^2-1), \quad v_y = x + y(x^2+y^2-1)$$

则质点的运动方程为

$$\begin{cases} \dfrac{\mathrm{d}x}{\mathrm{d}t} = -y + x(x^2+y^2-1) \\ \dfrac{\mathrm{d}y}{\mathrm{d}t} = x + y(x^2+y^2-1) \end{cases} \tag{6.4}$$

应用极坐标 $\dfrac{\mathrm{d}r}{\mathrm{d}t} = r(r^2-1)$,$\dfrac{\mathrm{d}\theta}{\mathrm{d}t} = 1$,解得

$$r = \frac{1}{\sqrt{1-C_1\mathrm{e}^{2t}}}, \quad \theta = t + C_2,$$

则设初值条件为 $r(0)=r_0$,$\theta(0)=\theta_0$,求得 $C_1=(r_0^2-1)/r_0^2$,$C_2=\theta_0$.

这样根据初始位置的不同,有四种不同的轨线:

(1) $r_0=0$,则 $r=0$ 为平衡点.

(2) $0<r_0<1$,相应轨线为 Γ:$r=1$ 内的非闭曲线,当 $t\to\infty$ 时,$r\to 0$,即它逆时针盘旋趋向于平衡点;当 $t\to-\infty$ 时,$r\to 1$,即它顺时针盘旋趋向于闭轨 Γ.

(3) $r_0=1$,相应轨线为闭轨 Γ,它以逆时针方向为正向.

(4) $r_0>1$,相应轨线为 Γ 外的非闭曲线,当 $t\to\infty$ 时,$r\to\infty$;当 $t\to-\infty$ 时,$r\to\Gamma$,即它顺时

针盘旋趋向于 Γ.

6.1.2 动力系统的基本性质

任何一个自治微分方程都具有(6.1)的形式,而且只要右端函数满足解的存在和唯一条件,就可以对它作如上动力学解释.在这个意义下,自治微分方程(6.1)也称为(微分)动力系统,它有下列性质:

(1) 积分曲线的平移不变性.

系统(6.1)的积分曲线在增广相空间中沿 t 轴任意平移后还是(6.1)的积分曲线.即若 $x=\varphi(t)$ 是系统(6.1)的一个积分曲线,则对任意的常数 C,$x=\varphi(t+C)$ 也是(6.1)的解.

(2) 过相空间每一点轨线是唯一的.

即过相空间任一点,系统(6.1)存在唯一的轨线必经过此点.这个性质是方程的存在唯一性的推论.由于速度常由坐标决定,所以轨线自身必不相交.

(3) 群的性质.

系统(6.1)的解 $\varphi(t,0,x_0)=\varphi(t,x_0)$ 满足关系式

$$\varphi(t_2,\varphi(t_1,x_0)) = \varphi(t_1+t_2,x_0)$$

此式表示:在相空间中,如果从 x_0 出发的运动轨线经过时间 t_1 到达 $x_1=\varphi(t_1,x_0)$,再经过时间 t_2 到达 $\varphi(t_2,\varphi(t_1,x_0))$.那么从 x_0 出发的运动沿轨线经过时间 t_1+t_2 也到达 x_2.这个性质意味着,给定一条轨线,则轨线上的任一点都可视为该轨线的初始点.

注 6.1 以上性质仅对自治系统成立,对于非自治系统不再成立.

对于非自治系统

$$\frac{\mathrm{d}x}{\mathrm{d}t} = v(t,x) \tag{6.5}$$

上述性质不成立.但我们可以把它视为高一维空间上的自治系统.事实上,令

$$\boldsymbol{y} = \begin{pmatrix} x \\ s \end{pmatrix}, \quad \boldsymbol{\omega}(\boldsymbol{y}) = \begin{pmatrix} v(s,x) \\ 1 \end{pmatrix}$$

则系统(6.5)等价于 $n+1$ 维相空间中的自治系统

$$\frac{\mathrm{d}\boldsymbol{y}}{\mathrm{d}t} = \boldsymbol{\omega}(\boldsymbol{y}).$$

6.2 解的稳定性

6.2.1 李雅普诺夫稳定性的概念

通常讨论微分方程的解对初值连续依赖性时,是指对 t 在有限闭区间上取值;当 t 扩展到无穷区间上时,就不一定再具有连续依赖性,这将导致解对初值敏感依赖,甚至是混沌现象的出现.如果解对初值的连续依赖性扩展到无穷区间上仍成立,就是李雅普诺夫(Lyapunov)稳定性.显然李雅普诺夫稳定性的要求高于解对初值连续依赖性的要求.

定义 6.1 李雅普诺夫稳定性.

设

$$\frac{\mathrm{d}\boldsymbol{x}}{\mathrm{d}t} = \boldsymbol{f}(t,\boldsymbol{x}), \tag{6.6}$$

其中函数 $\boldsymbol{f}(t,\boldsymbol{x})$对 $x \in G \subset \mathbf{R}^n$ 和 $t \in (-\infty, \infty)$连续，并且对 x 满足李氏条件. 如果方程(6.6)有一个解 $\boldsymbol{x} = \boldsymbol{\varphi}(t)$定义在$(t_0, \infty)$上，并且对于任意给定的 $\varepsilon > 0$，都存在 $\delta = \delta(\varepsilon) > 0$，使得只要

$$|\boldsymbol{x}_0 - \boldsymbol{\varphi}(t_0)| < \delta(t,\varepsilon) \tag{6.7}$$

方程(6.6)以 $\boldsymbol{x}(t_0) = \boldsymbol{x}_0$ 为初值的解 $x(t,t_0,x_0)$也在 $t \geqslant t_0$ 有定义，并且满足

$$|\boldsymbol{x}(t,t_0,\boldsymbol{x}_0) - \boldsymbol{\varphi}(t_0)| < \varepsilon, \quad t \geqslant t_0 \tag{6.8}$$

则称方程(6.6)的解 $\boldsymbol{x} = \boldsymbol{\varphi}(t)$是(在李雅普诺夫意义下)稳定的，否则是不稳定的. 如果式(6.7)中的 $\delta(t,\varepsilon)$与 t 无关，则称为一直稳定的.

更进一步，若解 $x = \boldsymbol{\varphi}(t)$是稳定的，并且存在 $\delta_1 (0 < \delta_1 \leqslant \delta)$，使得只要

$$|x_0 - \boldsymbol{\varphi}(t_0)| < \delta_1 \tag{6.9}$$

时，就有

$$\lim_{t \to +\infty} (\boldsymbol{x}(t,t_0,x_0) - \boldsymbol{\varphi}(t)) = 0, \tag{6.10}$$

则称解 $\boldsymbol{x} = \boldsymbol{\varphi}(t)$是(在李雅普诺夫意义下)渐近稳定的. 如果解 $\boldsymbol{x} = \boldsymbol{\varphi}(t)$不是稳定的，则称它是不稳定的.

此外，如果把条件(6.9)改为：当 $\boldsymbol{x}_0$ 在区域 D 内时，就有(6.10)成立[这里假设 $\boldsymbol{\varphi}(t_0) \in D$]，则称 D 为解 $x = \boldsymbol{\varphi}(t)$的渐近稳定域(或吸引域). 如果吸引域是全空间，则称解 $x = \boldsymbol{\varphi}(t)$是全局渐近稳定的.

下面介绍判断方程解的李雅普诺夫稳定性的两种方法.

6.2.2　按线性化近似判断稳定性

考虑平衡点的稳定性. 把方程(6.6)右端的函数 $\boldsymbol{f}(t,x)(\boldsymbol{f}(t,0) \equiv 0)$展开成 $\boldsymbol{x}_0$ 的线性部分 $\boldsymbol{A}(t)\boldsymbol{x}$ 和非线性部分 $N(t,\boldsymbol{x})$($\boldsymbol{x}$ 的高次项)之和，即考虑方程

$$\frac{\mathrm{d}\boldsymbol{x}}{\mathrm{d}t} = \boldsymbol{A}(t)\boldsymbol{x} + N(t,\boldsymbol{x}), \tag{6.11}$$

其中 $\boldsymbol{A}(t)$是一个 n 阶的矩阵函数，对 $t \geqslant t_0$ 连续；而函数 $N(t,\boldsymbol{x})$对 t 和 $\boldsymbol{x}_0$ 在区域

$$G: t \geqslant t_0, \quad |\boldsymbol{x}| \leqslant M$$

上连续，对 $\boldsymbol{x}_0$ 满足李氏条件，并且还满足 $N(t,0) \equiv 0 (t \geqslant t_0)$和

$$\lim_{|\boldsymbol{x}| \to \infty} \frac{|N(t,\boldsymbol{x})|}{|\boldsymbol{x}|} = 0, \quad (\text{对 } t \geqslant t_0 \text{ 一致成立}).$$

可以预料，方程(6.11)的零解稳定性与其线性化方程

$$\frac{\mathrm{d}\boldsymbol{x}}{\mathrm{d}t} = \boldsymbol{A}(t)\boldsymbol{x} \tag{6.12}$$

的零解稳定性之间有密切关系.

对于线性化方程(6.12)，当 $\boldsymbol{A}(t)$是常矩阵情形，则有下列定理可用以判断方程解的 Lyapunov 稳定性：

定理 6.1　设线性化方程(6.12)的系数阵 $\boldsymbol{A}(t)$是常矩阵，则

(1) 零解是渐近稳定的充要条件是矩阵 $\boldsymbol{A}$ 的全部特征值具有负的实部.

(2) 零解是稳定的充要条件是矩阵 $\boldsymbol{A}$ 的全部特征值具有非正的实部,并且实部为零的特征根所对应的若当块都是一阶的.

(3) 零解是不稳定的充要条件是矩阵 $\boldsymbol{A}$ 的特征值中至少有一个实部为正的,或者至少有一个实部为零且所对应的若当块是高于一阶的.

非线性微分方程(6.11)的零解可能与其线性化方程(6.12)的零解有不同的稳定性.但李雅普诺夫指出,当 $\boldsymbol{A}(t)=\boldsymbol{A}$ 为常矩阵,且 $\boldsymbol{A}$ 的特征根的全部具有负实部或至少有一个具有正实部时,方程(6.11)的零解的稳定性则由它的线性化方程(6.12)所决定.具体而言,我们有以下定理.

定理 6.2 设方程(6.11)中的 $\boldsymbol{A}(t)=\boldsymbol{A}$ 为常矩阵,而且 $\boldsymbol{A}$ 的全部特征根都具有负的实部,则(6.11)的零解是渐近稳定的.

定理 6.3 设方程(6.11)中的 $\boldsymbol{A}(t)=\boldsymbol{A}$ 为常矩阵,而且 $\boldsymbol{A}$ 的特征根中至少有一个具有正的实部,则(6.11)的零解是不稳定的.

可以看到除了定理 6.1 中特征值实部为零的情形外,所有定理 6.1 的结论均可推广到方程(6.11).换言之,此时方程(6.11)和(6.12)解的稳定性是一致的;这是因为定理 6.1 中特征值实部为零是一种临界情形,增加高阶部分 $N(t,x)$ 以后,可能变成稳定的,也可能变成不稳定的.另外应注意,平衡点附近的线性化方法得到的稳定性结论只能是局部的而非全局的.

以上方法只适于 $\boldsymbol{A}(t)=\boldsymbol{A}$ 是常矩阵情形,而且得到的稳定性只能是局部的;对于更一般的情形,介绍下列李雅普诺夫(Lyapunov)第二方法.

6.2.3 李雅普诺夫(Lyapunov)第二方法

为了便于理解,我们只考虑自治系统

$$\frac{\mathrm{d}\boldsymbol{x}}{\mathrm{d}t}=\boldsymbol{f}(\boldsymbol{x}) \tag{6.13}$$

其中自变量 $x\in\mathbf{R}^n$;而函数 $\boldsymbol{f}(x)=(f_1(\boldsymbol{x}),\cdots,f_n(\boldsymbol{x}))^{\mathrm{T}}$ 在 $G=\{x\in\mathbf{R}^n \,\|\, |\boldsymbol{x}\| \leqslant K\}$ 上连续,满足局部李普希兹条件,且 $f(\boldsymbol{0})=\boldsymbol{0}$.

为了介绍李雅普诺夫基本定理,引入李雅普诺夫函数概念.

定义 6.2 李雅普诺夫函数.

若函数

$$V(x):G\rightarrow R \tag{6.14}$$

满足 $V(\boldsymbol{0})=\boldsymbol{0}$,$V(\boldsymbol{x})$和$\dfrac{\partial V}{\partial x_i}(i=1,2,\cdots,n)$都连续,且若存在 $0<H\leqslant K$,使在 $D=\{\boldsymbol{x} \,\|\, |\boldsymbol{x}\| \leqslant H\}$上 $V(\boldsymbol{x})\geqslant 0(\leqslant 0)$,则称 $V(\boldsymbol{x})$是常正(负)的;若在 D 上除 $\boldsymbol{x}\neq\boldsymbol{0}$ 外总有 $V(\boldsymbol{x})>0(<0)$,则称$V(\boldsymbol{x})$是正(负)的;既不是常正又不是常负的函数称为变号函数.

通常我们称函数 $V(\boldsymbol{x})$为李雅普诺夫函数.易知:

函数

$$V=x_1^2+x_2^2 \tag{6.15}$$

在平面(x_1,x_2)上为正定的;

函数

$$V = -(x_1^2 + x_2^2) \tag{6.16}$$

在平面(x_1, x_2)上为负定的；

函数

$$V = x_1^2 - x_2^2 \tag{6.17}$$

在平面(x_1, x_2)上为变号函数；

函数

$$V = x_1^2 \tag{6.18}$$

在平面(x_1, x_2)上为常正函数.

李雅普诺夫函数有明显的几何意义. 首先看正定函数

$$V = V(x_1, x_2). \tag{6.19}$$

在三维空间(x_1, x_2, V)中，$V=V(x_1, x_2)$是一个位于坐标面 x_1Ox_2 即 $V=0$ 上方的曲面. 它与坐标面 x_1Ox_2 只在一个点，即原点 $O(0,0,0)$接触. 如果用水平面 $V=C$(正常数)与 $V=V(x_1, x_2)$相交，并将截口垂直投影到 x_1Ox_2 平面上，就得到一组一个套一个的闭曲线族 $V(x_1, x_2)=C$(图 6-1)，由于 $V=V(x_1, x_2)$连续可微，且 $V(0,0)=0$，故在 $x_1=x_2=0$ 的充分小的邻域中，$V(x_1, x_2)$可以任意小(图 6-2). 即在这些邻域中存在 C 值可任意小的闭曲线 $V=C$.

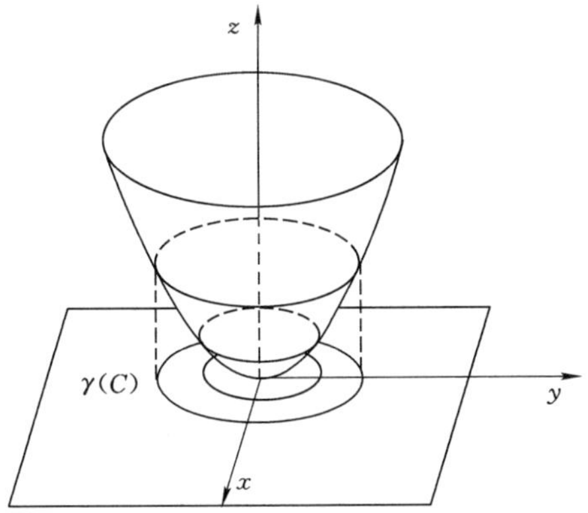

图 6-1

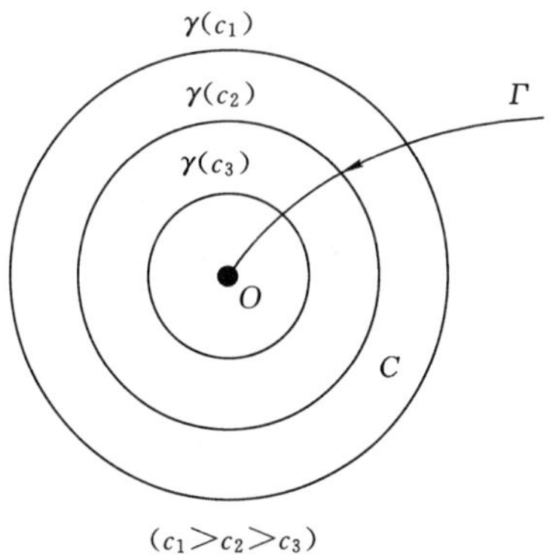

图 6-2

对于负定函数 $V=V(x_1, x_2)$可做类似的几何解释，只是曲面 $V=V(x_1, x_2)$将在坐标面 x_1Ox_2 的下方.

对于变号函数 $V=V(x_1, x_2)$，对应于这样的曲面，在原点的任意邻域，它既有在 x_1Ox_2 平面上方的点，又有在其下方的点.

定理 6.4　对于系统(6.13)，若在区域 D 上存在李雅普诺夫函数 $V(x)$满足

(1) 正定；

(2) $\left.\frac{\mathrm{d}V}{\mathrm{d}t}\right|_{(6.13)} = \sum_{i=1}^{n} \frac{\partial V}{\partial x_i} f_i(x)$ 常负；

则方程(6.13)的零解是稳定的.

定理 6.5 对于系统(6.13),若在区域 D 上存在李雅普诺夫函数 $V(x)$满足

(1) 正定;

(2) $\frac{\mathrm{d}V}{\mathrm{d}t}\Big|_{(6.13)}=\sum_{i=1}^{n}\frac{\partial V}{\partial x_i}f_i(x)$ 负定;

则方程(6.13)的零解渐近稳定.

定理 6.6 对于系统(6.13),若在区域 D 上存在李雅普诺夫函数 $V(\boldsymbol{x})$满足

(1) $V(\boldsymbol{x})$不是常负函数;

(2) $\frac{\mathrm{d}V}{\mathrm{d}t}\Big|_{(6.13)}=\sum_{i=1}^{n}\frac{\partial V}{\partial x_i}f_i(x)$ 正定;

则方程(6.13)的零解是不稳定的.

习 题 6-2

1. 证明:线性方程解零解的渐近稳定性等价于它的全局渐近稳定性.

2. 设二阶常系数线性方程

$$\frac{\mathrm{d}\boldsymbol{x}}{\mathrm{d}t}=\boldsymbol{A}\boldsymbol{x}$$

其中 $\boldsymbol{A}$ 是一个 2×2 的常矩阵.记$\begin{cases}p=-\mathrm{tr}[\boldsymbol{A}],(\text{与矩阵 }\boldsymbol{A}\text{ 的迹相反}),\\ q=\det(\boldsymbol{A}),(\text{矩阵 }\boldsymbol{A}\text{ 的行列式}).\end{cases}$

若 $p^2+q^2\neq0$,试证:

(1) 当 $p>0$ 且 $q>0$ 时,零解是渐近稳定的;

(2) 当 $p>0$ 且 $q=0$ 或当 $p=0$ 且 $q>0$ 时,零解是稳定的,但不是渐近稳定的;

(3) 在其他情形下,零解都是不稳定的.

3. 讨论二维的方程

$$\dot{x}=ay-bxf(x,y),\quad \dot{y}=ax-byf(x,y)$$

零解的稳定性,其中 a,b 均为非零任意常数,函数 $f(x,y)$在$(0,0)$点附近是连续可微的.

4. 设 $x\in R^1$,函数 $f(x)$连续,且 $xf(x)>0$ 当 $x\neq0$.试证方程

$$\ddot{x}+af(x)=0$$

的零解是稳定的,但不是渐近稳定的.

5. 讨论下列方程零解的稳定性:

(1) $\dot{x}=-x-y+(x-y)(x^2+y^2)$, $\dot{y}=x-y+(x+y)(x^2+y^2)$;

(2) $\dot{x}=-y^2+x(x^2+y^2)$, $\dot{y}=-x^2-y^2(x^2-y^2)$;

(3) $\dot{x}=-x+2x(x+y)^2$, $\dot{y}=-y^3+2y^3(x+y)^2$;

(4) $\dot{x}=ax-xy^2$, $\dot{y}=2x^4y$ (a 为参数).

6.3 平面上的动力系统,奇点和极限环

本节讨论平面上的二维自治系统

$$\frac{\mathrm{d}x}{\mathrm{d}t}=X(x,y),\quad \frac{\mathrm{d}y}{\mathrm{d}t}=Y(x,y),\tag{6.20}$$

其中 $X(x,y)$ 和 $Y(x,y)$ 在 (x,y) 平面上连续且满足初值问题解的存在唯一性条件. 对于平面上的动力系统的轨线分布，若一条轨线既不是闭轨也不是奇点，那么这条轨线上的任何一点都有一个小邻域，使得轨线在走出这邻域以后永不复还. 而在三维（或更高维）相空间中轨线的分布则不一定满足，因此对于平面动力系统的理论的发展也比较完善.

若对(6.20)进行整合，可得

$$\frac{\mathrm{d}y}{\mathrm{d}x}=\frac{Y(x,y)}{X(x,y)}.\tag{6.21}$$

显然，当方程(6.21)的积分曲线不含奇（异）点时，它就是系统(6.20)的一条轨线，而当方程(6.21)的积分曲线跨越奇（异）点时，则它被奇点所分割的每一个连通分支都是系统(6.21)的一条轨线. 不是奇点的相点称为**常点**. 根据方程(6.21)在常点邻域内积分曲线的"局部拉直"可知，系统(6.20)在常点附近的轨线结构是平凡的，即它拓扑同胚于一个平行直线族. 这里拓扑同胚的含意是，存在一个一对一的连续变换 T 把(6.20)的轨线变成直线. 对于给定的系统(6.20)，我们的目标是获得它的相图（从而得到解族的特性）. 上面对常点的分析表明，在研究相图的局部结构时，困难集中在奇点附近. 此外，容易明了，在研究相图的整体结构时，（除了奇点以外）闭轨将起重要的作用. 下面，我们就分别介绍平面系统(6.20)的奇点和闭轨.

6.3.1　初等奇点

考察以(0,0)为奇点的一般平面线性系统

$$\frac{\mathrm{d}}{\mathrm{d}t}\begin{pmatrix}x\\y\end{pmatrix}=\boldsymbol{A}\begin{pmatrix}x\\y\end{pmatrix},\tag{6.22}$$

其中 $\boldsymbol{A}=\begin{pmatrix}a & b\\c & d\end{pmatrix}$ 为常矩阵.

若 $\det\boldsymbol{A}=ad-bc\neq0$，则(0,0)是系统的唯一奇点，称为**初等奇点**；否则称系统没有孤立奇点，而非孤立奇点充满一条直线（奇线），这时的奇点称为系统的**高阶奇点**. 初等奇点都是孤立的，面线性高阶奇点都是非孤立的. 当加上高阶项之后，原来的高阶奇点也可以是孤立的，此时它可被视为两个或多个奇点的复合.

下面主要讨论系统(6.22)的初等奇点.

根据线性代数的理论，必存在非奇异实矩阵 $\boldsymbol{T}$，使得 $\boldsymbol{T}^{-1}\boldsymbol{A}\boldsymbol{T}$ 成为 $\boldsymbol{A}$ 的 Jordan 标准型，并且 Jordan 标准型的形式由 $\boldsymbol{A}$ 的特征根的不同情况而具有以下几种形式：

$$\begin{bmatrix}\lambda & 0\\0 & \mu\end{bmatrix},\quad\begin{bmatrix}\lambda & 0\\1 & \lambda\end{bmatrix},\quad\begin{bmatrix}\alpha & -\beta\\\beta & \alpha\end{bmatrix},$$

因而对系统(6.22)作变换 $\begin{pmatrix}x\\y\end{pmatrix}=\boldsymbol{T}\begin{pmatrix}\xi\\\eta\end{pmatrix}$，其中 $\boldsymbol{T}$ 为实可逆矩阵，则系统(6.22)变为

$$\frac{\mathrm{d}y}{\mathrm{d}t}=\boldsymbol{T}^{-1}\boldsymbol{A}\boldsymbol{T}y,\tag{6.23}$$

从而由 $\boldsymbol{T}^{-1}\boldsymbol{A}\boldsymbol{T}$ 的几种形式就能容易地得出 (ξ,η) 平面系统(6.23)的轨线结构.

由于变换 $\boldsymbol{x}=\boldsymbol{Ty}$ 不改变奇点的位置及类型，因此，只对线性系统的标准型方程组给出讨论. 下面分别就 $\boldsymbol{A}$ 的特征根的不同情况讨论奇点附近的轨线结构.

(1) $\boldsymbol{A}=\begin{pmatrix}\lambda & 0\\ 0 & \mu\end{pmatrix}$， $\lambda\mu\neq 0$.

这时方程(6.21)是变量分离的，我们容易得到它的解为

$$y=C\mid x\mid^{\mu/\lambda},x=0, \tag{6.24}$$

其中 C 为任意常数. 下面再分三种情况讨论：

Ⅰ. $\lambda=\mu$，即矩阵 $\boldsymbol{A}$ 有两个相同的实特征根，且若尔当块都是一阶的.

由系统(6.20)的轨线与方程(6.21)的积分曲线族之间的联系可知，过奇点(0,0)的直线束被奇点(0,0)所分割的每条射线都是系统(6.22)的轨线. 若 $\lambda<0$，则沿着每一条轨线当 $t\to+\infty$ 时运动 $(x(t),y(t))\to(0,0)$，故奇点(0,0)是渐近稳定的，我们得到相图 6-3；若 $\lambda>0$，则情形相反，即奇点(0,0)是不稳定的，见图 6-4. 在这两种情形下，我们把原点(0,0)称为**星形结点**(或**临界结点**).

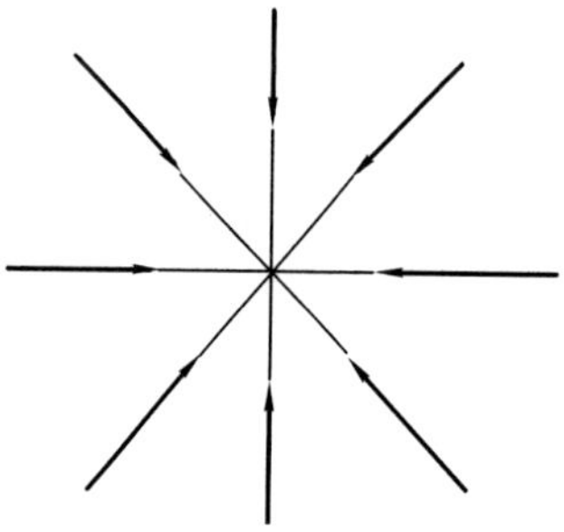

图 6-3　稳定的星形结点

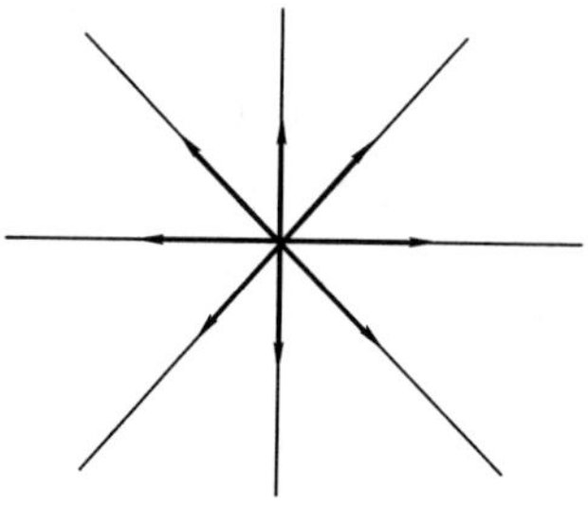

图 6-4　不稳定的星形结点

Ⅱ. $\lambda\neq\mu$ 且 $\lambda\mu>0$，即矩阵 $\boldsymbol{A}$ 有两个同号且不相等的实特征根.

这时曲线族(6.24)中除了 x 轴和 y 轴之外，都是以(0,0)为顶点的抛物线，当 $|\mu/\lambda|<1$ 时，它们均与 y 轴相切，而 $|\mu/\lambda|>1$ 时，它们均与 x 轴相切. 显然，当 λ 和 μ 取负值时，奇点(0,0)是渐近稳定的；而当 λ 和 μ 取正值时，奇点(0,0)是不稳定的. 由于所有的轨线都是沿着两个方向进入(或离开)奇点，我们称奇点(0,0)为两向结点(或简称结点).

Ⅲ. $\lambda\mu<0$，即矩阵 $\boldsymbol{A}$ 有两个异号的实特征根.

这时曲线族(6.24)除了直线 $x=0$ 和 $y=0$ 之外，是一个以它们为渐近线的双曲线族. 因此，系统的轨线由正负 x 轴，正负 y 轴，以及上述双曲线族所组成. 沿着每一条"双曲线"形轨线，当 $t\to+\infty$ 时运动 $(x(t),y(t))$ 都最终远离(0,0)点，故奇点(0,0)是不稳定的. 这样的原点(0,0)称为**鞍点**.

(2) $\boldsymbol{A}=\begin{pmatrix}\lambda & 0\\ 1 & \lambda\end{pmatrix}$，$\lambda\neq 0$，即矩阵 $\boldsymbol{A}$ 有二重非零实特征根，且相应的若尔当块是二阶的.

此时相应的方程(6.21)是一阶线性的，它的解为

$$y=Cx+\frac{x}{\lambda}\ln\mid x\mid,x=0, \tag{6.25}$$

其中 C 为任意常数.由式(6.25)不难推出

$$\lim_{x\to 0} y = 0,\quad \lim_{x\to 0}\frac{\mathrm{d}y}{\mathrm{d}x} = \begin{cases} +\infty, \lambda < 0, \\ -\infty, \lambda > 0. \end{cases}$$

因此,曲线族(6.25)中的每一曲线都在(0,0)点与 y 轴相切.这时称(0,0)为系统的**单向结点**(或**退化结点**).

(3) $\boldsymbol{A}=\begin{bmatrix}\alpha & -\beta \\ \beta & \alpha\end{bmatrix}$,$\beta\neq 0$,即矩阵 $\boldsymbol{A}$ 有一堆共轭的复特征根.

在极坐标 $x=r\cos\theta, y=r\sin\theta$ 下,系统(6.22)转换为

$$\frac{\mathrm{d}r}{\mathrm{d}t} = \alpha r,\quad \frac{\mathrm{d}\theta}{\mathrm{d}t} = \beta. \tag{6.26}$$

易得式(6.26)的通解为

$$r = C\exp\left(\frac{\alpha}{\beta}\theta\right), \tag{6.27}$$

其中任意常数 $C\geqslant 0$.当 $C>0$ 时,曲线族(6.27)中的曲线不通过奇点 $r=0$,因此(6.27)就是系统(6.26)轨线族.由(6.26)的第二式可知 β 的符号决定轨线的盘旋方向(奇点除外):$\beta<0$ 时沿顺时针方向;$\beta>0$ 时沿逆时针方向.α 的不同符号也对相图有着一定的影响:当 $\alpha<0$ 时,(6.27)是螺线族,并且随着 $t\to+\infty$,每一螺线都趋于奇点 $r=0$,它是渐近稳定的,因而称为稳定焦点;当 $\alpha>0$ 时,(6.27)仍是螺线族,但奇点 $r=0$ 成为负向渐近稳定的,因而称为不稳定焦点;而当 $\alpha=0$ 时,(6.27)成为同心圆族,因而奇点 $r=0$ 是稳定的(但不是渐近稳定的),它称为中心点.

归纳上边的讨论得出系统(6.22)的奇点(0,0)是初等奇点时根据它的系数矩阵 $\boldsymbol{A}$ 有以下分类.

定理 6.7　对于系统(6.22),记

$$p = -\operatorname{tr}[\boldsymbol{A}] = -(a+d), q = \det[\boldsymbol{A}] = ad - bc, \Delta = p^2 - 4q,$$

则有

(1) 当 $q<0$ 时,(0,0)为鞍点;

(2) 当 $q>0$ 且 $\Delta>0$ 时,(0,0)为结点且 $p>0$ 是稳定的,$p<0$ 是不稳定的;

(3) 当 $q>0$ 且 $\Delta=0$ 时,(0,0)为临界结点或退化结点,且 $p>0$ 是稳定的,$p<0$ 是不稳定的;

(4) 当 $q>0$ 且 $\Delta<0$ 时($p\neq 0$),(0,0)为焦点且 $p>0$ 是稳定的,$p<0$ 是不稳定的;

(5) 当 $q>0$ 且 $p=0$ 时,(0,0)为中心点.

由此知图 6-5 可概括定理 6.7 的结果为:参数(p,q)平面被 p 轴、正 q 轴及曲线 $\Delta=0$ 分成了几个区域,分别对应于系统的鞍点区、焦点区、结点区、中心点、退化和临界结点等,但是(p,q)平面的 p 轴对应的是系统的高阶奇点.

若系统(6.22)中的矩阵 $\boldsymbol{A}$ 不是若尔当标准型时,利用代数理论可给出将 $\boldsymbol{A}$ 化为其标准型的方法,但计算较为烦琐,因此我们给出如下简单方法:

(1) 首先用定理 6.7 直接判断出奇点(0,0)的类型及其稳定性.

(2) 当 $t\to+\infty$(或 $-\infty$)时,若轨线可沿某一确定的直线 $y=kx$(或 $x=ky$)趋向奇点

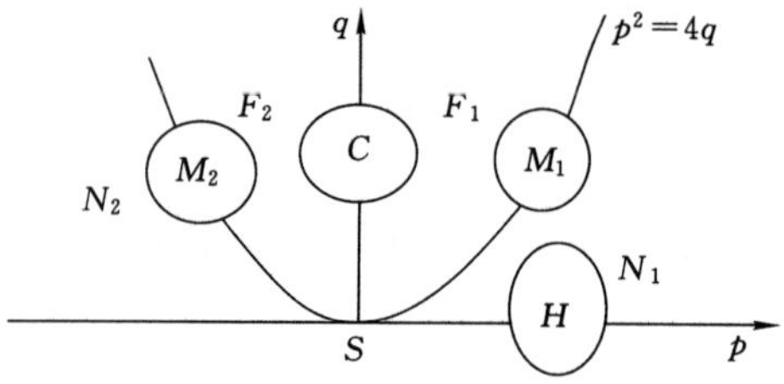

图 6-5

(0,0),我们把这个直线的走向称为一个特殊方向.显然,星形结点有无穷个特殊方向,两项结点和鞍点有两个特殊方向,单向结点有一个特殊方向,而焦点和中心点没有特殊方向.并且当直线 $y=kx$(或 $x=ky$)给出线性系统(6.22)的一个特殊方向时,此直线被奇点分割的两个射线都是系统的轨线.此外,这些性质还在仿射变换下不变.

(3) 线性系统(6.22)在相平面上给出的向量场关于原点(0,0)是对称的:若在(x,y)点的向量是$(P(x,y),Q(x,y))$,相应地,在$(-x,-y)$点的向量为$(-P(x,y),-Q(x,y))$.

例 6.2 作出系统

$$\frac{\mathrm{d}x}{\mathrm{d}t}=x+5y,\quad \frac{\mathrm{d}y}{2t}=x-3y,$$

在(0,0)点附近的相图.

解 根据

$$q=\begin{vmatrix}1 & 5\\ 1 & -3\end{vmatrix}<0,$$

可知(0,0)是鞍点,则 $x=0$ 明显不是特殊方向.假设特殊方向为直线 $y=kx$ 所指的方向,其中 k 为待定常数,则 $y=kx$ 是一条积分曲线.因此,我们有

$$k=\left.\frac{\mathrm{d}y}{\mathrm{d}x}\right|_{y=kx}=\left.\frac{x-3y}{x+5y}\right|_{y=kx}=\frac{1-3k}{1+5k},$$

由此推出

$$5k^2+4k-1=0,$$

解得此方程知 $k_1=\dfrac{1}{5}$ 和 $k_2=-1$.再利用鞍点的结构和向量场的连续性,就可确定轨线的定向,从而作出相图 6-6.

最后我们回到非线性系统(6.20).假设(0,0)是它的孤立奇点,我们来考察它在(0,0)附近的轨线结构.先把系统(6.20)右端的函数分解成线性部分与高次项之和的形式,即

$$\begin{cases}\dfrac{\mathrm{d}x}{\mathrm{d}t}=ax+by+\varphi(x,y),\\[2mm] \dfrac{\mathrm{d}y}{\mathrm{d}t}=cx+dy+\psi(x,y),\end{cases}\tag{6.28}$$

其中 a,b,c,d 为实常数,φ 和 ψ 是 x,y 的高于一次的项.然后考虑:当函数 φ 和 ψ 满足什么附加条件时,在相平面上(0,0)点附近,系统(6.28)与它的线性化系统

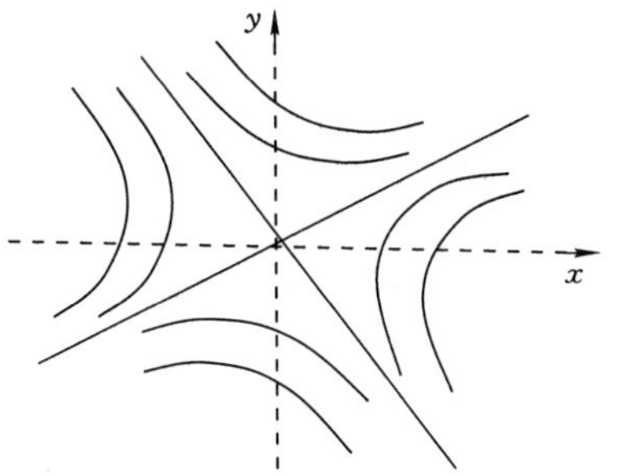

图 6-6

$$\begin{cases}\dfrac{\mathrm{d}x}{\mathrm{d}t}=ax+by,\\ \dfrac{\mathrm{d}y}{\mathrm{d}t}=cx+dy,\end{cases}\tag{6.29}$$

有相同的定性结构？

我们对式(6.28)中的 φ 和 ψ 提出三组条件(其中 $r=\sqrt{x^2+y^2}$)：

条件 A　$\varphi(x,y),\psi(x,y)=o(r)$，当 $r\to0$.

条件 A*　$\varphi(x,y),\psi(x,y)=o(r^{1+\varepsilon})$，当 $r\to0$　(式中 ε 是一个任意小的正数).

条件 B　$\varphi(x,y)$和 $\psi(x,y)$在原点的一个小邻域内对 x 和 y 连续可微.

下面的定理则给出了问题的答案.

定理 6.8　系统(6.29)以(0,0)为初等奇点，则下列结论成立：

(1) 若(0,0)是系统(6.29)的焦点且条件 A 成立，则(0,0)也是系统(6.28)的焦点，并且它们的稳定性也相同；

(2) 若(0,0)是系统(6.29)的鞍点或两向结点且条件 A 和 B 成立，则(0,0)也分别是系统(6.29)的鞍点或两向结点，并且稳定性也相同；

(3) 若(0,0)是系统(6.29)的单向结点且条件 A* 成立，则(0,0)也是系统(6.28)的单向结点，并且稳定性也相同；

(4) 若(0,0)是系统(6.29)的星形结点且条件 A* 和 B 成立，则(0,0)也分别是系统(6.29)的星形结点，并且稳定性也相同.

总之，在上述条件下，我们称系统(6.28)与其线性化系统(6.29)在奇点(0,0)附件有相同的**定性结构**.

注意，对线性系统(6.29)得到的轨线结构是全局的，而定理 6.8 中非线性系统(6.28)的结论却只适用于奇点(0,0)附近. 虽然它们在奇点附近的定性结构相同，但与线性系统(6.29)的相图相比，系统(6.28)的轨线可能有些“扭曲”. 例如，虽然(6.28)的结点和鞍点仍有特殊方向，但此方向上被奇点分割的两条射线本身不一定还是(6.28)的轨线.

此外，还可以考虑比保持定性结构更弱的要求：保持拓扑结构，并由此引出结构稳定的概念.

记 χ 为所有形如(6.20)的系统的集合，其中 $X(x,y)$和 $Y(x,y)$都是连续可微的. 所谓 χ

中某一系统

$$\frac{\mathrm{d}x}{\mathrm{d}t}=P(x,y),\quad \frac{\mathrm{d}y}{\mathrm{d}t}=Q(x,y) \tag{6.30}$$

的 ε-邻近系统，是指满足条件

$$|X-P|+\left|\frac{\partial X}{\partial x}-\frac{\partial P}{\partial x}\right|+\left|\frac{\partial X}{\partial y}-\frac{\partial P}{\partial y}\right|+|Y-P|+\left|\frac{\partial Y}{\partial x}-\frac{\partial Q}{\partial x}\right|+\left|\frac{\partial Y}{\partial y}-\frac{\partial Q}{\partial y}\right|<\varepsilon$$

的任何系统(6.20).所谓 χ 中的系统(6.20)与(6.30)轨道拓扑等价，是指存在拓扑同胚 T，它把(6.20)的轨线变到(6.30)的轨线，并且保持方向不变.

如果存在 $\varepsilon>0$，使得系统(6.30)与其任意 ε-邻近系统都是轨道拓扑同价的，则称系统(6.30)是结构稳定的.

定理 6.9 如果系统(6.28)的线性部分矩阵的特征根实部都不为零，即称(0,0)为它的双曲奇点，则它在奇点(0,0)附近是(局部)结构稳定的，并且轨道拓扑等价于它的线性化系统.

注 6.2 上面给出的结构稳定性和奇点的双曲性定义都可以自然地推广到 $\mathbb{R}^n$ 中，因此定理 6.9 也在 $\mathbb{R}^n$ 中成立.通常称它为 Hartman-Grobman 定理.

注 6.3 非双曲平面奇点可分为两类：第一类，是系统在奇点 O 的线性部分所对应的矩阵 A 有零特征根(相应于图 6-5 中的 p 轴)，即 O 是高阶奇点.对于孤立的高阶奇点，常用特殊的变换把它“打散”成几个初等奇点来研究它的相图.第二类，是矩阵 A 有一对共轭的纯虚数特征根(相应于图 6-5 中的正 q 轴)，此时线性化系统以 O 为中心点.加上高阶项以后，它可能仍是中心点，也可能变为稳定或不稳定的焦点，这就产生了所谓中心和焦点的判定问题.

注 6.4 双曲平面奇点可能是焦点，各类结点或鞍点；但反之，焦点、结点或鞍点型奇点未必是双曲的.例如线性部分为中心点的奇点加上高阶项后可能称为焦点(称为细焦点)，它是结构不稳定的，而高阶奇点也可能具有结点或鞍点型.

注 6.5 若各类初等结点及焦点稳定性相同，则彼此轨道拓扑等价.通常我们把稳定的结点和焦点统称为渊，而把不稳定的结点和焦点统称为源.

6.3.2 极限环

若 Γ 为孤立闭轨，即动力系统(6.20)在闭轨 Γ 的某个(环形)邻域内不再有别的闭轨，则称 Γ 为(6.20)的极限环.由此可以证明，极限环 Γ 有一个外侧邻域，使得在这个邻域内出发的所有轨线当 $t\to+\infty$(或 $t\to-\infty$)时都渐近地接近极限环 Γ.同样，Γ 有一个类似的内侧邻域.这就说明了极限环一词的含义.如果极限环 Γ 内外两侧附近的轨线都在 $t\to+\infty$(或 $t\to-\infty$)时渐近地接近极限环 Γ，则称 Γ 为稳定(或不稳定)极限环；如果一侧附近的轨线当 $t\to+\infty$ 时渐近地接近 Γ，而在另一侧当 $t\to-\infty$ 时渐近地接近 Γ，则称 Γ 为半稳定的极限环.

上面所说闭轨 Γ 的稳定性是作为它临近轨道的极限状态而出现的，因此这种稳定性称为轨道稳定性.这样，轨道稳定性不同于李雅普诺夫意义下的运动稳定性，因为轨道的接近不等于运动的同步接近.

稳定的极限环表示了运动的一种稳定的周期态，它在非线性振动问题中有重要的意义.关于判断极限环存在性的方法，我们只陈述下面著名的**庞加莱-班迪克松(Poincaré-Bendixson)环域定理**，它的证明可参考任何一本微分方程定性理论的著作.

定理 6.10　设区域 D 是由两条简单闭曲线 L_1 和 L_2 所围成的环域，并且在 $\bar{D}=L_1\cup D\cup L_2$ 上动力系统(6.20)无奇点；从 L_1 和 L_2 上出发的轨线都不能离开(或都不能进入)$\bar{D}$. 设 L_1 和 L_2 均不是闭轨线，则系统(6.20)在 D 内至少存在一条闭轨线 Γ，即 Γ 在 D 内不能收缩到一点.

如果把动力系统(6.20)看成一平面流体的运动方程，那么上述环域定理表明：如果流体从环域 D 的边界流入 D，而在 D 内又没有渊和源，那么流体在 D 内有环流存在. 这个力学意义是比较容易想象的. 习惯上，把 L_1 和 L_2 分别叫作 Poincaré-Bendixson 环域的内、外境界线. 注意，定理 6.10 中的 Γ 不一定是孤立的闭轨. 但可以证明，对于解析向量场，环域中的闭轨都是孤立的，因而它们都是极限环.

我们以著名的范德波尔(van der Pol)方程(三极管电路的数学模型)

$$\ddot{x}+\mu(x^2-1)\dot{x}-x=0 \tag{6.31}$$

(常数 $\mu>0$)为例，说明如何利用环域定理来证明极限环的存在性. 为此，我们先考虑一类更广泛的方程

$$\ddot{x}+f(x)\dot{x}+g(x)=0 \tag{6.32}$$

它称作 Liénard 方程，其中函数 $f(x)$ 和 $g(x)$ 连续，且 $xg(x)>0$，当 $x\neq 0$. 容易验证，方程(6.32)等价于系统

$$\frac{\mathrm{d}x}{\mathrm{d}t}=y-F(x),\frac{\mathrm{d}y}{\mathrm{d}t}=-g(x), \tag{6.33}$$

其中 $F(x)=\int_0^x f(x)\mathrm{d}x$. 当 $g(x)=x$ 时，我们可以画出系统(6.33)在相平面上的向量场($y-F(x)$，$-x$)在任一点 $P(x,y)$ 处的方向. 这对下文中构造境界线是有用的.

6.3.3　Liénard 作图法

过图 6-7 中的 P 点作 y 轴的平行线交曲线 $y=F(x)$ 于一点 $R(x,F(x))$，再过 R 作 x 轴的平行线交 y 轴于点 $Q(0,F(x))$，则从 P 点所引起的与直线 $\overline{PQ}$ 垂直的方向就是向量场(6.33)在 P 点的方向. 事实上，直线 $\overline{PQ}$ 的斜率为

$$\tan\varphi=\frac{y-F(x)}{x}.$$

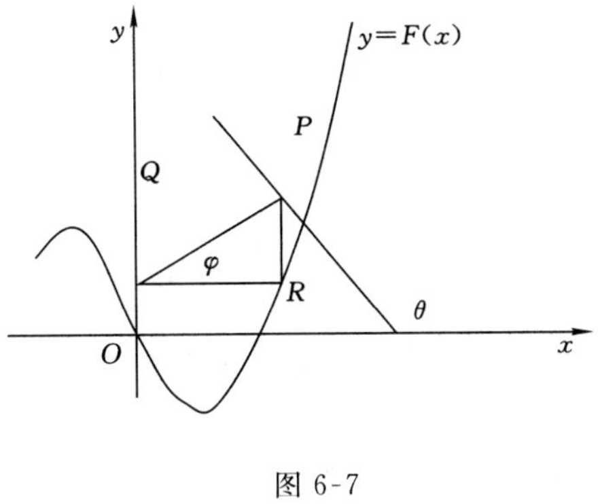

图 6-7

因此,它在 P 点的垂直线的斜率为

$$\tan\theta=\frac{x}{y-F(x)},$$

即为向量场 $(y-F(x),-x)$ 在 $P(x,y)$ 点的方向.

例 6.3 van der Pol 方程(6.31)至少有一个闭轨.

证明 在方程(6.31)中取 $\mu=1$,并考虑它的等价系统

$$\frac{\mathrm{d}x}{\mathrm{d}t}=y-\left(\frac{x^3}{3}-x\right),\quad \frac{\mathrm{d}y}{\mathrm{d}t}=-x. \tag{6.34}$$

先作环域的内境界线 L_1. 令 $V(x,y)=\frac{1}{2}(x^2+y^2)$,则

$$\frac{\mathrm{d}V}{\mathrm{d}t}=y-\left(1-\frac{x^2}{3}\right)\geqslant 0,\text{当}|x|<\sqrt{3},$$

当且仅当 $x=0$ 时等号成立. 因此,对于任意小的正数 C,可以取圆周 $x^2+y^2=C$ 为内境界线 L_1. 并由李雅普诺夫函数的几何解释可知,系统(6.34)从 L_1 上出发的轨线走向 L_1 所围区域的外部.

再利用 Liénard 作图法构造外境界线 L_2. 注意到曲线 $y=F(x)=x^3/3-x$ 的极小值在点 $(1,-2/3)$ 达到. 取 $x^*>0$ 足够大,以点 $S(0,-2/3)$ 为中心且分别以 $x^*+4/3$ 和 x^* 为半径作圆弧 $\overset{\frown}{AB}$ 和 $\overset{\frown}{CD}$,它们与直线 $x=x^*$ 分别交于点 B 和 C,而与 y 轴分别交于点 A 和 D. 再作与 $\overset{\frown}{AB}$,$\overline{BC}$,$\overset{\frown}{CD}$ 关于原点对称的 $\overset{\frown}{DE}$,$\overline{EF}$,$\overset{\frown}{FA}$,取外境界线为

$$L_2=\overset{\frown}{AB}\cup\overline{BC}\cup\overset{\frown}{CD}\cup\overset{\frown}{DE}\cup\overline{EF}\cup\overset{\frown}{FA}$$

即可. 又由以上可知 $y_B<y_A$;而当 x^* 任意大时,$y_A=x^*=2/3<(x^*)^3/3-x^*$. 则 B 点在曲线 $y=F(x)$ 的下方,从而在 $\overline{BC}$ 上的每一点有 $\dot{x}=y-F(x)<0$,即轨线的正向指向 L_2 的内部. 由 Liénard 作图法易知,在 $\overset{\frown}{AB}$ 和 $\overset{\frown}{CD}$ 上,轨线也是指向 L_2 的内部.

这样,由 L_1 和 L_2 围成了一个 Poincaré-Bendixson 环域,且系统的唯一奇点(0,0)在此环域外. 又由定理 6.10 知,系统(6.34)在环域中至少有一个闭轨.

一般而言,判断一个系统有无极限环和极限环存在时的个数都是相当困难的问题,目前已有部分专著对其尽心公里详细的论述,不仅证明了 van der Pol 方程的闭轨是唯一的,而且给出了许多有关极限环的存在性,唯一性和唯 n 性的判别法则.

1900 年,希尔伯特在法国巴黎的数学家大会上提出了著名的 23 个数学问题,其中第 16 个问题的后半部分可陈述为:记 $P_n(x,y)$ 和 $Q_n(x,y)$ 是 x,y 的 n 次多项式,那么对于给定的 n 和任意的 $P_n(x,y)$ 和 $Q_n(x,y)$,系统

$$\frac{\mathrm{d}x}{\mathrm{d}t}=P_n(x,y),\quad \frac{\mathrm{d}y}{\mathrm{d}t}=Q_n(x,y)$$

可能出现的极限环个数的上界 $H(n)$ 为多少? 极限环可能的相对位置如何? 即使在 $n=2$ 的情形中,这个问题也没有被完全解决,可见问题的困难. 事实上,很多人相信 $H(2)=4$,但迄今为止 $H(2)$ 的有限性尚未得到证明,虽然对于给定的 $P_n(x,y)$ 和 $Q_n(x,y)$,系统极限环的有限性几经周折得到证明.

6.3.4　Poincaré 映射和后继函数法

最后，我们将简单地介绍研究极限环的另一个重要方法——**后继函数法**.

设 Γ 是系统(6.20)的闭轨. 在 Γ 上取一点；过 P 作 Γ 的法线 $\overline{MPN}$(图 6-8). 设 P_0 是法线上的任意一点，则由解对初值的连续依赖性可知，只要 P_0 足够接近 P，从 P_0 出发的轨线必再次与法线 $\overline{MN}$ 相交，记正向首次相交的点为 P_1，并且都是从法线的同一侧穿越到另一侧(习惯上把法线靠近 P 点的这一段叫作**无切线段**). 我们把 P_1 称为 P_0 的**后继点**；把 $\overline{MN}$ 上从 P_0 到其后继点 P_1 的映射称为 **Poincaré 映射**，不难看出，Poincaré 映射的不动点对应于系统的闭轨.

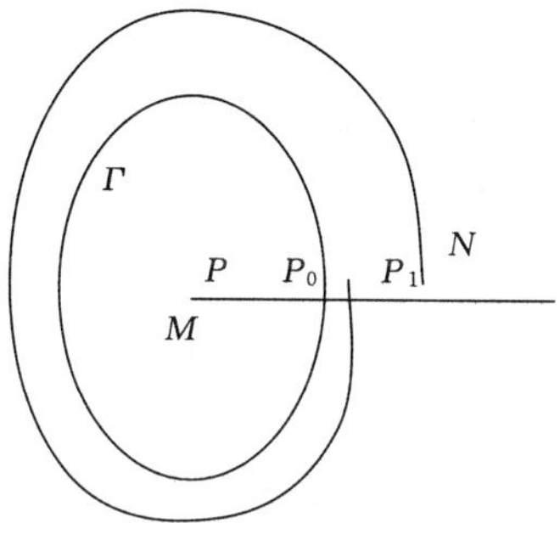

图 6-8

为便于计算，我们在 $\overline{MN}$ 上引入坐标 n：取 P 为坐标原点，取 Γ 的外法线方向为正. 设 P_0 点的坐标为 n_0；而其后继点 P_1 的坐标为 $n_1=g(n_0)$，这里的函数 $g(n_0)$ 称为**后继函数**. 现在令

$$h(n_0) = g(n_0) - n_0.$$

由此不难看出，如果当 $0<n_0\ll 1$ 时恒有 $h(n_0)<0$(或 >0)，那么 Γ 是外侧稳定点(或不稳定)的；如果当 $n_0<0$ 且 $0<|n_0|\ll 1$ 时有 $h(n_0)>0$(或 <0)，那么 Γ 是内侧稳定点(或不稳定)的.

由上述坐标的选取可知，过 P 点闭轨 Γ 对应于 $h(0)=0$. 假设

$$h(0) = h'(0) = \cdots = h^{(k-1)}(0) = 0, h^{(k)}(0) \neq 0, \tag{6.35}$$

则有

$$h(n_0) = \frac{1}{k!}h^{(k)}(0)(n_0)^k + O[|n_0|^{k+1}].$$

因此，当 k 为奇数并且 $h^{(k)}(0)<0$(或 >0)时，Γ 是稳定(或不稳定)的极限环；当 k 是偶数时，Γ 是半稳定的极限环.

如果 $h'(0)\neq 0$，即 $h(n)$ 以 0 为单重根，则称 Γ 是一个**单重极限环**；如果(6.35)成立且 $k\geqslant 2$，则称 Γ 为 **k 重极限环**. 由上面的讨论可知，单重极限环必是稳定或不稳定的，而偶重极限环都是半稳定的，并且容易看出下面的结果成立.

定理 6.11　系统(6.20)的极单重限环 Γ 是结构稳定的. 同样，对任意的 $\varepsilon>0$，存在 Γ 的环形邻域 U，使得(6.20)的任何 ε-临近系统在 U 内仍有唯一闭轨，而且它与 Γ 有相同的稳定性.

第 7 章 偏微分方程引论

7.1 引 言

如果一个微分方程中出现多元函数的偏导数，或者说如果未知函数和几个变量有关，而且方程中出现未知函数对几个变量的导数，那么这种微分方程就是偏微分方程. 偏微分方程，描述的是一个量随着两个或更多自变量变化的规律，它是在各类物理和工程实际中遇到的最为广泛的方程. 如何从客观实际问题中抽象出一个合理的数学模型，建立一个正确的定解问题，以及如何有效地对此求解？这些内容是十分丰富深奥的，有许多问题至今仍处于探索之中. 这些，远不是本门课程这一本书所能概括得了的. 在本门课程中，仅仅介绍一些最基本的概念和原理，并主要针对以下三类最常见的经典的二阶线性偏微分方程：

波动方程： $$u_{tt}-a^2\Delta u=f; \tag{7.1}$$

热传导方程： $$u_t-a^2\Delta u=f; \tag{7.2}$$

泊松(Poisson)方程： $$\Delta u=f. \tag{7.3}$$

介绍一些常见的解法. 这里 $\Delta=\nabla^2$ 为拉普拉斯算子. 在三维空间直角坐标系下，有

$$\Delta=\frac{\partial^2}{\partial x^2}+\frac{\partial^2}{\partial y^2}+\frac{\partial^2}{\partial z^2}.$$

当然，出于实际问题的复杂性，即使是对这些方程，能求得解析解的情况也是很有限的，在面对具体问题时，要根据具体条件做出调整，更多地需要用各种不同的数值方法来求解. 尽管如此，这些方法仍然是很有用处的.

在面对一些较为简单的问题中，可以用这些方法求得相应的解析解，这有助于我们了解该问题解的特性、变化趋势、各种参数的影响等，一般而言，通过这些方式得到的解析解会比数值解更为简单明确，对计算结果的精度也能更有效地估计和控制. 另外，如果对某类方程可以通过一些相对较简单的定解问题得到一个解析解，就可用这一解析解来检验解该类方程的一些数值方法是否有效，特别是在缺乏可靠的实验数据来进行检验比较的情况，这类解析解就尤为可贵.

虽然在许多情况下并不能求得最终的解析解，但是利用这些方法，可以简化问题，为用数值方法求解提供便利. 例如通过这些方法降低方程的维度，从而大大简化数值求解的过程，使计算量和难度大为降低. 另外，有很多方法是一些重要的数值方法的理论基础. 例如. 格林(Green)函数法是边界元法的理论基础，分离变数法是谱方法的理论基础等.

最后，最为重要的一点是，课程中所介绍的所有基本概念与原理都是建立任何一个正确且有效的数值方法所必须了解与遵循的. 每一个有效可行的数值方法，都必须从一个正确的数学

提法的定解问题出发,如果相关定解问题没有一个正确的数学提法,这样建立出来的任何数值方法都是毫无意义的.而像特征线(面)、依赖区和影响区等概念,则是建立一个解双曲型方程的正确数值方法所不能回避的.

与常微分方程一样,偏微分方程也有一些完全相似的概念.

7.1.1　方程(组)的阶数

单个方程中所出现未知函数偏导数的最高阶数,称为该方程的**阶**,例如方程

$$u_t = k^2 u_{xx} \tag{7.4}$$

是二阶的.

一个方程组的阶数,则是所有各个方程阶数之总和.例如方程组

$$\begin{cases} u_x - v_y = 0, \\ u_y + v_x = 0 \end{cases} \tag{7.5}$$

就是二阶方程组.

7.1.2　齐次与非齐次

如果方程(组)中不含有自变量单独的已知函数项,就是**齐次的**,否则就是**非齐次的**.上面的方程(7.4)和(7.5)都是齐次的,而方程

$$u_t + uu_x = f(x,t) \tag{7.6}$$

就是非齐次的.这里 f 为 x 和 t 的已知函数.

这种齐次和非齐次的定义也可出现在定解条件中,故定解条件也有齐次和非齐次之分.

7.1.3　线性和非线性

如果方程(组)和定解条件中均只含有未知函数的线性项,那么,定解问题就是**线性的**,否则就是**非线性的**.对非线性问题.如果未知函数的最高阶项是线性的,而对于其他较低阶导数存在非线性项,则称该定解问题是拟线性的.

7.1.4　通解

对含有 m 个自变量的 n 阶方程,其解的表达式包含 $m-1$ 个自变量的、n 个独立的和满足一定可微要求的任意函数称为方程的通解;否则称为特解.这里的 $m-1$ 个自变量,可以是原自变量中的 $m-1$ 个,也可是原 m 个自变量的 $m-1$ 个独立组合构成的自变量.通解就是包含方程一切解在内的解的一般形式.

例 7.1　对一阶偏微分方程

$$xu_x + u = \sin x + 2y,$$

解　将上式改写为

$$(xu)_x = \sin x + 2y,$$

等式两边对 x 积分,有

$$u = -\frac{\cos x}{x} + 2y + \frac{1}{x}G(y),$$

得到该方程的通解，这里，$G(y)$是 y 的任意函数. 若 $G(y)$取某确定形式，例如取 $G(y)\equiv 1$ 和 $G(y)=3y^2$，则 $u_0=-\frac{\cos x}{x}+y+\frac{1}{x}$和 $u_1=\frac{1}{x}(-\cos x+3y^2)+y$ 就都是特解.

例 7.2 对二阶偏微分方程

$$u_{xy}=0,$$

解 将上式先后对 x 和 y 积分，得

$$u=f(x)+g(y),$$

这就是方程的通解，其中 $f(x)$是 x 的任意函数，$g(y)$是 y 的任意函数. 而如果取定 $f(x)$和 $g(y)$中任意一个，就能得到方程的特解.

例 7.3 对三阶偏微分方程 $u_{xyz}=0$，其通解为

$$u(x,y,z)=f_1(x,y)+f_2(y,z)+f_3(x,z),$$

其中 f_1,f_2,f_3 都是任意函数. 但对于由三个任意函数 f_1,f_2 和 $g(x)$所组成的解

$$u(x,y,z)=f_1(x,y)+f_2(y,z)+g(x),$$

就只能说是特解，因这里的 g 虽是任意函数，但它只依赖于一个自变量，而不是两个自变量.

例 7.4 对二阶偏微分方程

$$a^2u_{xx}-b^2u_{yy}=0$$

解 首先对方程作以下变量替换

$$\xi=bx+ay,\quad \eta=bx-ay.$$

方程在新的变量下变为 $u_{\xi\eta}=0$. 这就变为了例 7.2 的情况，其通解为

$$u(x,y)=f(\xi)+g(\eta)=f(bx+ay)+g(bx-ay).$$

虽然这里的 $bx+ay$ 和 $bx-ay$ 都分别包含了 x 和 y 两个自变量，但它们都是以 x 和 y 的固定组合的形式各自构成一个新的自变量 ξ 和 η.

7.2 一阶偏微分方程

一般而言，只含有一个未知函数的一阶偏微分方程，其通解是存在的，且这种情形可以转化为求解常微分方程组的问题. 本节，以三维齐次线性和二维拟线性一阶偏微分方程为例进行讨论. 该解法不仅可以考虑低维的情况，也可以推广到更高维度的情况. 此求解方法，与物理问题中的向量线和向量面的概念有密切关系.

7.2.1 一阶偏微分方程与一阶常微分方程组解间的对应关系

对于一阶偏微分方程与一阶常微分方程组解间的对应关系可通过考虑向量场中向量线和向量面间方程的对应关系来描述.

设给定三维向量场

$$W(x,y,z)=(P(x,y,z),Q(x,y,z),R(x,y,z)),\tag{7.7}$$

在向量场中与向量处处皆相切的曲线和曲面被称为**向量线**和**向量面**. 例如，磁场中的磁力线和磁力面，流体速度场中的流线和流面.

由于向量线与向量处处相切，即其任一点的切线方向均与该点向量 W 的方向一致，故满足下列常微分方程组：

$$\frac{\mathrm{d}x}{P}=\frac{\mathrm{d}y}{Q}=\frac{\mathrm{d}z}{R}. \tag{7.8}$$

设向量面方程为

$$u(x,y,z)=c, \tag{7.9}$$

其中 c 为常数，则有

$$W\cdot\nabla u=P\frac{\partial u}{\partial x}+Q\frac{\partial u}{\partial y}+R\frac{\partial u}{\partial z}=0, \tag{7.10}$$

即 u 为一阶齐次线性偏微分方程(7.10)的解.

把向量面方程改为显式形式 $z=z(x,y)$. 方程(7.9)分别对 x 和 y 求导，得

$$\frac{\partial u}{\partial x}+\frac{\partial u}{\partial z}\frac{\partial z}{\partial x}=0,\quad \frac{\partial u}{\partial y}+\frac{\partial u}{\partial z}\frac{\partial z}{\partial y}=0.$$

代入(7.10)式中，消除$\frac{\partial u}{\partial x}$和$\frac{\partial u}{\partial y}$后可得

$$P(x,y,z)\frac{\partial u}{\partial x}+Q(x,y,z)\frac{\partial u}{\partial y}=R(x,y,z). \tag{7.11}$$

方程(7.11)是一个二维的一阶拟线性偏微分方程，其每一个显式解 $z=z(x,y)$或隐式解 $u(x,y,z)=c$ 都表示由(7.7)给定的向量场中的一个向量面，而 $u(x,y,z)$就是式(7.10)的解.

设由参数方程

$$x=f(t),\quad y=g(t),\quad z=h(t) \tag{7.12}$$

给定一条非向量曲线，过每一条非向量曲线的向量面是唯一的. 如果要求出过此曲线的向量面 $z=z(x,y)$，则式(7.12)就是方程(7.11)的定解条件，且该定解问题的解是唯一的. 但如果式(7.12)给定的是一条向量线，由于过一条向量线有无穷多个向量面，那么式(7.12)就不能作为方程(7.11)的定解条件，因而不能确定唯一解.

若 u_1 和 u_2(u_1 和 u_2 均是 x,y,z 的函数)是式(7.10)的两个独立解，对任给的两个常数 C_1 和 C_2，$u_1=C_1$ 和 $u_2=C_2$ 为两个向量面，它们的交线

$$\begin{cases}u_1(x,y,z)=C_1,\\ u_2(x,y,z)=C_2\end{cases} \tag{7.13}$$

就给出了式(7.8)的通解. 这里的 $u_1(x,y,z)=C_1$ 和 $u_2(x,y,z)=C_2$ 称为式(7.8)的两个独立的第一积分.

定义 7.1　若对任意函数 $u(x,y,z)$，若把常微分方程组(7.8)的解代入后，有 $u\equiv C$(常数)，则称 $u(x,y,z)=C$ 为方程组(7.8)的**第一积分**.

如上所述可知，向量线方程[即常微分方程组(7.8)]的第一积分就是向量面.

前面我们从向量场的角度说明了式(7.8)和(7.10)，(7.11)的解之间的关系. 下面将直接通过数学推导来加以验证. 令

$$L=P\frac{\partial}{\partial x}+Q\frac{\partial}{\partial y}+R\frac{\partial}{\partial z},$$

$$\Delta_1=\frac{\partial(u_1,u_2)}{\partial(x,y)}=\frac{\partial u_1}{\partial x}\frac{\partial u_2}{\partial y}-\frac{\partial u_1}{\partial y}\frac{\partial u_2}{\partial x},$$

$$\Delta_2=\frac{\partial(u_1,u_2)}{\partial(y,z)}=\frac{\partial u_1}{\partial y}\frac{\partial u_2}{\partial z}-\frac{\partial u_1}{\partial z}\frac{\partial u_2}{\partial y},$$

$$\Delta_3=\frac{\partial(u_1,u_2)}{\partial(z,x)}=\frac{\partial u_1}{\partial z}\frac{\partial u_2}{\partial x}-\frac{\partial u_1}{\partial x}\frac{\partial u_2}{\partial z},$$

若 u_1 和 u_2 是(7.10)的两个独立解,那么

$$\begin{cases}Lu_1=P\dfrac{\partial u_1}{\partial x}+Q\dfrac{\partial u_1}{\partial y}+R\dfrac{\partial u_1}{\partial z}=0,\\ Lu_2=P\dfrac{\partial u_2}{\partial x}+Q\dfrac{\partial u_2}{\partial y}+R\dfrac{\partial u_2}{\partial z}=0.\end{cases}\tag{7.14}$$

且 $\Delta_1,\Delta_2,\Delta_3$ 中至少有一个不为 0. 为了确定起见,假定至少是 $\Delta_2\neq0$.

由式(7.13),有

$$\begin{cases}\dfrac{\mathrm{d}u_1}{\mathrm{d}x}=\dfrac{\partial u_1}{\partial x}+\dfrac{\partial u_1}{\partial y}\dfrac{\partial y}{\partial x}+\dfrac{\partial u_1}{\partial z}\dfrac{\partial z}{\partial x}=0,\\ \dfrac{\mathrm{d}u_2}{\mathrm{d}x}=\dfrac{\partial u_2}{\partial x}+\dfrac{\partial u_2}{\partial y}\dfrac{\partial y}{\partial x}+\dfrac{\partial u_2}{\partial z}\dfrac{\partial z}{\partial x}=0.\end{cases}\tag{7.15}$$

从式(7.14)和式(7.15)中分别解出$\dfrac{Q}{P},\dfrac{R}{P},\dfrac{\mathrm{d}y}{\mathrm{d}x}$和$\dfrac{\mathrm{d}z}{\mathrm{d}x}$,得

$$\begin{cases}\dfrac{\mathrm{d}y}{\mathrm{d}x}=\dfrac{\Delta_3}{\Delta_2}=\dfrac{Q}{P},\\ \dfrac{\mathrm{d}z}{\mathrm{d}x}=\dfrac{\Delta_1}{\Delta_2}=\dfrac{R}{P}.\end{cases}\tag{7.16}$$

这正是常微分方程组(7.8). 这表明式(7.13)的确给出了式(7.8)的解,而 $u_1=C_1$ 和 $u_2=C_2$ 则为式(7.8)的两个独立的第一积分.

反之,若 $u_1=C_1$ 和 $u_2=C_2$ 是式(7.8)的两个独立的第一积分,这时式(7.15)和(7.16)均成立. 将式(7.16)代入式(7.15)中,得 $Lu_1=0$ 和 $Lu_2=0$. 即 u_1 和 u_2 是式(7.10)的两个独立解. 从前面由式(7.10)导出式(7.11)的过程可知,$u_1=C_1$ 和 $u_2=C_2$ 正好给出了(7.11)的两个独立解.

7.2.2 求解一阶偏微分方程的通解

对齐次线性偏微分方程(7.10),它的解具有以下性质:设 $F(u)$是 u 的任意的连续可微函数. 若 u 是方程(7.10)的解,故有 $Lu=0$,那么 $LF(u)=F'(u)Lu=0$,因此 $F(u)$也是方程(7.10)的解.

从前面的讨论可以推想到:求一阶偏微分方程(7.10)和(7.11)的通解会与求常微分方程组(7.8)的第一积分有关,下面的定理给出了相关的结论.

定理 7.1 若 $u_1(x,y,z)=C_1$ 和 $u_2(x,y,z)=C_2$ 是常微分方程组(7.8)的两个独立的第一积分,则 $u=F(u_1,u_2)$就是齐次线性一阶偏微分方程(7.10)的通解,而 $u_1=F_1(u_2)$或$u_2=F_2(u_1)$就是拟线性一阶偏微分方程(7.11)的通解. 这里的 F,F_1 和 F_2,都是各自变量的任意的可微函数.

证 先证 u 是式(7.10)的解. 事实上,由于 $u_1=C_1$ 和 $u_2=C_2$ 作为常微分方程组(7.8)的

两个独立的第一积分，故 u_1 和 u_2 就是式(7.10)的两个独立解，即 $Lu_1=Lu_2=0$，进而有

$$Lu=\frac{\partial F}{\partial u_1}Lu_1+\frac{\partial F}{\partial u_2}Lu_2=0,$$

又因 F 是依赖于两个独立变量 u_1 和 u_2 的任意可微函数，故 $u=F(u_1,u_2)$ 是式(7.10)的通解.

由于 $u=u_1-F_1(u_2)$ 是 $u=F(u_1,u_2)$ 的一种特殊形式，故知 $u=u_1-F_1(u_2)=0$ 就是一阶二维拟线性偏微分方程(7.11)的解，又由于这里 $F_1(u_2)$ 是变量 u_2 的任意函数，故 $u_1=F_1(u_2)$ 是方程(7.11)的通解. 同理，$u_2=F_2(u_1)$ 也是方程(7.11)的通解.

7.2.3　算例

例 7.5　解定解问题

$$\begin{cases}x^2\dfrac{\partial u}{\partial x}+y^2\dfrac{\partial u}{\partial y}=0,\\ u(1,y)=\dfrac{1}{y}.\end{cases}$$

解　先求解常微分方程

$$\frac{\mathrm{d}x}{x^2}=\frac{\mathrm{d}y}{y^2},$$

即

$$\mathrm{d}(\frac{1}{x}-\frac{1}{y})=0.$$

得其第一积分为 $\frac{1}{x}+\ln y=C$(C 为常数). 故其对应偏微分方程的通解为

$$u=f(\frac{1}{x}-\frac{1}{y}).$$

又因为 $u(1,y)=f(1-\frac{1}{y})=\frac{1}{y}$，得

$$f(\xi)=1-\xi,\quad u=1-\frac{1}{x}-\frac{1}{y}.$$

例 7.6　求一阶偏微分方程

$$x_1\frac{\partial u}{\partial x_1}+x_2\frac{\partial u}{\partial x_2}+\cdots+x_n\frac{\partial u}{\partial x_n}=0$$

的通解.

解　该微分方程所对应的特征方程为

$$\frac{\mathrm{d}x_1}{\mathrm{d}x_1}=\frac{\mathrm{d}x_2}{\mathrm{d}x_2}=\cdots=\frac{\mathrm{d}x_n}{\mathrm{d}x_n}.$$

设 $x_n\neq 0$，则可求出它的 $n-1$ 个相互独立的初积分为

$$\frac{x_1}{x_n}=c_1,\quad \frac{x_2}{x_n}=c_2,\quad \frac{x_{n-1}}{x_n}=c_{n-1},$$

于是方程的通解可写为

$$u=f\left(\frac{x_1}{x_n},\frac{x_2}{x_n},\cdots,\frac{x_{n-1}}{x_n}\right),$$

其中 f 为关于其变元的任意连续可微函数.

例 7.7 求下列一阶偏微分方程的通解

$$xz\frac{\partial u}{\partial x}+yz\frac{\partial u}{\partial y}+xy\frac{\partial u}{\partial z}=0.$$

解 首先求解下列常微分方程组的第一积分

$$\frac{\mathrm{d}x}{xz}=\frac{\mathrm{d}y}{yz}=\frac{\mathrm{d}z}{xy}. \tag{7.17}$$

由前一个等式,得

$$\frac{\mathrm{d}x}{x}-\frac{\mathrm{d}y}{y}=\mathrm{d}\ln\frac{x}{y}=0.$$

由此得到一个第一积分 $\frac{x}{y}=c_1$.

例 7.8 求一阶偏微分方程

$$\sqrt{x}\frac{\partial u}{\partial x}+\sqrt{y}\frac{\partial u}{\partial y}+\sqrt{z}\frac{\partial u}{\partial z}=0$$

的通解.

解 该微分方程所对应的特征方程为

$$\frac{\mathrm{d}x}{\sqrt{x}}=\frac{\mathrm{d}y}{\sqrt{y}}=\frac{\mathrm{d}z}{\sqrt{z}}.$$

容易得它的两个相互独立的初积分为

$$f_1=\sqrt{x}-\sqrt{y}=c_1,$$

$$f_2=\sqrt{x}-\sqrt{z}=c_2,$$

于是方程的通解可写为

$$u=F(f_1,f_2),$$

其中 F 为关于其变元的任意连续可微函数.

将式(7.17)用 xyz 通乘后得 $y\mathrm{d}x=x\mathrm{d}y=z\mathrm{d}z$,即有

$$y\mathrm{d}x+x\mathrm{d}y-2z\mathrm{d}z=\mathrm{d}(xy-z^2)=0.$$

得另一个第一积分为 $xy-z^2=c_2$. 这两个第一积分显然是互相独立的. 故最后得方程的通解为

$$u=F\left(\frac{x}{y},xy-z^2\right).$$

7.3 偏微分方程定解问题的建立

一般,偏微分方程的定解问题都是从某些物理模型中简化抽象而得出的数学模型,而物理模型又是从一些更复杂、更实际的物理问题和现象中简化抽象而来的,典型的数学物理方程包括波动方程、输运方程及位势方程,它们分别描述三类不同的物理现象: 波动(声波和电磁波

等)输运过程(热传导和扩散等)和状态平衡(静电场分布、平衡温度场分布和速度势等). 从方程本身看它们分别对应三类不同的方程,即双曲型、抛物型和椭圆型方程,这些方程在很多情况下是二阶线性偏微分方程. 本节将建立这三类重要的偏微分方程的定解问题.

7.3.1 偏微分方程的导出

(1) 弦的横振动方程

考察一根质量分布均匀的完全柔软的弦的横振动,其平衡时沿一条水平直线绷紧,取该水平直线处为 x 轴,以坐标 x 表示弦上各点的位置. 从某时刻开始,在横向分布力的作用下(不计重力作用),弦在竖直平面内作微小振动,以 $u(x,t)$ 表示弦的 x 点在 t 时刻的位移,现取出弦的微小段 $(x,x+\mathrm{d}x)$ 来分析其运动,弦的线密度为 ρ,则这一小段弦的运动方程为

$$\begin{cases} \rho \dfrac{\partial^2 u}{\partial t^2}\mathrm{d}x = T_2 \sin\theta_2 - T_1 \sin\theta_1, \\ T_2 \cos\theta_2 - T_1 \cos\theta_1 = 0, \end{cases}$$

其中 T_1 和 T_2 分别表示在 x 和 $x+\mathrm{d}x$ 点的张力,θ_1 和 θ_2 为相应的倾角,如图 7-1 所示. 由于假定了弦是完全柔软的,故张力沿着弦的切线方向. 上面第二个方程表示在 x 方向弦是平衡的,因已假定弦作横振动.

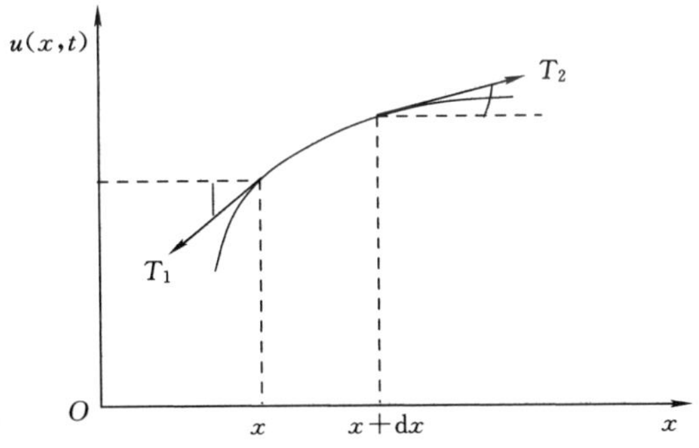

图 7-1 弦的振动

在微小振动近似下,可设 θ 角很小,故有

$$\cos\theta_1 \approx \cos\theta_2 \approx 1,$$

$$\sin\theta_1 \approx \tan\theta_1,$$

$$\sin\theta_2 \approx \tan\theta_2.$$

于是,由运动方程第二式得 $T_1 = T_2 = T$,即沿 x 方向弦中各点的张力相等. 故运动方程第一式变为

$$\rho \frac{\partial^2 u}{\partial t^2}\mathrm{d}x = T\sin\theta_2 - T\sin\theta_1 \approx T(\tan\theta_2 - \tan\theta_1)$$

$$= T\left[\left(\frac{\partial u}{\partial x}\right)_{x+\mathrm{d}x} - \left(\frac{\partial u}{\partial x}\right)_x\right] = T\frac{\partial^2 u}{\partial t^2}\mathrm{d}x,$$

即

$$\rho\frac{\partial^2 u}{\partial t^2}=T\frac{\partial^2 u}{\partial x^2}$$

或

$$\frac{\partial^2 u}{\partial t^2}-a^2\frac{\partial^2 u}{\partial x^2}=0,\tag{7.18}$$

其中 $a=\sqrt{\frac{T}{\rho}}$. 另外，在 θ 角很小的假定下，$|\frac{\partial u}{\partial x}|\ll 1$，由

$$\begin{aligned}ds-dx&=\sqrt{(du)^2+(dx)^2}-dx\\&=[\sqrt{1+(\frac{\partial u}{\partial x})^2}-1]dx=o\left((\frac{\partial u}{\partial x})^2\right).\end{aligned}$$

若略去$(\frac{\partial u}{\partial x})^2$，则弦的伸长可略去. 由此，弦中张力 T 在任何时刻都一样，而 a 为一常数.

若弦还受到外力（如重力）的作用，单位长度所受的力为 $F(x,t)$，方向垂直于 x 轴，则运动方程变为

$$\rho\frac{\partial^2 u}{\partial t^2}-T\frac{\partial^2 u}{\partial x^2}=F(x,t)$$

或

$$\frac{\partial^2 u}{\partial t^2}-a^2\frac{\partial^2 u}{\partial x^2}=f(x,t),\tag{7.19}$$

其中 $f(x,t)=\frac{F(x,t)}{\rho}$. 这就是弦的受迫振动方程，$f(x,t)\equiv 0$ 时称为弦的自由振动方程.

(2) 热传导方程

当一个物体内部各点的温度不一样时，热量就会从高温区域向低温区域传递，这就是热传导现象. 下面推导热传导过程中温度 $u(x,y,z,t)$ 随地点 (x,y,z) 和时间 t 变化所满足的微分方程，即热传导方程，为简单起见，假设物体为均匀且是各向同性的，热量的传递服从傅立叶定律，即

$$\boldsymbol{q}=-k\,\nabla u,$$

其中，$\boldsymbol{q}$ 表示热流密度矢量，其方向为热传导的方向；$k>0$ 为热传导系数. 式中的负号表示热量是从三维导热体高温区域向低温区域传递.

现于物体内任选一体积 V，则单位时间内由于温度的升高导致 V 内的能量增加为

$$\iiint\limits_V \rho c\frac{\partial u}{\partial t}dV,$$

其中，ρ 为物体的密度；c 为物体的比热；单位时间内通过 V 的边界 S 传入 V 内的热量为

$$-\iint\limits_S q_n dS,$$

其中下标 n 表示 $\boldsymbol{q}$ 在面元 dS 的法向 $\boldsymbol{n}$ 上的热流密度，有 $q_n=\boldsymbol{n}\cdot\boldsymbol{q}$，如图 7-2 所示.

如果物体内有热源，设其密度为 $F(x,y,z,t)$，则在单位时间内 V 中热源放出的热量为

$$\iiint\limits_V F(x,y,z,t)dV.$$

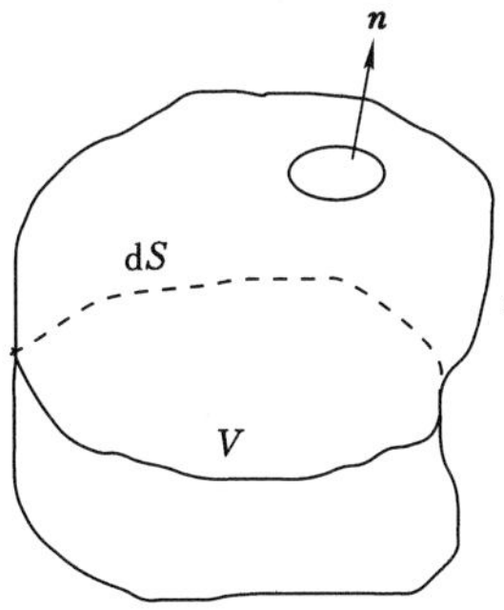

图 7-2

根据能量守恒定律，体积 V 内能量的增加等于 V 中热源放出的热量以及通过边界 S 传入 V 内的热量的总和，即

$$\iiint_V \rho c \frac{\partial u}{\partial t} \mathrm{d}V = -\iint_S q_n \mathrm{d}S + \iiint_V F(x,y,z,t) \mathrm{d}V.$$

利用傅立叶公式和高斯公式，上式的面积可以改写为

$$-\iint_S q_n \mathrm{d}S = k\iint_S \frac{\partial u}{\partial n} \mathrm{d}S = k\iiint_V \nabla^2 u dV.$$

由此，有

$$\iiint_V \rho c \frac{\partial u}{\partial t} \mathrm{d}V = k\iiint_V \nabla^2 u \mathrm{d}V + \iiint_V F(x,y,z,t) \mathrm{d}V.$$

由于 V 的任意性，最后得

$$\rho c \frac{\partial u}{\partial t} = k \nabla^2 u + F(x,y,z,t)$$

或

$$\frac{\partial u}{\partial t} - \alpha \nabla^2 u = f(x,y,z,t), \tag{7.20}$$

其中 $\alpha = \dfrac{k}{\rho c}$ 称为热扩散系数，$f(x,y,z,t) = \dfrac{F(x,y,z,t)}{\rho c}$.

(3) 泊松方程和拉普拉斯方程

对于上面的热传导方程，当源项 f 不依赖于时间 t 且物体的温度达到定常状态时，$\dfrac{\partial u}{\partial t} = 0$，则热传导方程成为稳定温度场的方程：

$$\nabla^2 u = -\frac{f(x,y,z)}{\alpha}. \tag{7.21}$$

此方程即为泊松方程. 如果 $f(x,y,z) \equiv 0$，则有

$$\nabla^2 u = 0. \tag{7.22}$$

此方程称为拉普拉斯方程.

7.3.2　定解条件

有了微分方程，还不足以确定方程的解，因为未知量随空间和时间的变化还与其初始状态

和边界情况有关.换句话说,一个微分方程有无穷多的解,即其通解中含有若干个任意常数或函数,而初始状态和边界情况则是确定这些任意常数或函数的初始条件和边界条件.求一个微分方程在一定的初始条件和边界条件下的解的问题称为定解问题,下面讨论微分方程的定解条件的形式.

(1) 初始条件

对于热传导方程,初始条件就是给出初始时刻($t=0$)的温度分布

$$u(x,y,z,0)=\varphi(x,y,z). \tag{7.23}$$

而对于弦的横振动方程,为了唯一确定方程的解,初始条件应包括初始时刻($t=0$)的位移和速度分布.即

$$u(x,0)=\varphi(x),\ u_t(x,0)=\psi(x). \tag{7.24}$$

泊松方程和拉普拉斯方程仅涉及变量在定常状态的分布,故不需要初始条件.

(2) 边界条件

以热传导方程为例,边界条件有以下三种不同的形式:

① 在边界 S 上已知温度分布

$$u\,|_s=g_1(x,y,z,t). \tag{7.25}$$

此类边界条件称为**狄利克雷(Dirichlet)型边界条件**或**第一型边界条件**.

② 在边界 S 上已知热通量密度,即已知温度沿边界的法向导数

$$\left.\frac{\partial u}{\partial n}\right|_s=g_2(x,y,z,t). \tag{7.26}$$

此类边界条件称为**纽曼型边界条件**或**第二型边界条件**.

③ 在边界 S 上已知热通量密度与界面温度 $u|_s$ 和外界温度 u_0 之差成比例

$$-k\left.\frac{\partial u}{\partial n}\right|_s=h(u|_s-u_0), \tag{7.27}$$

其中 $h>0$ 为常数.

此类边界条件称为**拉宾(Rubin)型边界条件**或**第三型边界条件**.

7.4 二阶偏微分方程的分类

我们都知道,二阶偏微分方程有着各种不同的类型.而对于不同类型的偏微分方程来说,在如何取定解条件,如何求解(包括数值求解)以及解的特性等方面都存在着许多重大的甚至是本质性的差异.只有对这种差异进行深入了解,尤其是本章开头提到的三类最常见的偏微分方程间的差异,我们才能对偏微分方程的研究更加透彻.基于此,首先我们要研究清楚关于二阶偏微分方程的两个方面:二阶偏微分方程有哪些类型?如何区分方程的类型?

7.4.1 两个自变量的情形

二阶偏微分方程具有两个自变量时的一般形式为

$$Au_{xx}+2Bu_{xy}+Cu_{yy}+Du_x+Eu_y+Fu=G, \tag{7.28}$$

其中 A,B,C,D,E,F 和 G 都是 x 和 y 的已知函数.在上面的方程(7.28)中,包含二阶偏导数

的项称为方程的主部.

接下来,我们定义

$$\nabla_x = \left(\frac{\partial}{\partial x}, \frac{\partial}{\partial y}\right),\ \boldsymbol{P} = \begin{pmatrix} A & B \\ B & C \end{pmatrix},$$

并且定义∇_x^{T}为∇_x的转置.此时二阶偏微分方程的主部即可写成乘积的形式,即$(\nabla_x \boldsymbol{P}\ \nabla_x^{\mathrm{T}})u$.在矩阵运算的过程中,上述乘积只用作矩阵的乘积运算,不对矩阵 $\boldsymbol{P}$ 作微分运算.换句话说,在上面的矩阵运算过程中,矩阵 $\boldsymbol{P}$ 是当作"常量"的.

注意到,矩阵 $\boldsymbol{P}$ 是实对称矩阵,因此它的本征值是实数,也就是说本征函数 $\det(\boldsymbol{P}-\lambda\boldsymbol{I})=0$ 的根均是实数.本征函数中的 $\boldsymbol{I}$ 为相应的单位矩阵.假设矩阵 $\boldsymbol{P}$ 的本征值有 α 个为正的,β 个为负的,γ 个为负的,其中 α,β,γ 为非负整数,并且 $\alpha+\beta+\gamma=2$.若是重根,则 k 重根算作 k 个.由于 A,B,C 均是关于 x 和 y 的函数,因此依赖于点的坐标(x,y),从而 α,β 和 γ 的值也是依赖于点的坐标(x,y)的.此时称方程在给定的点为(α,β,γ)型.

接下来,我们对式(7.28)作变换.用-1乘式(7.28)的两端,此时应用上面的运算法则,矩阵 $\boldsymbol{P}$ 变为$-\boldsymbol{P}$,而相应的本征值 λ_k 也变为$-\lambda_k$.此时,相应的本征值有 α 个为负的,β 个为正的,负的仍然是 γ 个.因此我们说(β,α,γ)型和(α,β,γ)型是同一类型.进一步地,我们定义(0,2,0)型和(2,0,0)型为椭圆型,(1,1,0)型为双曲型,(1,0,1)型和(0,1,1)型为抛物型.

根据本征函数

$$\det(\boldsymbol{P}-\lambda\boldsymbol{I}) = \begin{vmatrix} A-\lambda & B \\ B & C-\lambda \end{vmatrix} = \lambda^2-(A+C)\lambda+AC-B^2=0,$$

可解得该方程的本征值为

$$\lambda_{1,2} = \frac{A+C\pm\sqrt{(A+C)^2+4\Delta}}{2} = \frac{A+C\pm[(A-C)^2+4B^2]^{\frac{1}{2}}}{2},$$

其中 $\Delta=-\lambda_1\lambda_2=B^2-AC$.于是,当 $\Delta>0$ 时,λ_1,λ_2 异号,此时为(1,1,0)型,即为双曲型;当 $\Delta<0$时,λ_1,λ_2 同号,此时为(0,2,0)型和(2,0,0)型,即为椭圆型;当 $\Delta=0$ 时,$B^2=AC$,而同时又因为 A,B,C 不能同时为零,这时 A,C 不会是异号的,即 $A+C\neq0$.那么 λ_1,λ_2 中有一个为零,另一个为 $A+C\neq0$,此时为(1,0,1)型和(0,1,1)型,即为抛物型.

7.4.2　多个自变量的情形

二阶偏微分方程具有多个自变量时的一般形式为

$$\sum_{i,j=1}^{n} a_{i,j}\frac{\partial^2 u}{\partial x_i \partial x_j} + \sum_{k=1}^{n} b_k \frac{\partial u}{\partial x_k} + cu = f, \tag{7.29}$$

其中 $u=u(x)=u(x_1,x_2,\cdots,x_n)$,$x\in\mathbf{R}^n$,$a_{i,j}(x)$,$b_k(x)$,$c(x)$,和 $f(x)$均是已知函数.进一步地,取 $a_{i,j}(x)=a_{j,i}(x)$,并且令

$$P=(a_{i,j})_{n\times n},\quad \nabla_x = \left(\frac{\partial}{\partial x_1}, \frac{\partial}{\partial x_2}, \cdots, \frac{\partial}{\partial x_n}\right).$$

类似的,可将式(7.29)的主部也写作$(\nabla_x P\ \nabla_x^{\mathrm{T}})u$ 的形式.注意到矩阵 $\boldsymbol{P}$ 为 $n\times n$ 阶实对称矩阵,因此它的全部本征值均是实的.仍然假设矩阵 $\boldsymbol{P}$ 的本征值有 α 个为正的,β 个为负的,γ 个为负的,其中 α,β,γ 为非负整数,并且 $\alpha+\beta+\gamma=n$.若是重根,则 k 重根算作 k 个.此时我们仍

然说方程为(α,β,γ)型.类似于两个自变量的情形,仍然说(β,α,γ)型和(α,β,γ)型是同一类型.

当$n=2$时,根据前面的分析我们已知可分为双曲型、椭圆型和抛物型.当$n\geqslant4$时,我们可以分为下面的六类:

(1) $(n,0,0)=(0,n,0)$为椭圆型;

(2) $(n-1,1,0)=(1,n-1,0)$为双曲型;

(3) $(n-1,0,1)=(0,n-1,1)$为抛物型;

(4) 当$\gamma\geqslant2$时,$(\alpha,0,\gamma)=(0,\beta,\gamma)$为椭圆抛物型;

(5) 当α,β,γ均是非零值时,(α,β,γ)为双曲抛物型;

(6) 当$\alpha\geqslant2,\beta\geqslant2,\gamma=0$时,$(\beta,\alpha,0)$型和$(\alpha,\beta,0)$型均可称作超双曲型.

而对于$n=3$的情形,上述的六种情形中,前五种均可能出现,因此可将之分为五种类型.

注意到前面分析中已经指出的,α,β,γ在不同的区域可能会有不同的值,因此,对于二阶变系数偏微分方程,在不同的区域可能就会出现不同的类型.

例 7.9 三维波动方程的一般表达式为

$$u_{tt}-\mathrm{c}^2(u_{xx}+u_{yy}+u_{zz})=0.$$

令$x_1=x,x_2=y,x_3=z,x_4=t$,$\boldsymbol{P}$为对角矩阵,则有

$$\boldsymbol{P}=\mathrm{diag}(-c^2,-c^2,-c^2,1),\quad \det(\boldsymbol{P}-\lambda\boldsymbol{I})=(\lambda+c^2)^3(\lambda-1)=0,$$

从而,$\alpha=1,\beta=3,\gamma=0$,于是该二阶偏微分方程为双曲型.

例 7.10 三维拉普拉斯方程可表示为

$$u_{xx}+u_{yy}+u_{zz}=0,$$

根据以上的分析可知$\boldsymbol{P}=\mathrm{diag}(1,1,1)$,$\det(\boldsymbol{P}-\lambda\boldsymbol{I})=(1-\lambda)^3=0$,于是有$\alpha=3,\beta=0,\gamma=0$,从而该二阶偏微分方程为椭圆型.

例 7.11 三维热传导方程可表示为

$$u_t+c^2(u_{xx}+u_{yy}+u_{zz})=0.$$

根据以上的分析可知$\boldsymbol{P}=\mathrm{diag}(-c^2,-c^2,-c^2,0)$,$\det(\boldsymbol{P}-\lambda\boldsymbol{I})=(\lambda+c^2)^3\lambda=0$,于是有$\alpha=0$,$\beta=3,\gamma=1$,从而该二阶偏微分方程为抛物型.

例 7.12 考虑如下的二阶偏微分方程,判断其类型:

$$3u_{tt}+u_{xx}-2_{xy}+u_{yy}-2u_{zz}-5u_t+xyu_z+u_y=g(x,y,z,t).$$

根据以上分析,矩阵$\boldsymbol{P}$可表示为

$$\boldsymbol{P}=\begin{pmatrix}1&-1&0&0\\-1&1&0&0\\0&0&-2&0\\0&0&0&3\end{pmatrix},$$

进一步地,$\det(\boldsymbol{P}-\lambda\boldsymbol{I})=\lambda(\lambda-1)(\lambda+1)(\lambda-2)$,于是有$\alpha=2,\beta=1,\gamma=1$,从而该二阶偏微分方程为双曲抛物型.

在所有的线性二阶偏微分方程中,我们一般所遇到的,用来描述振动与波的传播的二阶偏微分方程一般是双曲型方程;用来描述热传导、扩散等现象的二阶偏微分方程一般是抛物型方程;用来描述平衡、稳定态现象的二阶偏微分方程一般是椭圆型方程.在流体力学中,研究定常

跨音速绕流中遇到的二阶偏微分方程一般是混合型方程：例如在亚音速流区域是椭圆型的，在超音速流区域是双曲型的，在音速线（面）上则是抛物型的.

7.5　定解问题

在本小结，我们微分方程的定解问题.那么什么是定解问题呢？定解问题就是使相关问题的解能够以一个确定的函数形式被唯一地给出的数学问题.它包括相关问题在解域 V 上所应满足的控制方程和定解条件两部分.其一般的形式可表示为：

$$\begin{cases} Lu = f, & x \in V, t > 0 \quad \text{（控制方程）}, \\ M_k u = \varphi_k & k = 1,2,\cdots,m, t > 0 \\ u(x,0) = g(x), & x \in V \end{cases} \quad \text{（定解条件）}, \tag{7.30}$$

其中 Γ 是解域 V 的边界，u 为未知函数，L 为给定的微分算子，f 为确定的已知函数项.定解条件包括边界条件（$x \in \Gamma$）和初始条件（$t=0$）两种类型，而相应的算子 M_k 称作边界算子和初始算子，φ_k 为在边界 Γ 上或者 $t=0$ 的初始时刻给定的已知函数.当算子 L 和 M_k 均是线性算子时，那么此时整个定解问题就是线性定解问题.否则，就是非线性定解问题.

7.5.1　线性定解问题的叠加原理

叠加原理在求解线性定解问题起着至关重要的作用.那么什么是叠加原理呢？叠加原理是说，对于线性定解问题，如果 u_j 是下面的定解问题的解

$$\begin{cases} Lu_j = f_j, & j = 1,2,\cdots,n, x \in V, t > 0, \\ M_k u_j = \varphi_{kj}, & k = 1,2,\cdots,m, \end{cases}$$

那么，$\sum_{j=1}^{n} c_i u_j$ 是如下定解问题

$$\begin{cases} Lu = \sum_{j=1}^{n} c_j f_j, & x \in V, t > 0, \\ M_k u = \sum_{j=1}^{n} c_j \varphi_{kj}, & k = 1,2,\cdots,m \end{cases}$$

的解.这个结论是显然的，由算子 L 和所有的 M_k 均是线性算子，经过简单计算可得上述结论.

因为叠加原理只适用于线性定解问题（由算子 L 和所有的 M_k 均是线性算子推得），不能适用于非线性定解问题，因此通常又被称作线性叠加原理.

根据线性叠加原理，很容易得到下面的两个结论：

推论 7.1　若 u_0 是如下定解问题

$$\begin{cases} Lu = f, \\ M_k u = 0, & k = 1,2,\cdots,m, \end{cases}$$

的解，而 u_j 是下面的定解问题

$$\begin{cases} Lu = 0, \\ M_k u_j = \varphi_k \delta_{k,j}, & k,j = 1,2,\cdots,m, \end{cases}$$

的解，于是 $u=u_0+\sum_{j=1}^{m}u_j$ 就是定解问题，

$$\begin{cases}Lu=f, & x\in V,t>0,\\ M_k u=\varphi_k\delta_{k,j}, & k,j=1,2,\cdots,m,\end{cases}$$

的解. 在上式中，$\delta_{k,j}$ 为克罗内克符号.

推论 7.2 非齐次方程 (7.30)解的唯一性与相应的齐次方程只有零解等价.

7.5.2 定解问题的适定性

定解问题 (7.30)满足如下的条件：

(1) 解存在唯一；

(2) 解对定解问题中给定的函数 g_j 具有连续依赖性，也就是解的稳定性.（这里给定的函数 g_j 包括算子中给定的系数、非齐次项 f 和 φ_k 等）

我们说定解问题 (7.30)是**适定**的.

换句话说就是，如果定解问题解存在、唯一并且稳定，该定解问题就称作适定的；否则就是不适定的.

而描述解的稳定性通常需要用到范数，因此为了能够给定解问题的稳定性一个确切的定义，我们在函数空间中引入范数，来定义解的稳定性.

定义 7.2 我们称定解问题是稳定的. 如果对于 $\forall\varepsilon>0$，$\exists\delta>0$，对一切 $j=1,2,\cdots,n$，当 $\|\Delta g_j\|<\delta$ 时，有 $\|\Delta u\|<\varepsilon$，其中 Δg_j 为定解问题中各种给定的函数 $g_j(j=1,2,\cdots,n)$ 的改变量，Δu 表示这些给定函数改变所造成的解函数 u 的相应改变量.

注意到这里解的稳定性的定义是在一定的范数的意义下的，因此，这里稳定性依赖于范数的定义，在不同范数意义下，稳定性是有差别的.

定解问题是不是适定的，这与在什么函数空间内研究有很大的联系. 例如，有的定解问题的解有间断性，如果局限在连续函数空间内研究解就不存在. 在经典解的范围内，对解的光滑性要求很高，因此，在经典解的意义下，某些定解问题的解可能不存在，但该定解问题对应的实际问题却可能是有解的. 因此我们需要寻找光滑程度较低，但仍能反映物理现象的广义解来解决此局限性. 有多种方法可以用来构造广义解，在近代微分方程理论中，使用的最基本方式是把解函数看作是定义在某种函数空间上的广义函数.

对于这本书而言，研究的是适定的数学问题，而我们通常所要处理的各类物理问题，绝大多数情况下解都具有适定性. 因此，我们需要了解如何保证定解问题的适定性. 为了能够保证定解问题的适定性，对于不同类型的偏微分方程，需要用到不同的定解条件. 例如，对椭圆型偏微分方程，要在封闭的边界上确定边条件，而不能用 Cauchy 初始条件；对于双曲型偏微分方程，可适当提 Cauchy 初值，但不能在封闭边界上确定定解条件，否则，定解问题将不再适定. 因此，想要了解各种类型的方程该怎样正确地确定定解条件，弄清楚偏微分方程的类型是非常重要的.

由于稳定性与范数的定义有关，故适定性也与范数的定义有关.

例 7.13 在方形区域 $0\leqslant x\leqslant 2$ 和 $0\leqslant y\leqslant 2$ 的边界上给定边界条件 $u(0,y)=1$，$u(2,y)=$

$1-y,u(x,0)=1$ 和 $u(x,2)=1-x$.

对于椭圆型二阶偏微分方程 $u_{xx}+u_{yy}=0$,解存在且唯一,可解得 $u=1-xy$. 但是对于双曲型二阶偏微分方程 $u_{xx}-u_{yy}=0$,解存在但是不唯一. 例如,二阶偏微分方程 $u_{xx}-u_{yy}=0$ 有如下形式的解

$$u=\begin{cases}1-\dfrac{1}{4n}[(x+y)^{2n}-(x-y)^{2n}], & 0\leqslant x+y<2,\\ 2-(x+y)-\dfrac{1}{4n}[(2-x-y)^{2n}-(x-y)^{2n}], & 2\leqslant x+y\leqslant 4,\end{cases}$$

其中 n 可以是任意的正整数,换句话说就是此偏微分方程有无穷多个解.

然而,如果最后一个定解条件换成 $u(x,2)=1-2x^3$,前三个定解条件不变,那么对于椭圆型二阶偏微分方程 $u_{xx}+u_{yy}=0$ 来说,解仍然是存在且唯一的. 而对双曲型二阶偏微分方程 $u_{xx}-u_{yy}=0$ 来说,解不存在. 接下来我们来我们来说明这一事实. 事实上,这时的 u 的通解为(参见 7.1 节)$u=h(x+y)+m(x-y)$,其中 $h(x)$ 和 $m(x)$ 是关于 x 的任意函数.

接下来,利用边界条件 $u(0,y)=u(x,0)=1$ 可以得到,

$$h(x)+m(x)=1,\quad h(y)+m(-y)=1.$$

注意到自变量 x 和 y 均在区间[0,1]内变动,因此可将上式中的变量看作只采了不同的符号,可用同一个自变量 ξ 将它们表示出来. 于是根据上面的表达式可推得 $m(\xi)=m(-\xi)$.

继续利用边界条件 $u(2,y)=1-y,u(x,2)=1-2x^3$ 可推得

$$h(y+1)+m(1-y)=1-y,h(x+1)+m(x-1)=1-2x^3,$$

类似上面的处理过程,我们可以同样推得

$$m(\eta-1)-m(1-\eta)=\eta(1-2\eta^2).$$

作变量替换 $\xi=\eta-1$,易得

$$m(\xi)=m(-\xi)+(1+2\xi^2+4\xi)(\xi+1).$$

这与上面要求的结论 $m(\xi)=m(-\xi)$ 矛盾,故该定解问题无解.

例 7.14　给定 Cauchy 初值

$$u(x,0)=0,\quad u_t(x,0)=\frac{1}{n^2}\cos(nx),\quad(-\infty<x<+\infty).$$

对于双曲型二阶偏微分方程 $u_{xx}-u_{yy}=0,t>0$,由其通解 $u=h(x+t)+m(x-t)$ 以及它的初始条件可推得

$$h(x)+m(x)=0,\quad h'(x)+m'(x)=\frac{1}{n^2}\cos(nx),$$

进一步化简可得

$$h(x)-m(x)=\frac{1}{n^3}\sin(nx)+2c,$$

$$h(x)=\frac{1}{2n^3}\sin(nx)+c,\quad m(x)=-\frac{1}{2n^3}\sin(nx)-c,$$

其中 c 是一个任意常数,它在给出解 $u(x,y)$ 的表达式时会被消掉,也就是说对解是没有用的. 从而进一步可得,

$$u(x,t)=h(x+t)+m(x-t)=\frac{1}{2n^3}\{\sin[n(x-t)]-\sin[n(x+t)]\}$$
$$=-\frac{1}{n^2}\sin(nx)\cos(nt).$$

注意到，当 $n\to\infty$ 时，$u(x,0)\to 0$，$u_t(x,0)\to 0$，$u(x,t)\to 0$，解稳定. 于是，该定解问题是适定的.

而对于椭圆型二阶偏微分方程 $u_{xx}+u_{yy}=0(-\infty<x<+\infty)$，它的解为

$$u(x,t)=\frac{1}{n^2}\mathrm{sh}(nt)\cos(nx).$$

虽然其解时存在唯一的，但是当 $n\to\infty$ 时，$u(x,t)\to\infty$，对初始条件不具备连续依赖性，解不稳定. 于是，该定解问题不是适定的.

通过分析前面的例子我们容易发现不同的偏微分方程的类型对定解条件的要求是不一样的，因此必须根据方程的类型来确定定解条件.

7.6　热传导方程的极值原理及其应用

7.6.1　极值原理

首先我们讨论线性常系数热传导方程的极值原理.

设 $x\in V\subset\Re^n$，为 V 的边界，

$\bar{V}=V\cup S$，　$\Omega=\{(x,t)\mid x\in V,0<t<T\}$，

$\Sigma=S\times[0,T]=\{(x,t)\mid x\in S,0\leqslant t\leqslant T\}$，　$\Gamma=\Sigma\cup V$.

图 7-3 为 $n=2$ 的情形. 上式中 Γ 为三维时空中的柱面，包括下底面，但不包括上表面. $\nabla^2=\sum\limits_{k=1}^{n}\frac{\partial^2}{\partial x_k^2}$ 为 n 维拉普拉斯算子.

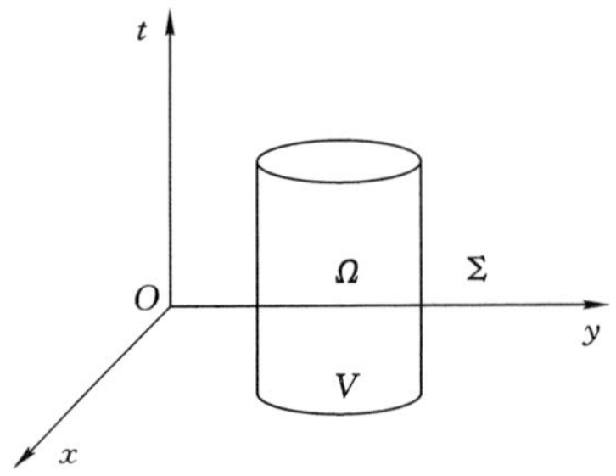

图 7-3　热传导方程的解域

接下来，我们讨论在给定初始条件和第一类边条件的情形下，热传导方程解的唯一性和对数据(非齐次项)的连续依赖性. 完成这一步后，当我们求出相关定解问题的解后，就可以确定此类定解问题只有此解，并且解是稳定的，进一步地也就证明了定解问题是适定的.

相关定解问题的数学表达式为

$$\begin{cases} u_t - a^2 \nabla^2 u = f(x,t), & (x,t) \in \Omega, \\ u(x,0) = \varphi(x), & x \in V(\text{初条件}), \\ u(x,t) = \psi(x,t) & (x,t) \in \Sigma(\text{边条件}). \end{cases} \tag{7.31}$$

定理 7.2(最大值原理)　若 u 在 $\overline{\Omega}$ 上连续，M 为 u 在 Γ 上之最大值，且在 Ω 内满足 $u_t - a^2 \nabla^2 u \leqslant 0$，则在 $\overline{\Omega}$ 上恒有 $u \leqslant M$.

为了证明此定理，我们首先给出下面的引理.

引理　设 $v(x,t)$ 在 $\overline{\Omega}$ 上连续，并在 Ω 内满足 $v_t - a^2 \nabla^2 v < 0$，则 v 的极大值必在且仅在 Γ 上达到.

证明　我们用反证法证明. 因为 v 在 $\overline{\Omega}$ 上连续，因此在 $\overline{\Omega}$ 上一定能达到极大值. 如果极大值在内点 $(x,t) \in \Omega$ 处达到，则在该点处有 $\nabla v = 0$，$v_t = 0$，并且对于一切 x_k 均有 $\dfrac{\partial^2 v}{\partial x_k^2} \leqslant 0$，于是有 $\nabla^2 v \leqslant 0$. 进而在该点处有 $v_t - a^2 \nabla^2 v \geqslant 0$. 这与题设矛盾.

如果在点 (x,T)，$x \in V$ 处达到极大值，上面已经证明了 v 不可能在 Ω 内达到极大值，因此对此 x，$\exists \varepsilon > 0$，使得当 $t \in (T-\varepsilon, T)$ 时，v 不是递减的，即有 $v_t \geqslant 0$，$\nabla^2 v \leqslant 0$. 那么在该点附近的 Ω 内，$v_t - a^2 \nabla^2 v \geqslant 0$，这也与题设矛盾.

综上所述，可知 v 的极大值点必在且仅在 Γ 上，因而其最大值必在也仅在 Γ 上达到.

接下来，我们给出定理 7.2 的证明.

证明　因为 V 为有界域，所以 $\exists R > 0$，$B(0,R)$ 是以原点为中心，R 为半径的 n 维球，使 $V \subset B(0,R)$.

对 $\forall \varepsilon > 0$，令 $v(x,t) = u(x,t) + \varepsilon \mid x \mid^2$，其中 $\mid x \mid^2 = \sum\limits_{k=1}^{n} x_k^2$，则可得

$$v_t - a^2 \nabla^2 v = u_t - a^2 \nabla^2 u - 2na^2 \varepsilon < 0.$$

由上述引理以及 v 的定义，在 $\overline{\Omega}$ 上，有下面的式子成立

$$u(x,t) \leqslant v(x,t) \leqslant \max_{(x,t) \in \Gamma} \{v\} \leqslant \varepsilon R^2 + \max_{(x,t) \in \Gamma} \{u\} = \varepsilon R^2 + M.$$

注意到 R 为一确定的有限值，令 $\varepsilon \to 0$，可知在 $\overline{\Omega}$ 上，有 $u \leqslant M$.

有上面的定理，立刻就可得到下面的推论：

推论 7.3(最小值原理)　若 u 在 $\overline{\Omega}$ 上连续，在 Γ 上 $u \geqslant m$(m 为常数)，且在 Ω 内满足 $u_t - a^2 \nabla^2 u \geqslant 0$，则在 Ω 上满足 $u \geqslant m$.

证明　令 $\omega = -u$，则在 Γ 上 $\omega \leqslant -u$，并在 Ω 内有 $\omega_t - a^2 \nabla^2 \omega \leqslant 0$. 由定理 7.2 知，在 $\overline{\Omega}$ 上，$\omega = -u \leqslant -m$，即在 $\overline{\Omega}$ 上，$u \geqslant m$.

定理 7.3　若 u 在 $\overline{\Omega}$ 上连续，在 Ω 内有 $u_t - a^2 \nabla^2 u = 0$，且对两常数 m 和 M. 在 Γ 上 $m \leqslant u \leqslant M$，则在 $\overline{\Omega}$ 上恒有 $m \leqslant u \leqslant M$.

根据定理 7.2 及其推论显然可证.

7.6.2　定解问题的唯一性与稳定性定理

首先，我们给出以下比较定理.

定理 7.4(比较定理) 给定

$$\begin{cases} u_{it} - a^2 \nabla^2 u_1 = f_i(x,t), & (x,t) \in \Omega, \\ u_i(x,0) = \varphi_i(x), & x \in V, i = 1,2, \\ u_1(x,t) = \psi_i(x,t) & (x,t) \in \Sigma. \end{cases} \tag{7.32}$$

若 f_2,φ_2,ψ_2 分别强于 f_1,φ_1,ψ_1，也就是说在 Ω 内 $f_2 \geqslant f_1$，在 V 上 $\varphi_2 \geqslant \varphi_1$，在 Σ 上 $\psi_2 \geqslant \psi_1$，即在 Γ 上 $u_2 \geqslant u_1$，则在 $\overline{\Omega}$ 上 $u_2 \geqslant u_1$.

证明 取 $v = u_1 - u_2$，则可推得

$$\begin{cases} v_t - a^2 \nabla v = f_1 - f_2 \leqslant 0, & (x,t) \in \Omega, \\ v \leqslant 0, & (x,t) \in \Gamma. \end{cases}$$

根据定理 7.3 可知，在 $\overline{\Omega}$ 上有 $u_1 - u_2 \leqslant 0$，即 $u_1 \leqslant u_2$.

根据以上的定理，我们就可以证明定解问题(7.31)解的唯一性和稳定性. 首先我们给出唯一性定理.

定理 7.5(唯一性定理) 非齐次热传导方程的定解问题(7.31)至多有一个解.

证明 假设 u_1 和 u_2 均为定解问题(7.31)的解，取

$$\begin{cases} v_t - a^2 \nabla v = 0, & (x,t) \in \Omega, \\ v = 0, & (x,t) \in \Gamma. \end{cases}$$

根据定理 7.3 可推得 $v = u_1 - u_2 \equiv 0$，即 $u_1 \equiv u_2$.

进一步地我们给出对数据的连续依赖性定理.

定理 7.6(对数据的连续依赖性) 如果式(7.32)中的函数，在 Ω 上有 $|f| = |f_1 - f_2| < \alpha$，在 Γ 上有 $|u_1 - u_2| < \beta$，那么在 $\overline{\Omega}$ 上有 $|u_1 - u_2| < \alpha T + \beta$.

证明 取 $u = u_1 - u_2 = v + \omega$，$f = f_1 - f_2$，$\varphi = \varphi_1 - \varphi_2$，$\psi = \psi_1 - \psi_2$，并且 v 和 ω 分别满足以下的条件：

$$\begin{cases} v_t - a^2 \nabla^2 v = f(x,t), & (x,t) \in \Omega, \\ v(x,0) = \varphi(x), & x \in V, \\ v(x,t) = \psi(x,t), & (x,t) \in \Sigma. \end{cases}$$

和

$$\begin{cases} \omega_t - a^2 \nabla^2 \omega = f, & (x,t) \in \Omega, \\ \omega = 0, & (x,t) \in \Gamma. \end{cases}$$

注意到，在 Γ 上 $|v| < \beta$，根据定理 7.3 可知在 $\overline{\Omega}$ 上 $|v| < \beta$.

取 $\omega_1 = \alpha t$，$\omega_2 = -\alpha t$，则可推得

$$\begin{cases} \omega_{1t} - a^2 \nabla^2 \omega_1 = \alpha > f, & (x,t) \in \Omega, \\ \omega_1 \geqslant 0, & (x,t) \in \Gamma. \end{cases}$$

和

$$\begin{cases} \omega_{2t} - a^2 \nabla^2 \omega_2 = -\alpha < f, & (x,t) \in \Omega, \\ \omega_2 \leqslant 0, & (x,t) \in \Gamma. \end{cases}$$

根据定理 7.4 可知 $\omega_2 \leqslant \omega \leqslant \omega_1$，即有 $|\omega| \leqslant \alpha T$. 从而可得

$$|u_1-u_2|=|u|\leqslant|v|+|\omega|<\alpha T+\beta.$$

上述的结果阐明了，对于任意一个给定的 T，只要 α 和 β 足够小，那么 u_1 和 u_2 之差就足够小.

由此可知，如果定解问题(7.31)有解，那么解一定是稳定的.

7.7　椭圆型方程的极值原理及其应用

在本小结，我们将针对线性椭圆型方程中最常见的两类方程——泊松方程和拉普拉斯方程来讨论相关性质. 特别地，拉普拉斯方程是泊松方程的齐次形式，即方程 $\nabla^2 u=0$.

7.7.1　调和函数的基本性质

首先，我们介绍调和函数. 什么是调和函数呢？满足拉普拉斯方程的函数我们称作调和函数. 对于二元调和函数，可作为解析函数的实部或虚部. 在复变函数中我们已经讨论了它的基本性质. 因此在下面的分析中我们仅就三元调和函数作相应的讨论. 在接下来的讨论中我们会用到奥-高公式：

$$\int_S\left(\omega\frac{\partial u}{\partial n}-u\frac{\partial\omega}{\partial n}\right)\mathrm{d}S=\int_V(\omega\nabla^2 u-u\nabla^2\omega)\mathrm{d}V, \tag{7.33}$$

其中 S 为包围三维区域 V 在内的封闭边界，$\frac{\partial}{\partial n}$ 为沿 S 的外法向求导，如图 7-4 所示.

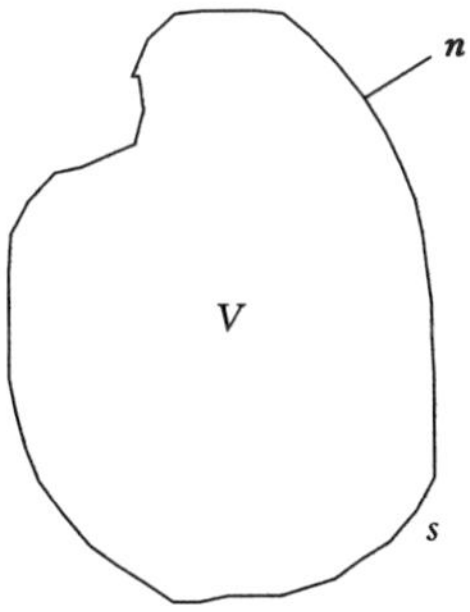

图 7-4　积分区域

假设 u 在 Ω 内调和，$V\subset\Omega\subset\Re^3$，则 u 满足下面的性质：

(1) u 的微分 $\frac{\partial u}{\partial n}$ 在 S 上的积分为零，即

$$\int_S\frac{\partial u}{\partial n}=0 \tag{7.34}$$

在式(7.33)中取 $\omega=1$，并且利用 $\nabla^2 u=0$，则很容易推得上式.

(2) $\forall x_0\in V$，取 $r=|x-x_0|$，有

$$u(x_0)=\frac{1}{4\pi}\int_S\left[\frac{1}{r}\frac{\partial u}{\partial n}-u\frac{\partial}{\partial n}\left(\frac{1}{r}\right)\right]\mathrm{d}S. \tag{7.35}$$

接下来我们给出上述性质(2)的证明.

证明　在奥-高公式(7.33)中，取 $\omega=\frac{1}{4\pi r}$，则在 V 内有 $-\nabla^2\omega=\delta(x-x_0)$，$\nabla^2 u=0$. 由

(7.33),即可得到

$$u(x_0)=\int_V \frac{1}{4\pi}[\frac{1}{r}\nabla^2 u-u\nabla^2(\frac{1}{r})]\mathrm{d}V$$

$$=\frac{1}{4\pi}\int_S[\frac{1}{r}\frac{\partial u}{\partial n}-u\frac{\partial}{\partial n}(\frac{1}{r})]\mathrm{d}S.$$

由上述分析即可得到平均值原理:若 S_R 为以 $R=|x-x_0|$ 为半径的球面,有

$$u(x_0)=\frac{1}{4\pi R^2}\int_{S_R} u\,\mathrm{d}S. \tag{7.36}$$

注意到在 S_R 上 $r=R$ 为常量,并有$\frac{\partial}{\partial n}=\frac{\partial}{\partial r}$,由式(7.34),有

$$\int_{S_R}\frac{1}{r}\frac{\partial u}{\partial n}\mathrm{d}S=\frac{1}{R}\int_{S_R}\frac{\partial u}{\partial n}\mathrm{d}S=0,$$

以此代入式(7.35)中,即可得式(7.36).

有上面的定理,立刻就可得到下面的推论:

推论 7.4(球内平均值公式) 设 $B(x_0,R)$ 为以 x_0 为心,R 为半径的球体,其体积为 $\frac{4}{3}\pi R^3$,那么我们有

$$u(x_0)=\frac{3}{4\pi R^3}\int_{B(x_0,R)} u\mathrm{d}S. \tag{7.37}$$

证明 设 $S(x_0,R)$ 是以 x_0 为圆心,r 为半径的球面,由平均值原理(7.36),有

$$\frac{3}{4\pi R^3}\int_{B(x_0,R)} u(x)\mathrm{d}V=\frac{3}{R^3}\int_0^R\frac{1}{4\pi}\int_{S(x_0,R)} u\mathrm{d}S\mathrm{d}r=\frac{3}{R^3}\int_0^R r^2 u(x_0)\mathrm{d}r$$

$$=\frac{3u(x_0)}{R^3}\int_0^R r^2\mathrm{d}r=u(x_0).$$

推论 7.5 若 $u_0=u(x_0)=\max\limits_{x\in S(x_0,R)}\{u(x)\}$ 或 $u_0=\min\limits_{x\in S(x_0,R)}\{u(x)\}$,则在 $S(x_0,R)$ 上 $u(x)\equiv u_0$;若 $u_0=\max\limits_{x\in B(x_0,R)}\{u(x)\}$ 或 $u_0=\min\limits_{x\in B(x_0,R)}\{u(x)\}$,则在闭球 $\overline{B}(x_0,R)$ 上 $u(x)\equiv u_0$.

这可由球面和球内的平均值公式(7.36)和(7.37)立即得出.

(3) 强极值原理.

定理 7.7 设 V 为连通区域,u 在 V 内调和且不为常数,则 u 在 V 内不能达到最大值和最小值.

证明的过程中仅需将其中的 $\overline{D}$ 由圆形闭域改为相应的球形闭域,用反证法和推论 7.5 即可.感兴趣的读者可以尝试给出具体的证明过程.证明与函数为二元调和函数时的证明完全类似.

7.7.2 弱极值原理

接下来,我们介绍弱极值原理.

定理 7.8 设 S 为 V 的全部边界,u 在 $\overline{V}=V\cup U$ 上连续,$M=\max\limits_{x\in S}\{u\}$,$m=\min\limits_{x\in S}\{u\}$,$V\subset R^n$,则在 V 内有下面的结论,

（1）如果$\nabla^2 u\geqslant 0$，则在 $\bar{V}$ 上有 $u\leqslant M$；

（2）如果$\nabla^2 u\leqslant 0$，则在 $\bar{V}$ 上有 $u\geqslant m$；

（3）如果$\nabla^2 u=0$，则在 $\bar{V}$ 上有 $m\leqslant u\leqslant M$.

证明　首先，我们证明结论(1). 对于$\forall\varepsilon>0$，取 $\omega=u+\varepsilon r^2$，$r=|x|$，则可推得

$$\nabla^2\omega=\nabla^2 u+2n\varepsilon>0,\quad (x\in V).$$

注意到 V 是有界的，因此存在一个有限数 R>0，能够使得 $\bar{V}\subset B(0,R)$. 这里 $B(0,R)$表示以 0 为心，R 为半径的 n 维球体.

进一步地取 $M_1=\max\limits_{x\in S}\{\omega\}$. 注意到 ω 不能在 V 内达到极大值，否则，在该点处应有$\nabla^2\omega\leqslant 0$，这与$\nabla^2\omega>0$ 矛盾. 同时，ω 也就不可能在 V 内取到最大值. 也就是说在 V 上，$\omega\leqslant M_1$ 恒成立.

又因为在 S 上，$\omega\leqslant u+\varepsilon R^2$. 也就是说 $M_1\leqslant M+\varepsilon R^2$，因此在 $\bar{V}$ 上，我们可以得到下面的结果

$$u\leqslant\omega\leqslant M_1\leqslant M+\varepsilon R^2.$$

进而令 $\varepsilon\to 0$，即可知道在 $\bar{V}$ 上有 $u\leqslant M$.

再证结论(2). 令 $\omega=-u$，于是在 V 内，有$\nabla^2\omega\geqslant 0$；而在 S 上，有 $\omega\leqslant -m$. 由结论(1)可知，对任意的 $x\in\bar{V}$，$\omega\leqslant -m$. 因此在 $\bar{V}$ 上，我们可以得到 $u\geqslant m$.

根据结论(1)和结论(2)容易得结论(3). 实际上，根据调和函数的定义，我们知道这时的 u 是调和函数. 对于 $n=2$ 和 3，根据前面我们已经证明的强极值原理可知：u 的最大值和最小值必在且仅在边界上取到.

7.7.3　比较定理

定理 7.9　对两个定解问题

$$\begin{cases}\nabla^2 u_i=-f_i(x), & x\in V\subset R^n,\\ u_i=h_i(x), & x\in S,\end{cases}\quad i=1,2. \tag{7.38}$$

若$\forall x\in V$ 时均有 $f_1(x)\geqslant f_2(x)$，对上$\forall x\in S$ 时均有 $h_1(x)\geqslant h_2(x)$，则$\forall x\in\bar{V}$，均有 $u_1(x)\geqslant u_2(x)$.

证明　令 $u(x)=u_1(x)-u_2(x)$，则有

$$\begin{cases}\nabla^2 u\leqslant 0, & x\in V,\\ u\geqslant 0, & x\in S.\end{cases}$$

由弱极值原理(2)知对$\forall x\in\bar{V}$，$u\geqslant 0$，即 $u_1(x)\geqslant u_2(x)$.

7.7.4　唯一性定理

定理 7.10　对定解问题

$$\begin{cases}\nabla^2 u=-f(x), & x\in V,\\ u=h(x), & x\in S.\end{cases} \tag{7.39}$$

至多只有一个解.

证明 根据弱极值原理中的结论(3)可知,对相应的齐次定解问题只能有零解,因此若此非齐次定解问题有解,则解必唯一.

7.7.5 唯一性定理定解问题(7.39)对数据的连续依赖性

定理 7.11 对于式(7.38)中给定的两个定解问题,如果当 $x\in V$ 时有下面的不等式 $|f_1(x)-f_2(x)|<\varepsilon$,当 $x\in S$ 时有 $|h_1(x)-h_2(x)|\leqslant\varepsilon$,则 $\exists\,\alpha>0$,当 $x\in\bar{V}\subset R^n$ 时,有

$$|u_1(x)-u_2(x)|\leqslant\alpha\varepsilon,$$

其中 α 为只依赖于区域 V 的尺度的有限量.

证明 取 $u(x)=u_1(x)-u_2(x)$,$f(x)=f_1(x)-f_2(x)$,$h(x)=h_1(x)-h_2(x)$,$u=v+\omega$,其中 v 和 ω 分别满足如下定解问题:

$$\begin{cases}\nabla^2 v=0, & \nabla^2\omega=f(x), & x\in V,\\ v=h, & \omega=0, & x\in S.\end{cases}$$

$\forall\,x\in V$,有 $|f|\leqslant\varepsilon$;$\forall\,x\in S$,有 $|h|\leqslant\varepsilon$.

因为 $-\varepsilon\leqslant h\leqslant\varepsilon$,由弱极值原理中的结论(3)可知,对于 $\forall\,x\in V$,有 $|v|\leqslant\varepsilon$.

进一步地设 $r=|x|$,$\mathrm{R}=\max\limits_{x\in S}\{r\}$.取

$$\omega_1=-\frac{\varepsilon}{2n}(r^2-R^2),\quad \omega_2=\frac{\varepsilon}{2n}(r^2-R^2),$$

则有结论

$$\begin{cases}\nabla^2\omega_1=-\varepsilon<0, & x\in V,\\ \omega_1\geqslant 0, & x\in S;\end{cases}\qquad \begin{cases}\nabla^2\omega_2=\varepsilon>0, & x\in V,\\ \omega_2\leqslant 0, & x\in S.\end{cases}$$

注意到 $r\geqslant 0$,因此易得 $\omega_1\leqslant\frac{\varepsilon R^2}{2n}$,$\omega_2\geqslant-\frac{\varepsilon R^2}{2n}$.根据弱极值原理可知 $0\leqslant\omega_1\leqslant\frac{\varepsilon R^2}{2n}$,$0\geqslant\omega_2\geqslant-\frac{\varepsilon R^2}{2n}$.进一步根据比较定理知 $\omega_1\geqslant\omega\geqslant\omega_2$,即 $|\omega|\leqslant\frac{\varepsilon R^2}{2n}$,从而有

$$|u|\leqslant|v|+|\omega|\leqslant\left(1+\frac{R^2}{2n}\right)\varepsilon=\alpha\varepsilon.$$

注意到 α 为一有限数,因此只要常数 ε 足够小,那么 u_1 和 u_2 就可以足够接近.

7.8 能量积分与三维波动方程解问题的唯一性

由于双曲方程不存在极值定理,故只能通过其他方法来讨论双曲方程定解问题的唯一性等问题.下面采用所谓“能量积分”的方法讨论三维线性波动方程解的唯一性.三维线性波动方程是四元变量的线性常系数双曲型方程.

对于三维波动方程定解问题

$$\begin{cases}u_{tt}-a^2\nabla u=f(x,t), & x=(x_1,x_2,x_3)\in V, & t>0,\\ u(x,0)=\varphi_1(x), & u_t(x,0)=\varphi_2(x), & x\in V,\\ u(x,t)=\varphi_3(x,t)\text{ 或}\dfrac{\partial u}{\partial n}=\varphi_3(x,t), & x\in S, & t>0.\end{cases}$$

若其有解，则解必唯一. 这里 $V\subset R^3$，S 为 V 的全部封闭边界面.

只需证明齐次定解问题只有零解.

证明　对齐次定解问题，令

$$E(t)=\int_V \frac{1}{2}\left(u_{x_1}^2+u_{x_2}^2+u_{x_3}^2+\frac{1}{a^2}u_t^2\right)\mathrm{d}x. \tag{7.40}$$

此积分称为能量积分.

由齐次的初始条件 $u(x,0)=0$，知 $\nabla u(x,0)=0$，又由 $u_t(x,0)=0$，故有 $E(0)=0$.

对 $E(t)$ 求一次导数，并利用 u 所满足的齐次方程，有

$$\begin{aligned}E'(t)&=\int_V\left[\nabla u\cdot\nabla u_t+u_t\left(\frac{1}{a^2}u_{tt}\right)\right]\mathrm{d}x\\&=\int_V(\nabla u\cdot\nabla u_t+u_t\nabla^2 u)\mathrm{d}x\\&=\int_V\nabla\cdot(u_t\nabla u)\mathrm{d}x\\&=\int_S u_t\frac{\partial u}{\partial n}\mathrm{d}s.\end{aligned}$$

对于 $x\in S$，或由 $u=0$，则有 $u_t=0$，或 $\frac{\partial u}{\partial n}=0$. 故均有 $E'(t)=0$，即 $E(t)=E(0)=0$.

对于式(7.40)，积分号下的各项均非负. 作为连续函数，要使整个体积分为 0，则必有 $u_{x_1}=u_{x_2}=u_{x_3}=u_t=0$. 即有 $u(x,t)=u(x,0)=0$. 这表明，相应的齐次定解问题只有零解.

这一方法，也可用来讨论某些热传导方程的定解问题和泊松方程边值问题解的唯一性. 这里就不一一列举了.

习　题　7-8

1. 求下列一阶偏微分方程的通解.

(1) $x^2u_x+y^2u_y+z^2u_z=0$；

(2) $x^2\frac{\partial z}{\partial x}+y^2\frac{\partial z}{\partial y}+t^2\frac{\partial z}{\partial t}=z^2$；

(3) $\frac{\partial f}{\partial x}+\frac{\partial f}{\partial y}+\frac{\partial f}{\partial z}=2xyz$.

2. 求下列一阶偏微分方程定解问题的解.

(1) $\begin{cases}f_x+2yf_y=u,\ |x|<\infty,y>1,\\ f(x,1)=x^2;\end{cases}$

(2) $\begin{cases}yf_x-xf_y=0,\\ f(0,y)=\cos y^2;\end{cases}$

(3) $\begin{cases}f_t-ff_x=0,\ t>0,\\ f(x,0)=x+1;\end{cases}$

(4) $\begin{cases}f(x+u)f_x-y(y+f)f_y=0,\ y>0,x>1,\\ f(1,y)=\sqrt{x}.\end{cases}$

3. 判断下列方程的类型.

(1) $2u_{xx}-3u_{xy}+2u_{yy}+7u_x-4u_y-f(x,y)$;

(2) $u_{xx}-2u_{xy}+3u_{yy}+5u_y=f(x,y)$;

(3) $3u_{xx}+4u_{xy}+3u_{yy}+u=f(x,y)$;

(4) $5u_x-u_{yy}+2u_{yz}-2u_{zz}=f(x,y,z)$.

4. 对下列各方程,就给定的四类定解条件,分别指出对其肯定不合适的定解条件,并说明原因.

(1) $u_{xx}+au_{yy}=0$;

(2) $u_{xx}-u_{yy}=0$;

(3) $u_x-au_{yy}=0$,a 为非零常量.

四类定解条件为(设 $x>0,|y|<1$):

(1) $u(0,y)=0,u(x,-1)=\cos x,u(x,1)=0$;

(2) $u(0,y)=\sin y,\lim\limits_{x\to\infty}u(x,y)=0,u(x,-1)=2,u(x,1)=e^{-x}$;

(3) $u(0,y)=0,u_x(0,y)=y^3,u(x,-1)=\cos x,u(x,1)=e^{-x}+3$;

(4) $u(0,y)=\sin y,\lim\limits_{x\to\infty}u(x,y)=0,u_x(0,y)=0,u(x,1)=0$.

5. 证明调和函数的强极值原理,即定理 7.7.

第 8 章　分离变量法

解线性偏微分方程非常基础、最常用的其中一种方法便是分离变量法，这种方法被广泛应用于各种初边值问题的求解中. 它的优势是可在多种正交坐标系中使用. 其基本原理是线性叠加原理和常微分方程的本征值理论，是将解函数对特征函数族作多变量的广义傅立叶展开，这一方法的局限性在于对边界形状限制较严.

8.1　概　　述

8.1.1　常用分离变数法求解的线性定解问题

常见的二阶常系数方程的一般形式为

$$Lu = \nabla^2 u - c_1 u_{tt} - c_2 u_t - c_3 u = f(X,t). \tag{8.1}$$

按 c_1, c_2, c_3 的不同取值情况，可分为如下一些方程类型：

当 $c_1>0, c_2=c_3=0$ 时，这时式(8.1)被称为波动方程，它是双曲类型；

当 $c_2>0, c_1=c_3=0$ 时，这时式(8.1)被称为为热传导方程，它是抛物类型；

当 $c_3\neq 0, c_1=c_2=0$ 时，这时式(8.1)被称为亥姆霍兹(Helmholtz)方程，它是椭圆类型；

当 $f\neq 0, c_1=c_2=c_3=0$ 时，这时式(8.1)被称为泊松方程；

当 $f\equiv 0, c_1=c_2=c_3=0$ 时，这时式(8.1)被称为拉普拉斯方程，它是椭圆类型；

当 c_1, c_2, c_3 均不为 0 且 $a>0$ 时，这时式(8.1)被称为电报方程，它是双曲类型，其中 t 为时间(或相当于时间)变量，X 为 m 维空间的 m 维变量.

设 $V\subset\Re^m$ 为求解的空间区域，S 为 V 的全部边界. 此时定解问题为

$$\begin{cases} \nabla^2 u = c_1 u_{tt} + c_2 u_t + c_3 u + f(X,t), & X\in V, t>0, \\ \dfrac{\alpha\partial u}{\partial n} + \beta u = Mu = g(X,t), & X\in S, t>0 \\ u(X,0) = h(X), & u_t(X,0) = p(X) \end{cases} \tag{8.2}$$

其中$\dfrac{\partial}{\partial n}$为沿 S 的外法向 $\boldsymbol{n}$ 的导数，常数 $c_1^2+c_2^2>0$. 若 $c_1=c_2=0$，即为椭圆型方程时，其定解问题不需要考虑初始条件；若 $c_1=0, c_2>0$，此时为抛物型方程，其定解问题仅需要考虑一个初始条件 $u(X,0)=h(X)$；当 $a\neq 0$ 时，其定解问题才如式(8.2)所显示的那样需要去考虑两个初始条件.

8.1.2　分离变量法的一般步骤

(1) 边界条件齐次化.

若考虑边界条件为非齐次的，当 c_1 和 c_2 中至少有一个不为 0 时，那么就考虑先将边界条件全部齐次化，即令 $u=v+k$，$k(X,t)$ 是给定的，要求 $Mk=g(X,k)$，$x\in X$. 此时可将其化作对未知函数的定解问题，如下所示：

$$\begin{cases} Lv = f - Lk = q(X,t), & X \in V, t > 0, \\ Mv = 0, & X \in S, t > 0, \\ v(X,0) = h(X) - k(X,0) = H(X), & \text{当 } c_1^2 + c_2^2 \neq 0 \text{ 时}, \\ v_t(X,0) = p(X) - k_t(X,0) = P(X), & \text{当 } c_1 \neq 0. \end{cases} \tag{8.3}$$

若 $c_1=c_2=0$ 时，则可将边界条件全部齐次化而保持方程为非齐次的，或将部分边界条件齐次化而保持方程为齐次的.

(2) 若 c_1 和 c_2 中至少有一个不为 0 时，在齐次边界条件下，首先需要作时空分离，即令 $v=W(X)T(t)$. 为了对空间变量给出特征值和特征函数. 将其代入齐次方程中得到 $W(X)$ 所满足的方程(齐次的). 若原方程是齐次的，即 $q(X,t)\equiv 0$. 则 $T(t)$ 所满足的常微分方程同时给出，也是齐次方程.

(3) 对 $W(X)$ 再按各空间变量进一步作变量分离，得到对各空间数量所分别满足的齐次常微分方程和齐次边界条件. 如果 $c_1=c_2=0$，这时 $W(X)$ 就是 $v(X)$ 本身. 若保持方程是齐次的，则必然保留对一个变量的边界条件是非齐次的. 否则，定解问题的解已被求出.

(4) 求各对应空间变量下常微分方程的特征值和特征函数. 对不同空间变量下的常微分方程，在齐次边界条件、自然边界条件或周期边界条件下，求其特征函数序列和相应的特征函数族.

如果对某一空间变量边界条件是非齐次的，对应的齐次常微分方程将包含其他空间变量下特征值问题给定的特征值，它的两个独立解依赖于相应的特征值序列，构成两个独立的函数族.

(5) 将方程的非齐次项按特征函数族作广义傅立叶展开：

当方程非齐次时，将非齐次项 $q(X,t)$ 对各空间变量按相应的特征函数族展开成广义傅立叶级数，如果 c_1 和 c_2 中至少有一个不为零，由展开式给出了 $T(t)$ 所满足的非齐次常微分方程，由此解出 $T(t)$ 在给定的特征值序列下的解函数族，得到未知函数含特定系数的展开式解.

如果 $c_1=c_2=0$，则方程的非齐次项展式中的各系数均是常量. 由这些系数，可以给定定解问题(11.3)的解函数展开式中的待定系数，从而可以将解函数最后确定.

若方程是齐次的，即 $q\equiv 0$，则无此步.

(6) 利用非齐次定解条件中已知函数按特征函数的展开形式，定出未知函数展开式中的待定系数. 最后将解确定.

若 $c_1=c_2=0$，则无(2). 若同时还有 $q(X)$ 不恒为 0，则也无(6).

8.1.3 时空变量的分离

先假定方程是齐次的，即 $q(X,t)\equiv 0$. 对(8.3)式，令 $v(X,t)=W(X)T(t)$，代入齐次方程和齐次边界条件中有

$$T\nabla^2 W = W(c_1 T'' + c_2 T' + c_3 T).$$

由此得

$$\frac{\nabla^2 W(X)}{W(X)} = \frac{c_1 T''(t) + c_2 T'(t) + c_3 T}{T(t)} = -\lambda.$$

显然，要想上式成立，λ 应与 X，t 无关. 这时对应的边界条件为 $\left(\frac{\alpha\partial W}{\partial n}+\beta W\right)T=0$，

$$\frac{\alpha\partial W}{\partial n} + \beta W = 0 \ (X \in S),$$

即 $W(X)$ 满足亥姆霍兹方程和齐次边界条件，有

$$\begin{cases} \nabla^2 W + \lambda W = 0, & X \in V, \\ \dfrac{\alpha\partial W}{\partial n} + \beta W = 0, & X \in S. \end{cases} \tag{8.4}$$

同时有

$$c_1 T'' + c_2 T' + c_3 T = 0 \quad (t > 0). \tag{8.5}$$

若 $q(X,t)$ 不恒为 0，式(8.4)仍将保留，而 T 满足的方程(8.5)将有所变化，方程右端将会出现非齐次项，这些非齐次项按前述第五步给出. 具体形式将在后面关于非齐次项的处理中说明.

使式(8.4)有非零解的 λ 称为齐次定解问题(8.4)的**特征值**. 构成一个无穷序列 $\{\lambda_n\}$，与 λ_n 对应的非零解 $W_n(X)$ 称为对应于 λ_n 的**特征函数**，将构成一个完备的正交函数族.

对每一个 λ_n，可得 $T(t)$ 的一个对应解 $T_n(t)$. 若 $c_1=0$，有

$$T_n(t) = A_n T_{1n}(t) + B_n T_{2n}(t),$$

其中 $T_{1n}(t)$ 和 $T_{2n}(t)$ 是 $T_n(t)$ 所满足的方程的两个独立的解，A_n 和 B_n 为两个特定常数. 这时，有

$$v(X,t) = \sum_{n=1}^{\infty} [A_n T_{1n}(t) + B_n T_{2n}(t)] W_n(X) = \sum_{n=1}^{\infty} T_n(t) W_n(X).$$

若 $c_1=0$，方程只有一个独立解，上式中 $B_n=0$.

利用特征函数族 $\{W_n(X)\}$ 的正交性(设已归一化)

$$\int_V \rho(X) W_l(X) W_n(X) \mathrm{d}X = \delta_{l\,n} = \begin{cases} 1, & l = n, \\ 0, & l \neq n, \end{cases} \tag{8.6}$$

和初始条件中的非齐次项，可定出 A_n 和 B_n.

由初始条件，有

$$\begin{cases} v(X,0) = \displaystyle\sum_{l=1}^{\infty} [A_l T_{1l}(0) + B_l T_{2l}(0)] W_l(X) = H(X), \\ v_t(X,0) = \displaystyle\sum_{l=1}^{\infty} [A_l T_{1l}'(0) + B_l T_{2l}'(0)] W_l(X) = P(X), \end{cases} \tag{8.7}$$

再利用特征函数的正交性即式(8.6)，将(8.7)的两个方程两边同时乘以 $\rho(X)W_n(X)$ 后在 V 上积分，得

$$\begin{cases} A_n T_{1n}(0) + B_n T_{2n}(0) = \displaystyle\int_V \rho(X) H(X) W_n(X) \mathrm{d}X = C_{1n}, \\ A_n T_{1n}'(0) + B_n T_{2n}'(0) = \displaystyle\int_V \rho(X) P(X) W_n(X) \mathrm{d}X = C_{2n}, \end{cases} \tag{8.8}$$

由此可解出 A_n 和 B_n.

当空间维度 $m>1$ 时，需要对 $\nabla^2 W+\lambda W=0$ 作进一步的变数分离，具体做法留到后面，分不同的正交坐标系各自说明.

8.1.4 方程中非齐次项的处理

对(8.3)式，若 $q(X,t)$ 不恒为 0，为了满足方程，可以先将 $q(X,t)$ 对 X 按 $W(X)$ 的特征函数族 $\{W_n(X)\}$ 展开为

$$q(X,t)=\sum_{n=1}^{\infty}\alpha_n(t)W_n(X). \tag{8.9}$$

将 $v(X,t)=\sum\limits_{n=1}^{\infty}T_n(t)W_n(X)$ 代入方程中，得到

$$\sum_{n=1}^{\infty}\{T_n(t)\nabla^2 W_n(X)-W_n(X)[c_1 T''_n(t)+c_2 T_n'(t)+c_3 T_n(t)]\}=\sum_{n=1}^{\infty}\alpha_n(t)W_n(X). \tag{8.10}$$

由于 $W_n(X)$ 是方程 $\nabla^2 W+\lambda_n W=0$ 的解，用此消去式(8.10)中的 $\nabla^2 W_n$，方程变为

$$\sum_{n=1}^{\infty}[c_1 T''_n(t)+c_2 T_n'(t)+(c_3+\lambda_n)T_n(t)]W_n(X)=-\sum_{n=1}^{\infty}\alpha_n(t)W_n(X).$$

由此给出 $T_n(t)$ 所应满足的方程为

$$c_1 T''_n(t)+c_2 T'_n(t)+(c_3+\lambda_n)T_n(t)=-\alpha_n(t). \tag{8.11}$$

若 $q(X,t)\equiv 0$，则对一切 n 均有 $\alpha_n=0$. 故式(8.5)可以说是式(8.11)的一个特殊情况.

设 $T_{an}(t)$ 为非齐次方程(8.11)的一个特解，$T_{1n}(t)$ 和 $T_{2n}(t)$ 为相应的齐次方程的两个独立解，有

$$T_n(t)=A_n T_{1n}(t)+B_n T_{2n}(t)+T_{an}(t). \tag{8.12}$$

将初始条件中的非齐次项也按照 $\{W_n(X)\}$ 展开为

$$\begin{cases} H(X)=\sum\limits_{n=1}^{\infty}T_n(0)W_n(X)=\sum\limits_{n=1}^{\infty}C_{1n}W_n(X), \\ P(X)=\sum\limits_{n=1}^{\infty}T'_n(0)W_n(X)=\sum\limits_{n=1}^{\infty}C_{2n}W_n(X). \end{cases} \tag{8.13}$$

由此给出 $T_n(t)$ 所应满足的初始条件为

$$T_n(0)=C_{1n},\quad T'_n(0)=C_{2n}. \tag{8.14}$$

利用式(8.12)，有

$$\begin{cases} A_n T_{1n}(0)+B_n T_{2n}(0)=C_{1n}-T_{0n}(0), \\ A_n T'_{1n}(0)+B_n T'_{2n}(0)=C_{2n}-T'_{0n}(0), \end{cases} \tag{8.15}$$

由此可解出 A_n 和 B_n，并最后给出

$$\begin{cases} v(X,t)=\sum\limits_{n=1}^{\infty}[A_n T_{1n}(0)+B_n T_{2n}(0)]W_n(X), \\ u(X,t)=v(X,t)+k(X,t). \end{cases} \tag{8.16}$$

若 $c_1=c_2=c_3=0$，没有初始条件，这一处理方法也是适用的. 这时候解与 t 无关，在(8.9)和

(8.11)两式中，T_n 和 α_n 均变为常数，并由式(8.11)得

$$T_n = -\frac{\alpha_n}{c+\lambda_n}. \tag{8.17}$$

并有

$$v(x) = -\sum_{n=1}^{\infty} \frac{\alpha_n}{c+\lambda_n} W_n(X). \tag{8.18}$$

这也表明，$-c$ 不能是特征值. 即对亥姆霍兹方程 $\nabla^2 u - cu = q(X)$，若 $-c=\lambda_n$ 为特征值，则定解问题

$$\begin{cases} \nabla^2 u - cu = q(X), & X \in V, \\ \dfrac{\alpha \partial u}{\partial n} + \beta u = g(X), & X \in S \end{cases}$$

是不适定的. 因为如果在非齐次项 $q(X)$ 对本征函数族 $\{W_n(X)\}$ 的展开式

$$q(X) = \sum_{n=1}^{\infty} \alpha_n W_n(X)$$

中，与相对应的本征函数 $W_n(X)$ 的系数 $\alpha_n \neq 0$，由式(8.17)知 T_n 无解，即定解问题无解；若 $\alpha_n = 0$，即方程的非齐次项与对应于特征值 λ_n 的特征函数 $W_n(X)$ 正交，则 T_n 可任意给定，即定解问题的解存在但不唯一. 这是显然的，因为这时对应的齐次定解问题有非零解. 当 $-c=\lambda_n$，为特征值时，非齐次项 $q(X)$ 与对应的本征函数 $W_n(X)$ 正交，称为亥姆霍兹方程的可解性条件.

8.2　直角坐标系中的分离变量法

8.2.1　变量分离

以三维空间为例，设 V 为一三维长方体，自变量为 (x,y,z)，有 $a_1 \leqslant x \leqslant a_2$，$b_1 \leqslant y \leqslant b_2$，$c_1 \leqslant z \leqslant c_2$，这时，应采用直角坐标系来对 W 作空间变量分离. 令 $W(x,y,z) = X(x)Y(y)Z(z)$，代入式(8.4)中，方程变为

$$X''YZ + XY''Z + XYZ'' = -\lambda XYZ.$$

以 XYZ 除等式两边得

$$\frac{X''(x)}{X(x)} + \frac{Y''(y)}{Y(y)} + \frac{Z''(z)}{Z(z)} = \lambda,$$

这时等式左边的第一项只是 x 的函数，第二项只是 y 的函数，第三项只是 z 的函数，而等式右边的 λ 为一常数，要使等式成立，左边三项应均为常数，即应有

$$\frac{X''(x)}{X(x)} = -\mu, \quad \frac{Y''(y)}{Y(y)} = -\nu, \quad \frac{Z''(z)}{Z(z)} = -\sigma,$$

$$\lambda = \mu + \nu + \sigma,$$

其中 μ,ν,σ 均为常数. 即 $X(x)$，$Y(y)$，$Z(z)$ 均分别满足齐次方程

$$\begin{cases} X''(x) + \mu X(x) = 0, \\ Y''(y) + \nu Y(x) = 0, \\ Z''(z) + \sigma Z(z) = 0, \end{cases} \tag{8.19}$$

这里的特征值 μ,ν,σ 均由齐次边界条件确定.

对 $x=a_1$, $\frac{\partial}{\partial n}=-\frac{\partial}{\partial x}$; 在 $x=a_2$ 处, $\frac{\partial}{\partial n}=\frac{\partial}{\partial x}$. 由边界条件 $\frac{\alpha\partial v}{\partial n}+\beta\nu=0$ 得

$$\begin{cases}-\alpha_1 X'(a_1)+\beta_1 X(a_1)=0,\\ \alpha_2 X'(a_2)+\beta_2 X(a_2)=0.\end{cases} \tag{8.20}$$

同理,对 Y 至 b_1 和 b_2 处的边界条件为

$$\begin{cases}-\alpha_3 Y(b_1)+\beta_3 Y(b_1)=0,\\ \alpha_4 Y(b_2)+\beta_4 Y(b_2)=0.\end{cases} \tag{8.21}$$

对 Z 至 c_1 和 c_2 处的边界条件为

$$\begin{cases}-\alpha_5 Z'(c_1)+\beta_5 Z(c_1)=0,\\ \alpha_6 Z'(c_2)+\beta_6 Z(c_2)=0.\end{cases} \tag{8.22}$$

若原方程中本来就无时间变量,则可有两种不同的处理方法:一是仍将全部边界条件齐次化而保持方程为非齐次的,这时上面的结果仍然有效;另一种是保持方程是齐次的,而对一个变数的边界条件是非齐次的. 这时,在上面三组边界条件中,只能保留相应的两组齐次边界条件. 下面将通过具体的例子作进一步说明.

8.2.2 算例

例 8.1 解一维波动方程定解问题

$$\begin{cases}u_{tt}-a^2u_{xx}=0, & 0<x<l,t>0,\\ u(0,t)=u(l,t)=0, & t>0,\\ u(x,0)=\varphi(x), & u_t(x,0)=\psi(x).\end{cases} \tag{8.23}$$

解 令 $u=X(x)T(t)$, 代入上式中得

$$\begin{cases}X''(x)+\lambda X(x)=0,\\ X(0)=X(l)=0.\end{cases}\quad 0<x<l, \tag{8.24}$$

由于原方程是齐次的,故同时给出 $T(t)$满是的方程为

$$T''+\lambda a^2 T=0. \tag{8.25}$$

式(8.24)是一种 S-L 型方程的特征值问题,按第 7 章所使用的符号,它相当于在 S-L 型方程中,$p(x)\equiv 1, q(x)\equiv 0$ 和权函数 $\rho(x)\equiv 1$ 的情况. 这里虽有 $q(x)=0$,但为第一类齐次边界条件,在第 7 章中我们已经知道,它的所有特征值均为正,故可令 $\lambda=\alpha^2$,代入式(8.24)中,有

$$X''(x)+\alpha^2 X(x)=0,$$

得到

$$X(x)=c_1\sin\alpha x+c_2\cos\alpha x.$$

由定解条件 $X(0)=0$ 知应有 $c_2=0$,故 $c_1\neq 0$. 由 $X(l)=0$,得到特征值序列和相应的特征函数为

$$\lambda_n=\left(\frac{n\pi}{l}\right)^2,\quad X_n(x)=\sin\left(\frac{n\pi x}{l}\right).$$

以特征值 λ_n 代入式(8.25),方程变为

$$T''_n(t)+\left(\frac{n\pi x}{l}\right)^2 T_n(t)=0.$$

由此可得

$$T_n(t)=A_n\cos\frac{n\pi a}{l}t+B_n\sin\frac{n\pi a}{l}t,$$

$$u(x,t)=\sum_{n=1}^{\infty}\left(A_n\cos\frac{n\pi a}{l}t+B_n\sin\frac{n\pi a}{l}t\right)\sin\left(\frac{n\pi}{l}x\right). \tag{8.26}$$

利用初始条件和特征函数族的正交性,可以得到

$$\begin{cases}\varphi(x)=u(x,0)=\sum\limits_{n=1}^{\infty}A_n\sin\left(\dfrac{n\pi}{l}x\right),\\ A_n=\dfrac{2}{l}\displaystyle\int_0^l\varphi(\xi)\sin\left(\frac{n\pi\xi}{l}\right)\mathrm{d}\xi,\\ \psi(x)=u_t(x,0)=\sum\limits_{n=1}^{\infty}\dfrac{n\pi a}{l}B_n\sin\left(\dfrac{n\pi}{l}x\right).\end{cases} \tag{8.27}$$

由此有

$$\int_{x-al}^{x+al}\psi(\xi)\mathrm{d}\xi=a\sum_{n=1}^{\infty}B_n\left[\cos\frac{n\pi}{l}(x-at)-\cos\frac{n\pi}{l}(x+at)\right], \tag{8.28}$$

$$B_n=\frac{2}{n\pi a}\int_0^l\psi(\xi)\sin\frac{n\pi}{l}\xi d\xi.$$

由式(8.26),并注意到(8.27)和(8.28)两式,有

$$\begin{aligned}u(x,t)&=\frac{1}{2}\sum_{n=1}^{\infty}A_n\left[\sin\frac{n\pi}{l}(x-at)+\sin\frac{n\pi}{l}(x+at)\right]+\\&\quad\frac{1}{2}\sum_{n=1}^{\infty}B_n\left[\cos\frac{n\pi}{l}(x-at)-\cos\frac{n\pi}{l}(x+at)\right]\\&=\frac{1}{2}[\varphi(x-at)+\varphi(x+at)]+\frac{1}{2a}\int_{x-at}^{x+at}\psi(\xi)\mathrm{d}\xi.\end{aligned}$$

这里已经自动将 $\varphi(x)$ 和 $\psi(x)$ 相应于点 $x=0$ 和 $x=l$ 作了奇开拓,成为以 $2l$ 为周期的函数. 可以看出,此解与达朗贝尔解是一致的.

8.3　柱坐标系中的分离变量法

8.3.1　变量分离

若 S 为圆柱形(或为部分圆柱形),V 为 S 的内部或外部区域,这时应采用柱坐标系. 在柱坐标系(r,φ,z)中,如图 8-1 所示,拉普拉斯算子为

$$\nabla^2=\frac{1}{r}\frac{\partial}{\partial r}\left(r\frac{\partial}{\partial r}\right)+\frac{1}{r^2}\frac{\partial^2}{\partial\varphi^2}+\frac{\partial^2}{\partial z^2}.$$

令 $W(r,\varphi,z)=R(r)\Phi(\varphi)Z(z)$,代入方程

$$\nabla^2 W+\lambda W=0$$

中,与直角坐标系中的做法类似,可得

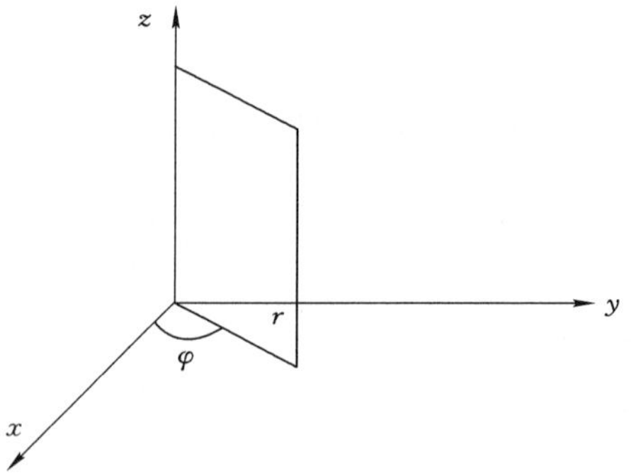

图 8-1　圆柱坐标系

$$\begin{cases} Z'' + \mu Z = 0, \\ \dfrac{1}{r}\dfrac{d}{dr}(rR') + \left[(\lambda - \mu) - \dfrac{v}{r^2}\right]R = 0, \\ \Phi'' + V\Phi = 0. \end{cases} \tag{8.29}$$

若 φ 的变化区域为$[0,2\pi]$,由解的连续性,有 $\Phi(\varphi+2\pi)=\Phi(\varphi)$,即 Φ 是以 2π 为周期的函数,故相应的本征值应为 $v_m=m^2$,$m=0,1,2,\cdots$,

$$\Phi_m(\varphi) = A_m \cos m\varphi + B_m \sin m\varphi. \tag{8.30}$$

若对 r 给定了自然边界条件和齐次边界条件,则本征值 $\lambda-\mu\geqslant 0$,故可令 $\lambda-\mu=k^2$;当 $k\neq 0$ 时,对 $R(r)$的方程为 m 阶的变形贝塞尔方程

$$\frac{1}{r}\frac{\mathrm{d}}{\mathrm{d}r}(rR') + \left(k^2 - \frac{m^2}{r^2}\right)R = 0. \tag{8.31}$$

特征值 λ 和 μ 均由相应的边界条件确定.

8.3.2　算例

例 8.2　解二维定解问题

$$\begin{cases} \nabla^2 u = u_{rr} + \dfrac{1}{r}u_r + \dfrac{1}{r^2}u_{\varphi\varphi} = 0, & r < a, \\ u(0,\varphi)\ \text{有界}, & u(a,\varphi) = f(\varphi). \end{cases}$$

解　令 $u(r,\varphi)=R(r)\Phi(\varphi)$,代入上式中得

$$\frac{r^2R''(r) + rR'(r)}{R(r)} = -\frac{\Phi''(\varphi)}{\Phi(\varphi)} = \lambda,$$

即有

$$\Phi''(\varphi) + \lambda\Phi(\varphi) = 0.$$

正如前面所指出的,由于 $\Phi(\varphi)$以 2π 为周期,应有 $\lambda_m=m^2$,$\Phi_m(\varphi)$由式(8.30)给出,于是对 $R_m(r)$,相应的方程为

$$\begin{cases} r^2R'' + rR' - m^2R = 0, \\ R(0)\ \text{有界}. \end{cases}$$

对于 $m=0$，上面的方程变为 $(rR')'=0$，相应的解为

$$R_0 = c_{10} + c_{20}\ln r,$$

由于 $R_0(0)$ 有界得 $c_{20}=0$，取 $R_0(r)=\frac{1}{2}$.

对于 $m\geqslant 1$，解为 $R=r^a$. 以此代入方程中得到 $a=\pm m$，

$$R_m(r) = c_{1m}r^m + c_{2m}r^{-m}.$$

同样地，由 $R_m(0)$ 有界得 $c_{2m}=0$，可取 $c_{1m}=1$. 这里将 $c_1 m(m=0,1,2,\cdots)$ 取为确定值是因为相关待定系数都可以归并到式(8.30)的待定系数 A_m 和 B_m 中去.

于是，得解为

$$u(r,\varphi) = \frac{A_0}{2} + \sum_{m=1}^{\infty}(A_m\cos m\varphi + B_m\sin m\varphi)r^m.$$

利用边界条件，有

$$f(\varphi) = u(a,\varphi) = \frac{A_0}{2} + \sum_{m=1}^{\infty}(A_m\cos m\varphi + B_m\sin m\varphi)a^m,$$

得

$$A_m = \frac{1}{\pi a^m}\int_0^{2\pi} f(\theta)\cos m\theta\mathrm{d}\theta \quad (m = 0,1,2,\cdots),$$

$$B_m = \frac{1}{\pi a^m}\int_0^{2\pi} f(\theta)\sin m\theta\mathrm{d}\theta \quad (m = 1,2,3,\cdots),$$

$$\begin{aligned}u(r,\varphi) &= \frac{1}{2\pi}\int_0^{2\pi} f(\theta)\mathrm{d}\theta + \frac{1}{\pi}\sum_{m=1}^{\infty}\left(\frac{r}{a}\right)^m\int_0^{2\pi} f(\theta)(\cos m\varphi\cos m\theta + \sin m\varphi\sin m\theta)\mathrm{d}\theta \\ &= \frac{1}{2\pi}\int_0^{2\pi} f(\theta)\mathrm{d}\theta + \frac{1}{\pi}\sum_{m=1}^{\infty}\left(\frac{r}{a}\right)^m\int_0^{2\pi} f(\theta)\cos m(\varphi-\theta)\mathrm{d}\theta.\end{aligned}$$

8.4　球坐标系中的分离变量法

此法适用于球形或为部分球形边界的情况. 在如图 8-2 所示的球坐标系中，拉普拉斯算子为

$$\nabla^2 = \frac{1}{r^2}\frac{\partial}{\partial r}\left(r^2\frac{\partial}{\partial r}\right) + \frac{1}{r^2\sin\theta}\frac{\partial}{\partial\theta}\left(\sin\theta\frac{\partial}{\partial\theta}\right) + \frac{1}{r^2\sin^2\theta}\frac{\partial}{\partial\varphi^2}.$$

令 $W(r,\theta,\varphi)=R(r)\Theta(\theta)\Phi(\varphi)$，代入方程 $\nabla^2 W+\lambda W=0$ 中. 对 $\Phi(\varphi)$，所得方程为

$$\Phi''(\varphi) + v\Phi(\varphi) = 0.$$

前面已知，若 φ 的变化范围为 $[0,2\pi]$，则 $\Phi(\varphi)$ 是以 2π 为周期的函数，本征值 $v_m=m^2$，相应的本征函数为

$$\Phi_m(\varphi) = A_m\cos m\varphi + B_m\sin m\varphi \quad (m = 0,1,2,\cdots).$$

对于 $R(r)$，所满足的方程为

$$\frac{1}{r^2}\frac{\mathrm{d}}{\mathrm{d}r}(r^2R') + \left(\lambda - \frac{\mu}{r^2}\right)R = 0. \tag{8.32}$$

当 $\lambda\neq 0$ 时，此时式子为球贝塞尔方程. 令 $y(r)=r^{\frac{1}{2}}R(r)$，可将上式化为贝塞尔方程：

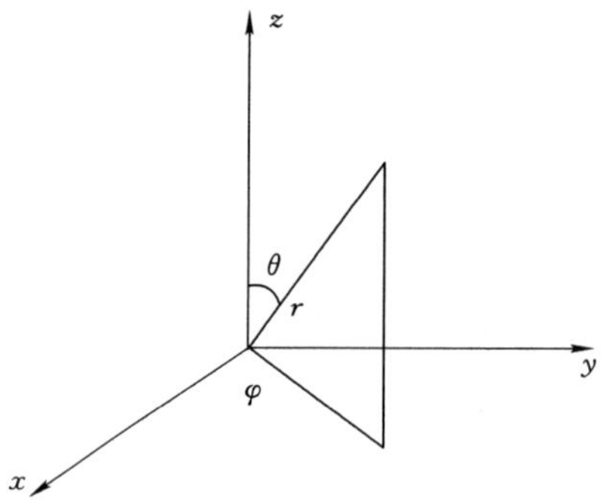

图 8-2　球坐标系

$$y'' + \frac{1}{r}y' + \left(\lambda - \frac{\mu + \frac{1}{4}}{r^2}\right)y = 0.$$

对于 $\Theta(\theta)$，所得方程为

$$\frac{1}{\sin\theta}\frac{d}{d\theta}(\sin\theta\Theta') + \left(\mu - \frac{v}{\sin^2\theta}\right)\Theta = 0.$$

令 $x=\cos\theta$，上式变为

$$\frac{d}{dx}\left[(1-x^2)\frac{d\Theta}{dx}\right] + \left(\mu - \frac{v}{1-x^2}\right)\Theta = 0. \tag{8.33}$$

对于 $v=m^2$，当 $m=0$ 时，为勒让德方程，当 $m>0$ 时，为连带的勒让德方程.

例 8.3　球内狄利克雷问题：

$$\begin{cases}\nabla^2 u = \dfrac{1}{r^2}\dfrac{\partial}{\partial r}\left(r^2\dfrac{\partial u}{\partial r}\right) + \dfrac{1}{r^2\sin\theta}\left(\sin\theta\dfrac{\partial u}{\partial\theta}\right) + \dfrac{1}{r^2\sin\theta}\dfrac{\partial^2 u}{\partial\varphi^2} = 0,\\ u(a,\theta,\varphi) = f(\theta,\varphi),\quad 0\leqslant\varphi\leqslant 2\pi, 0\leqslant\theta\leqslant\pi,\quad u|_{r=0}\text{ 有界.}\end{cases}$$

解　令 $u=R(r)\Theta(\theta)\Phi(\varphi)$，代入上式中，从本节的第一部分中已知，此时有 $v_m=m^2$，

$$\Phi_m(\varphi) = A_m\cos m\varphi + B_m\sin m\varphi,$$

$$\begin{cases}\dfrac{d}{dx}\left[(1-x^2)\dfrac{d\Theta_m}{dx}\right] + \left(\mu - \dfrac{m^2}{1-x^2}\right)\Theta_m = 0, x = \cos\theta,\\ \Theta(\pm 1)\text{ 有界,}\end{cases}$$

这里相应于 $\lambda=0$，故 $R(r)$ 满足

$$\begin{cases}\dfrac{d}{dr}(r^2R') - \mu R = 0,\\ R(0)\text{ 有界.}\end{cases} \tag{8.34}$$

Θ_m 满足的是连带的勒让德方程，本征值为 $\mu_n=n(n+1)$，$n=0,1,2,\cdots$，特征函数族为连带的勒让德多项式：

$$\Theta_{nm}(x) = P_n^m(x) = P_n^m(\cos\theta)\quad (m\leqslant n).$$

以 $\mu_n=n(n+1)$ 代入式(8.34)中，相应的方程有两个独立解 r^n 和 $r^{-(n+1)}$. 由 $R_n(0)$ 的有界性知

$R_n(r)=r^n$. 于是有

$$u(r,\theta,\varphi)=\sum_{n=1}^{\infty}\sum_{m=1}^{n}r^nP_n^m(\cos\theta)(A_{mn}\cos m\varphi+B_{mn}\sin m\varphi)+\frac{1}{2}\sum_{n=0}^{\infty}A_{0n}r^nP_n(\cos\theta).$$

利用边界条件,有

$$f(\theta,\varphi)=\sum_{n=1}^{\infty}\sum_{m=1}^{n}a^nP_n^m(\cos\theta)(A_{mn}\cos m\varphi+B_{mn}\sin m\varphi)+\frac{1}{2}\sum_{n=0}^{\infty}a^nP_n(\cos\theta)A_{0n}.$$

进一步地再利用特征函数族的正交性,可以得到

$$A_{mn}=\frac{(2n+1)(n-m)!}{2\pi a^n(n+m)!}\int_0^{2\pi}\int_0^{\pi}f(\theta,\varphi)P_n^m(\cos\theta)\cos m\varphi\sin\theta\mathrm{d}\theta\mathrm{d}\varphi,$$

$$B_{mn}=\frac{(2n+1)(n-m)!}{2\pi a^n(n+m)!}\int_0^{2\pi}\int_0^{\pi}f(\theta,\varphi)P_n^m(\cos\theta)\sin m\varphi\sin\theta\mathrm{d}\theta\mathrm{d}\varphi.$$

习　题　8-4

1. 用变量分离法解决定解问题:

(1) $\begin{cases}q_{tt}=q_{xx}+1 & 0<x<a,t>0,\\ q(x,0)=0,q_t(x,0)=0, & \\ q(0,t)=q(a,t)=0; & \end{cases}$

(2) $\begin{cases}q_{tt}=a^2q_{xx}+\mathrm{e}^{-t}\cos x, & 0<x<1,t>0,\\ q(0,t)=q(1,t)=1, & t>0,\\ q(x,0)=x(1-x), & 0\leqslant x\leqslant 1;\end{cases}$

(3) $\begin{cases}q_t=q_{xx}, & 0<x<\pi,t>0,\\ q(0,t)=\mathrm{e}^{-t},q_x(\pi,t)=0, & t>0,\\ q(x,0)=\sin x, & -\dfrac{\pi}{2}\leqslant x\leqslant\dfrac{\pi}{2};\end{cases}$

(4) $\begin{cases}\dfrac{\partial^2q}{\partial t^2}=a^2\dfrac{\partial^2q}{\partial x^2}+b\operatorname{sh}x,\\ q|_{t=0}=\dfrac{\partial q}{\partial t}|_{t=0}=0,\\ q|_{x=0}=q|_{x=l}=0;\end{cases}$

(5) $\begin{cases}\dfrac{\partial^2q}{\partial t^2}+2b\dfrac{\partial q}{\partial t}=a^2\dfrac{\partial^2q}{\partial x^2}, & b>0,\\ q|_{x=0}=q|_{x=l}=0, & \\ q|_{t=0}=\dfrac{h}{l}x, & \dfrac{\partial u}{\partial t}|_{t=0}=0;\end{cases}$

(6) $\begin{cases}\Delta q(r,\theta,\lambda)=0,\\ \dfrac{\partial q}{\partial n}+\dfrac{\alpha}{r}q|_{r=R}=f(\theta,\lambda),\\ \lim\limits_{r\to\infty}q(r,\theta,\lambda)=0;\end{cases}$

(7) $\begin{cases} \dfrac{\partial^2 T}{\partial r^2}+\dfrac{1}{r}\dfrac{\partial T}{\partial r}+\dfrac{1}{k}g_0=\dfrac{1}{\alpha}\dfrac{\partial T}{\partial t}, & 0\leqslant r<b,t>0, \\ T=0, & r=b,t>0, \\ T=F(r), & t=0. \end{cases}$

第 9 章　保角变换法

在许多物理问题(如电学、热学、光学、流体力学和弹性力学等)中,经常会遇到解平面场的拉普拉斯方程或泊松方程的问题.尽管可以采用分离变量法或格林函数等方法来解决,但当边值问题中的边界形状变得十分复杂时,分离变量法和格林函数法就显得十分困难,甚至不能解决.对于复杂的边界形状,拉普拉斯方程定解问题常采用保角变换法求解.利用保角变换,能够将具有复杂边界形状的物理问题化为具有简单边界形状的物理问题.

9.1　简单的保角变换

9.1.1　保角性与保角变换

定义 9.1　解析函数 $\omega=f(z)$ 在点 z 所实现的变换,是把点 z_0 处的所有的线素皆按同一比例伸长,而且任意两条曲线之间的交角保持不变.具有这种性质的变换称为**保角变换**.

注 9.1　解析函数所实现的变换在其导数不为零的一切点处都是保角的.

设 $\omega=f(z)=u(x,y)+\mathrm{i}v(x,y)$ 在点 z_0 处解析,且 $\omega'(z_0)\neq 0$.则存在一个 z_0 的邻域 B,在此 B 内 $f'(z)\neq 0$.这时,由 C-R 条件,有

$$|f'(z)|^2=\left(\frac{\partial u}{\partial x}\right)^2+\left(\frac{\partial v}{\partial x}\right)^2=\frac{\partial u}{\partial x}\frac{\partial v}{\partial y}-\frac{\partial u}{\partial y}\frac{\partial v}{\partial x}=\frac{\partial(u,v)}{\partial(x,y)}>0.$$

由二元函数反函数的存在定理知在 B 内,$x(u,v)$ 和 $y(u,v)$ 存在.设 D 为 ω 平面中与 B 相对应的 $\omega_0=f(z_0)$ 的邻域,则 D 中的点与 B 中的点构成了一一对应.即过点 z_0 的曲线 C 变为过点 ω_0 的曲线 C_1.点 $z_0+\Delta z$ 为 C 上点 z_0 的邻域点,点 $\omega_0+\Delta\omega$ 为 C_1 上点 ω_0 的邻域点,且为 $z_0+\Delta z$ 的对应点.此时,由 $\omega=f(z)$ 的解析性知,当 $\Delta z\to 0$ 时有 $\Delta\omega\to 0$.且有对任意曲线 C,有 $\frac{\Delta\omega}{\Delta z}\to f'(z_0)$ 恒成立.取模 $\left|\frac{\Delta\omega}{\Delta z}\right|\to|f'(z_0)|$,即 z 平面上所给点 z_0 的线素与对应的 ω 平面上的线素的比值与从 z_0 点所引的曲线无关.$|f'(z_0)|$ 表示 ω 平面上的线素对于 z 平面上的线素的倍数,称为变换在 z_0 点处的伸缩率.

考虑辐角 $\arg\frac{\Delta\omega}{\Delta z}\to\arg f'(z_0)$(记 $f'(z_0)\neq 0$),而 $\arg\frac{\Delta\omega}{\Delta z}=\arg\Delta\omega-\arg\Delta z$,取 $\arg\Delta z=\alpha+\Delta\alpha$,$\arg\Delta\omega=\beta+\Delta\beta$,则当 $\Delta z\to 0$ 时有 $\arg\Delta z\to\Delta\alpha$,$\arg\Delta\omega\to\Delta\beta$.可以看出 $\arg f'(z_0)=\beta-\alpha$.将 $\arg f'(z_0)$ 称为变换的旋转角.

解析函数在导数为零处,保角性要受到破坏,$f'(z_0)=0$ 的点称为变换的奇点.

9.1.2 一些简单的保角变换

(1) 线性变换 $\omega=az+b,a=\rho e^{i\alpha}\neq0$：$a$ 和 b 均为复常数

它可看作下列三种变换的合成：

① 相似变换：$\omega_1=\rho z,\rho>0$；

② 旋转变换：$\omega_2=\omega_1 e^{i\alpha}$；

③ 平移变换：$\omega=\omega_2+b$.

这三种变换都把圆变为圆，直线变为直线，故它们的组合也把圆变为圆，直线变为直线. 事实上，线性变换保持了图形的相似性.

(2) 倒数变换 $\omega=\dfrac{1}{z}$

倒数变换也称为反演变换，除 $z=0$ 外 $\omega(z)$ 处处解析，且有 $\omega'(z)=-\dfrac{1}{z^2}\neq0(z\neq\infty)$. 故除 $z=0$ 和 $z=\infty$ 外处处保角. 如果把直线看作是半径趋于∞的圆，则倒数变换具有保圆性，即把圆（包括直线）变为圆（直线）. 当然，这包括可能将圆变为直线和把直线变为圆.

证明 对 z 平面上的圆和直线，可统一用如下方程表示：

$$pz\bar{z}+\bar{a}z+a\bar{z}+q=0, \tag{9.1}$$

其中 p 和 q 为实常数，$a=a_r+ia_i$ 为复常数，并有 $|a|^2>pq$. 以 $z=x+iy$ 代入后得

$$p(x^2+y^2)+2(a_rx+a_iy)+q=0.$$

若 $p=0$，这是一条直线；若 $p\neq0$，上式可改写为

$$\left(x+\frac{a_r}{p}\right)^2+\left(y+\frac{a_i}{p}\right)^2=\frac{|a|^2}{p^2}-\frac{q}{p}=R^2,$$

是以 $z_0=-\dfrac{a}{p}$为心，R 为半径的圆.

以 $z\bar{z}$除式(9.1)，并利用 $\omega=\dfrac{1}{z},\bar{\omega}=\dfrac{1}{\bar{z}}$，有

$$q\omega\bar{\omega}+\bar{a}\bar{\omega}+a\omega+p=0.$$

$q\neq0$ 时为 ω 平面上的圆，$q=0$ 时则为 ω 平面上的直线. 可见倒数变换具有保圆性. 由于 $q=0$ 代表 z 平面上的圆或直线经过原点，而 $q\neq0$ 表示圆或直线不经过原点，故倒数变换把所有过原点的圆和直线都变为直线，而把所有不过原点的直线和圆都变成圆.

(3) 幂次变换 $\omega=z^p,p>0,p\neq1$

令 $z=re^{i\theta}$. 在变换定义域的黎曼曲面上，除 $z=0$ 外处处解析，有 $\omega=r^pe^{ip\theta}$. 这一变换将 z 平面上的圆 $|z|=r$ 变成 ω 平面上的圆 $|\omega|=r^p$；z 平面上从原点出发的射线 $\arg z=\theta$ 变为 ω 平面上从原点出发的射线 $\arg\omega=p\theta$.

所谓变换是单叶的，是指变换 $f(z)$ 将其黎曼曲面一叶上的区域 G 变换到对应的区域 $\omega(G)$ 时，$\omega(G)$ 也要处于 $z(\omega)$ 的黎曼曲面的一叶上，从而保证了变换和逆变换都是单值的. 故单叶变换，就是一一对应的变换. 对幂次变换，为了保证变换的单叶性，当 $p>1$ 时，应要求

$0<\theta\leqslant\frac{2\pi}{p}$；而当 $0<p<1$ 时，则要求 $0<\theta\leqslant 2\pi$.

显然，这一变换可将顶点在 $z=0$ 处的一个角形区域的顶角的大小改变 p 倍.

(4) 指数变换 $\omega=e^z$，$|\omega|=e^x$，$\arg\omega=y$

此变换将 z 平面上的直线族 $x=c$(实常数)变为同心圆族 $|\omega|=e^x$，直线族 $y=c$ 变为 ω 平面上的射线族 $\arg\omega=c$.

这一变换将 z 平面上任何平行于 x 轴的宽度为 2π 的条形区域，例如 $0\leqslant y<2\pi$(或 $-\pi\leqslant y<\pi$)变为整个 ω 平面上. 其中 $x>0$ 和 $x<0$ 两个半条形带区域分别变到 ω 平面上 $|\omega|=1$ 的单位圆的外部和内部，相应的直线段 $x=0$ 变为 $|\omega|=1$ 的单位圆.

(5) 对数变换 $\omega=\ln z=u+iv=\ln r+i\theta$

对数变换是指数变换的逆变换，即正好将上面的情况倒过来：z 平面上的同心圆 $|z|=r=$ 常数 >0 变为 ω 平面上与虚轴平行的直线段 $|u|=\ln r=$ 常数，z 平面上的射线 $\arg z=\theta=$ 常数变为 ω 平面上与实轴平行的直线段 $v=\theta=$ 常数. z 平面上的单位圆的外部 $|z|=r>1$ 和内部 $|z|=r<1$，$2k\pi\leqslant\theta<(2k+1)\pi$ 分别变为 ω 平面上的半条形带区域 $u>0$ 和 $u<0$，$2k\pi\leqslant v<(2k+1)\pi$.

9.2　分式线性变换

9.2.1　分式线性变换及其性质

定义 9.2　$\omega=f(z)=\frac{az+b}{cz+d}$，$ad-bc\neq 0$ 称为**分式线性变换**.

注 9.2　因为 $\frac{d\omega}{dz}=\frac{ad-bc}{(cz+d)^2}$，所以条件 $ad-bc\neq 0$ 保证 $f(z)$ 不是常数，这个条件是必要的.

分式线性变换具有如下性质：

(1) 保圆性：

当 $c\neq 0$ 时，分式线性变换可化为

$$\omega=f(z)=\frac{a}{c}+\frac{A}{z+\frac{d}{c}},\quad A=\frac{bc-ad}{c^2}.$$

故变换可看作平移变换 $\omega_1=z+\frac{d}{c}$，倒数变换 $\omega_2=\frac{1}{\omega_1}$ 和线性变换 $\omega_3=A\omega_2+\frac{a}{c}$ 的合成. 可见分式线性变换与这三种变换一样也具有保圆性.

(2) 逆变换：

$$z=f^{-1}(\omega)=\frac{-d\omega+b}{c\omega-a}$$

也是分式线性变换.

(3) 复合变换：

令 $f_k=\begin{pmatrix}a_k & b_k\\ c_k & d_k\end{pmatrix}$，$f_k(\zeta)=\dfrac{a_k\zeta+b_k}{c_k\zeta+d_k}(a_kd_k-b_kc_k\neq0)$，则复合变换 $\omega=f(z)=f_2(f_1(z))$ 也是分式线性变换.

(4) 把圆的对称点仍变为圆的对称点：

圆的对称点：若过两点 P 和 Q 的任何圆 K 都与圆 C 正交，则称点 P 和 Q 关于圆 C 对称.

如果 C 为直线，或者 C 为有限圆，但 P,Q 中有一点为无穷远点，则显然成立.

我们设 C 为有限圆周 $|z-a|=R$，P,Q 均为有限点.

先说明条件的必要性. 设 P,Q 关于圆周 C：$|z-a|=R$ 对称，则过 P,Q 的直线必然与 C 正交. 设 K 是过的任一有限圆周(图 9-1)，由 a 作 K 的切线 $a\eta$，η 为切点，由切割线定理得 $|\eta-a|^2=|z_1-a|\cdot|z_2-a|=R^2$，所以 $|\eta-a|=R$，即 $\eta\in C$，$a\eta$ 为 C 的半径，即 C 的半径恰为 K 的切线. 所以，C 与 K 正交.

下面说明充分性. 过 P,Q 作一有限圆 K，则 C 与 K 正交. 设 C 与 K 的交点之一为 η，则 K 在 η 的切线通过 C 的圆心 a，即半径 $a\eta$ 为 K 的切线. 显然，P,Q 在这切线的同一侧，又过 P 及 Q 作一直线 L，由于 L 与 C 正交，它通过圆心 a，于是 P,Q 在从 a 出发的同一条射线上，并且由切割线定理得

$$|z_1-a||z_2-a|=|\eta-a|^2=R^2.$$

因此，P,Q 关于 C 对称.

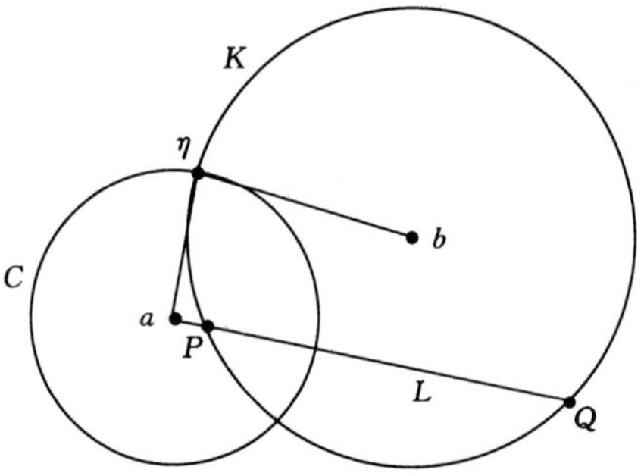

图 9-1　圆的对称点

(5) 分式线性变换的不动点，即 $\omega=z$ 的点：

由

$$\omega=\frac{az+b}{cz+d}=z$$

得不动点满足的方程为

$$cz^2-(a-d)z-b=0.$$

由此可知，除了 $b=c=0$，$a=d$ 的恒等变换外，分式线性变换最多只有两个不动点. 因此，有三个不动点的变换一定是恒等变换.

(6) 三对对应点唯一地确定一个分式线性变换：

证明　对任一分式线性变换

$$\omega=\frac{az+b}{cz+d},\quad (ad-bc\neq 0).$$

由于 c 和 d 不能同时为 0,故可改为下面两种等价形式之一:

$$\omega=\frac{A_1z+B_1}{z+D_1},\quad A_1=\frac{a}{c},\quad B_1=\frac{b}{c},\quad D_1=\frac{d}{c}. \tag{9.2}$$

或

$$\omega=\frac{A_2z+B_2}{C_2z+1},\quad A_2=\frac{a}{d},\quad B_2=\frac{b}{d},\quad C_2=\frac{c}{d}. \tag{9.3}$$

当给定三对对应点 $z_k\leftrightarrow\omega_k,k=1,2,3$,由式(9.2)和(9.3)可分别得到如下两个代数方程组

$$z_kA_1+B_1-\omega_kD_1=\omega_kz_k\quad (k=1,2,3) \tag{9.4}$$

或

$$z_kA_2+B_2-\omega_kz_kC_2=\omega_k\quad (k=1,2,3) \tag{9.5}$$

式(9.4)的系数矩阵的行列式为

$$\Delta_1=(z_2-z_1)(\omega_3-\omega_1)-(z_3-z_1)(\omega_2-\omega_1).$$

式(9.5)的系数矩阵的行列式则为

$$\begin{aligned}\Delta_2&=-z_2(z_3-z_1)(\omega_2-\omega_1)+z_3(z_2-z_1)(\omega_3-\omega_1)\\&=z_3\Delta_1+(z_3-z_1)(z_3-z_2)(\omega_2-\omega_1).\end{aligned}$$

当 $\Delta_1\neq 0$ 时,由式(9.4)可给出 A_1,B_1 和 D_1 的唯一解,从而可唯一地确定分式线性变换.而当 $\Delta_1=0$ 时,则有

$$\Delta_2=(z_3-z_1)(z_3-z_2)(\omega_2-\omega_1)\neq 0.$$

这是因为是 z_1,z_2,z_3 是三个不同的原象点,ω_1 和 ω_2 是两个不同的像点.这时,可由式(9.5)将 A_2,B_2,C_2 唯一地解出,同样将分式线性变换唯一确定.

可见,只要给定三对对应点,就可唯一地确定一个分式线性变换.

9.2.2 分式线性变换的例子

例 9.1 将上半平面 $\mathrm{Im}\,z>0$ 变到圆 $|\omega|=R$ 内.

解 分式线性变换 $\omega=\dfrac{az+b}{cz+d}$ 可以写成 $\omega=\dfrac{a}{c}\dfrac{z+\frac{b}{a}}{z+\frac{d}{c}}=k\dfrac{z-z_1}{z-z_2}$,其中 z_1 为 0 的原像,z_2 为无穷远点∞的原像,k 为待定系数.

设所求映射为 $\omega=\omega(z)$,则 $\omega(z)$ 将实轴 $\mathrm{Im}\,z=0$ 映射为圆周 $|\omega|=R$.再设 $\omega(z)$ 将 $z_0(\mathrm{Im}z>0)$ 映射为 $\omega=0$,则由对称性知 $\omega(z)$ 将 $\bar{z}_0$ 映射为∞.因此 $\omega(z)=k\dfrac{z-z_0}{z-\bar{z}_0}$,$k$ 为复常数.

当 z 为实数时,$|\omega(z)|=R$,而此时 $z-\bar{z}_0=\overline{z-z_0}$,所以 $R=|\omega|=|k|\left|\dfrac{z-z_0}{z-\bar{z}_0}\right|=|k|$,即 $k=e^{i\theta}(\theta$ 为实数).因此所求映射为 $\omega=e^{i\theta}\dfrac{z-z_0}{z-\bar{z}_0}$.

例 9.2 将圆$|z|<1$变为圆$|\omega|<1$.

解 设所求映射$\omega=f(z)$,则$\omega=f(z)$将单位圆周$|z|=1$映射为单位圆周$|\omega|=1$.设$\omega=f(z)$将z_0($|z_0|<1$)映射为0,则由对称性知它将$\frac{1}{\bar{z}_0}$映射为无穷远点.因此

$$f(z)=k\frac{z-z_0}{z-\frac{1}{\bar{z}_0}}=k'\frac{z-z_0}{1-\bar{z}_0z},$$

其中$k'=-k\bar{z}_0$为复常数.而当$|z|=1$时,$|f(z)|=1$.此时$1-\bar{z}_0z=\bar{z}z-z_0z=z(\bar{z}-\bar{z}_0)$,所以$1=|f(z)|=|k'|\left|\frac{z-z_0}{z(\bar{z}-\bar{z}_0)}\right|=|k''|$,即$k'=e^{i\theta}$($\theta$为实数),故所求映射为$\omega=e^{i\theta}\frac{z-z_0}{1-\bar{z}_0z}$.

9.3 儒科夫斯基变换

儒科夫斯基变换为

$$\omega=\frac{1}{2}\left(z+\frac{l^2}{z}\right).\tag{9.6}$$

就整个z平面和ω平面的对应而言,这一变换不是单叶的.

设z_1和z_2关于圆$|z|=l$对称,令

$$z_1=r_1e^{i\theta_1},z_2=r_2e^{i\theta_2}=\frac{l^2}{r_1}e^{i\theta_1},$$

则有

$$\bar{z}_2=\frac{l^2}{r_1}e^{-i\theta_1}=\frac{l^2}{z_1},z_1=\frac{l^2}{\bar{z}_2}.$$

由此可知:

$$\omega=\frac{1}{2}\left(z_1+\frac{l^2}{z_1}\right)=\frac{1}{2}\left(\bar{z}_2+\frac{l^2}{\bar{z}_2}\right).$$

可见,变换将z_1和$\bar{z}_2$对应于同一个ω.

对应于$z=le^{i\theta}$,有$\omega=l\cos\theta$.这表明,此变换将$|z|=l$的上半圆和下半圆均变为实轴上的同一直线段$[-l,l]$.而对$|z|<l$的圆内区域和$|z|>l$的圆外区域,则均变为整个ω平面上除直线段$[-l,l]$外的部分.对$|z|<l$或$|z|>l$,变换是单叶的.

设$z=re^{i\theta}$代入变换(9.6)中,有

$$\omega=\frac{1}{2}\left(re^{i\theta}+\frac{l^2}{r}e^{-i\theta}\right)=\frac{1}{2}\left(r+\frac{l^2}{r}\right)\cos\theta+\frac{i}{2}\left(r-\frac{l^2}{r}\right)\sin\theta=u+iv,$$

即

$$u=\frac{1}{2}\left(r+\frac{l^2}{r}\right)\cos\theta,\quad v=\frac{1}{2}\left(r-\frac{l^2}{r}\right)\sin\theta.$$

对r为常数的圆,令

$$a=\frac{1}{2}\left(r+\frac{l^2}{r}\right),\quad b=\frac{1}{2}\left(r-\frac{l^2}{r}\right).$$

当 $r>l$ 时 $b>0$，$r<l$ 时 $b<0$. 由此得 $u=a\cos\theta$，$v=b\sin\theta$，

$$\frac{u^2}{a^2}+\frac{v^2}{b^2}=1,$$

即其为长短轴分别是 $|a|$ 和 $|b|$ 的椭圆. 设其焦距为 c，有 $c^2=a^2-b^2=l^2$，即椭圆的焦点在实轴上的 $\pm l$ 处. 这表明，儒科夫斯基变换将 z 平面上以原点为心的同心圆簇变为 ω 平面上具有共同焦点的椭圆簇.

对于过坐标原点的每一条直线，$\theta=$常数. 令 $a=l\cos\theta$，$b=l\sin\theta$，

$$u=\frac{a}{2l}\left(r+\frac{l^2}{r}\right),v=\frac{b}{2l}\left(r-\frac{l^2}{r}\right),$$

有

$$\frac{u^2}{a^2}-\frac{v^2}{b^2}=1,a^2+b^2=l^2.$$

由此可见，儒科夫斯基变换将 z 平面上过原点的直线簇变成有共同焦点 $\omega=\pm l$ 的双曲线簇.

定理 9.1　根据解析变换唯一性定理，儒科夫斯基变换具有下述性质：

(1) 除分支点 $\omega=\pm l$ 处不保角外，其他各处都具有保角性. 由于 $\omega\to\infty$ 对应于 $z\to\infty$，对应的单值分支函数只能是 $z=\omega+\sqrt{\omega^2-l^2}$.

(2) z 平面上的圆 $|z|=l$，变换成 ω 平面上的平板，则 z 平面上的圆柱绕流可变换为 ω 平面上的平板绕流(图 9-2).

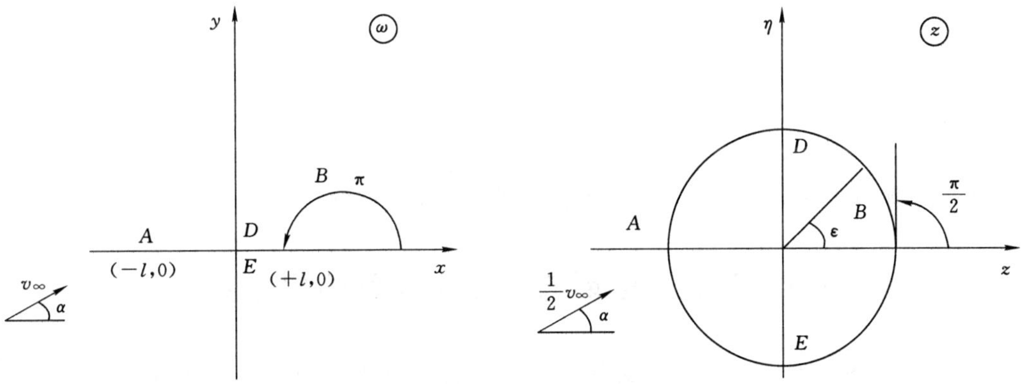

图 9-2　圆变平板

(3) z 平面上的圆 $|z|=a(a>l)$，变换成 ω 平面上的椭圆(图 9-3).

(4) z 平面上过 $z=\pm l$ 两点在虚轴上有偏心距 f_1 的偏心圆，变换成 ω 平面上的最大弯度为 f_1、无厚度过 $\omega=\pm l$ 两点的圆弧(图 9-4).

(5) z 平面上过 $z=l$ 点在实轴上有偏心距 $f_2(<0)$ 的偏心圆，变换成 ω 平面上的厚度与 $|f_2|$ 有关，无弯度过 $\omega=l$ 点的儒科夫斯基对称翼型.

(6) z 过 $z=l$ 点的偏心圆，变换为过 $\omega=l$ 点的儒科夫斯基凹形翼型，除后缘点 B 处不保角外，处处保角，翼型的翼弦主要决定于 l，而 f_1，τ_1 与翼型的弯度、厚度有关.

儒科夫斯基变换可将儒科夫斯基翼剖面和圆建立对应关系，因此可以用此变换及其逆变

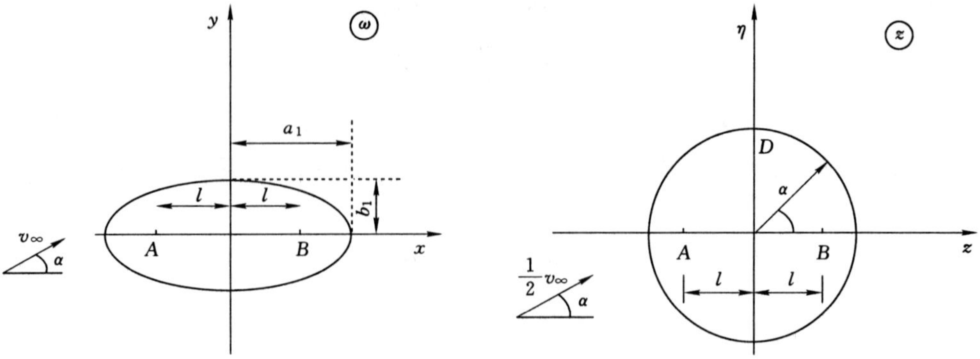

图 9-3 圆变椭圆

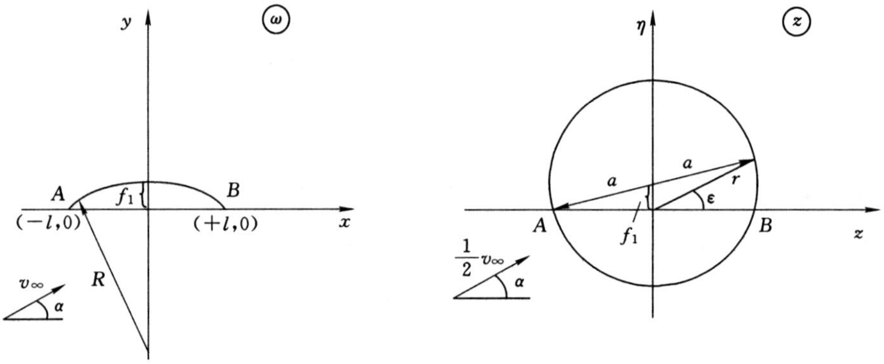

图 9-4 圆变圆弧

换解诸如椭圆、平板和儒科夫斯基翼剖面的二维位势绕流问题.

9.4 多边形区域与上半平面间的保角变换

此变换通常称施瓦兹(Schwarz)变换,或称施瓦兹-克里斯托弗(Schwarz-Christoffel)变换.

9.4.1 n 边形的边角关系

设多边形的顶点按沿边线行进的正方向(即逆时针方向)顺序排号. 以 A_k 表示第 k 个顶点,记 $L_k=\overrightarrow{A_kA_{k+1}}$,$\beta_k$ 为 A_k 处顶角之内角,$\alpha_k=\pi-\beta_k$,φ_k 是 L_k 的有向倾角,即由 x 正向到 L_k 的有向角. 从图 9-5 中不难看出,有

$$\alpha_k=\varphi_k-\varphi_{k-1}, \quad \sum_{k-1}^{m}\alpha_k=\varphi_m-\varphi_0$$

其中,α_k 是 L_{k-1} 到 L_k 时所转过的角度,以逆时针方向为正,顺时针方向为负,图中 α_{k-1} 为负,α_k 为正;φ_0 是从 x 轴正向转向 $L_n=\overrightarrow{A_nA_1}$ 的有向角,是起始角,在图中为负值.

对一 n 边形,其内角 β_k 之和为$(n-2)\pi$,当 $m=n$ 时,有

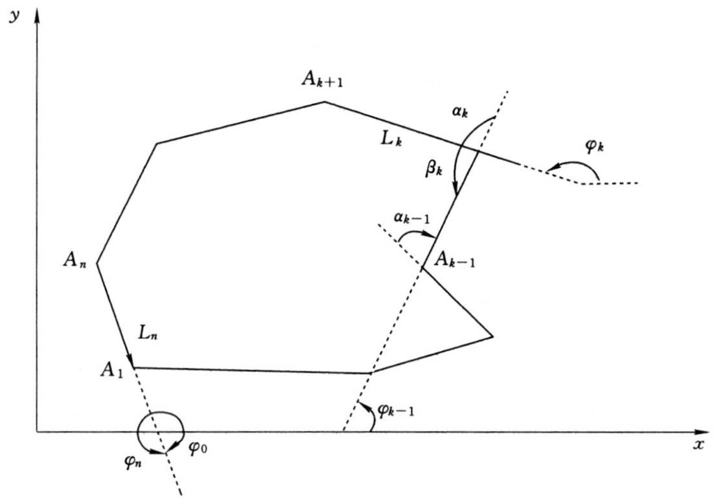

图 9-5　多边形的边角关系

$$\sum_{k-1}^{n}\alpha_k = \sum_{k-1}^{n}(\pi-\beta_k) = n\pi - \sum_{k-1}^{n}\beta_k = \varphi_n - \varphi_0,$$

其中，φ_n 表示在沿封闭周线行进一圈后 L_n 的倾角，比 φ_0 增加了 2π.

以 z_k 表示 A_k 的坐标，$z_k = x_k + \mathrm{i}y_k$，$l_k = |L_k|$，令 $z_{n+1} = z_1$，有 $z_{k+1} - z_k = l_k \mathrm{e}^{\mathrm{i}\varphi_k}$，故对封闭的多边形，有

$$\sum_{k=1}^{n} z_{k+1} - z_k = \sum_{k=1}^{n} l_k \mathrm{e}^{\mathrm{i}\varphi_k} = z_{n+1} - z_1 = 0.$$

以 $\mathrm{e}^{-\mathrm{i}\varphi_0}$ 乘上式两边，得

$$\sum_{k=1}^{n} l_k \mathrm{e}^{\mathrm{i}(\varphi_k - \varphi_0)} = 0.$$

将上式分成实部和虚部，并注意到

$$\varphi_k - \varphi_0 = \sum_{m=1}^{k}\alpha_m,\quad \sum_{m=1}^{n}\alpha_m = \varphi_n - \varphi_0 = 2\pi. \tag{9.7}$$

得到 n 边形边角间的两个关系式：

$$\begin{cases} \displaystyle\sum_{k=1}^{n} l_k \cos\Big(\sum_{m=1}^{k}\alpha_m\Big) = l_n + \sum_{k=1}^{n-1} l_k \cos\Big(\sum_{m=1}^{k}\alpha_m\Big) = 0, \\ \displaystyle\sum_{k=1}^{n-1} l_k \cos\Big(\sum_{m=1}^{k}\alpha_m\Big) = 0. \end{cases} \tag{9.8}$$

这里利用了

$$\cos\Big(\sum_{m=1}^{n}\alpha_m\Big) = \cos 2\pi = 1,\quad \sin\Big(\sum_{m=1}^{n}\alpha_m\Big) = \sin 2\pi = 0.$$

9.4.2　上半平面到多角形内部的保角变换

（1）施瓦兹-克里斯托弗变换公式

设变换 $z=F(\xi)$ 建立了如下一一对应关系：z 平面上的 n 边形对应于 ξ 平面的上半平面；z 平面上的 n 边形的周线对应于 ξ 平面的实轴；按逆时针方向顺序排列的 n 边形的顶点 z_k 对应于 ξ 平面实轴上的点 ξ_k，并由 $-\infty<\xi_1<\xi_2<\cdots<\xi_n<\infty$. 这一变换可由施瓦兹-克里斯托弗变换

$$z=F(\xi)=A\int_0^{\xi}(\eta-\xi_k)^{-\frac{\alpha_k}{\pi}}\mathrm{d}\eta+C \tag{9.9}$$

来实现. 这里 α_k 的含义如前，A 和 C 为待定常数，由于

$$F'(\xi)=A\prod_{k=1}^{n}(\xi-\xi_k)^{-\frac{\alpha_k}{\pi}}$$

表明此变换在 $\alpha_k\neq 0$ 时，$F'(\xi_k)$ 或为 0 $(\alpha_k<0)$，或为 $\infty(\alpha_k>0)$. 因此，在这些点上，变换是不保角的. 但除了这些点外，变化都具有保角性. 而在 ξ_k 点附近，$F'(\xi)=B(\xi-\xi_k)^{-\frac{\alpha_k}{\pi}}$. 我们在前面已经知道，幂次函数 $(\xi-\xi_k)^p$ 将使过 ξ_k 的两条射线间的夹角放大 p 倍. 在 ξ 平面上，在 ξ_k 处，两射线之间的夹角为 π. 在 z 平面上 ξ_k 的像点 z_k 处，两射线之间的夹角为 β_k. 故有 $p=\dfrac{\beta_k}{\pi}$. 这就是说，在 ξ_k 附近，应有

$$F(\xi)=B(\xi)(\xi-\xi_k)^{\frac{\beta_k}{\pi}}$$

这里 $B(\xi)$ 在 ξ_k 附近解析且不为 0. 此时，有

$$F'(\xi)=(\xi-\xi_k)^{\frac{\beta_k}{\pi}-1}[B(\xi)+B'(\xi)(\xi-\xi_k)]$$
$$\approx B(\xi)(\xi-\xi_k)^{\frac{\beta_k}{\pi}-1}=B(\xi)(\xi-\xi_k)^{-\frac{\beta_k}{\pi}}$$

可见式(9.8)给出的变换在 z_k 处符合多边形内角的要求. 至于各边的长度，则可由 $\xi_1,\xi_2,\cdots,\xi_n$ 的位置保证.

在公式(9.9)中，若 ξ_k 中有一个是∞，则对应的因子不出现. 例如，若 $\xi_k=\infty$，则(9.9)变为

$$z=F(\xi)=A\int_0^{\xi}\prod_{k=1}^{n-1}(\eta-\xi_k)^{-\frac{\alpha_k}{\pi}}\mathrm{d}\eta+C \tag{9.10}$$

证明 先利用变换(9.9)，建立 z 平面上的 n 边形与过渡的 τ 平面的上半平面的对应：

$$z=G(\tau)=B\int_0^{\tau}\prod_{k=1}^{n}(t-\tau_k)^{-\frac{\alpha_k}{\pi}}\mathrm{d}t+C_1 \tag{9.11}$$

其中 $\tau_1,\tau_2,\cdots,\tau_n$ 均为有限实数. 再用下面的变换

$$\tau=\tau_n-\frac{1}{\xi},\quad \tau_k=\tau_n-\frac{1}{\xi_k}\quad (k=1,2,\cdots,n-1). \tag{9.12}$$

将 $\mathrm{Im}\,\tau\geqslant 0$ 变到 $\mathrm{Im}\,\xi\geqslant 0$. 这时，$\tau=\tau_n$ 与 $\xi=\infty$ 对应.

把式(9.12)代入式(9.11)中，并注意到 $\sum\limits_{k=1}^{n}\dfrac{\alpha_k}{\pi}=2$，就可以得到式(9.10)，这里

$$F(\xi)=G\left(\tau_n-\frac{1}{\xi}\right),$$

$$A=(-1)^{\frac{\alpha_k}{\pi}}B\prod_{k=1}^{n-1}\xi_k^{\frac{\alpha_k}{\pi}},$$

$$C=C_1-A\int_0^{\frac{1}{\tau_n}}\prod_{k=1}^{n-1}(\eta-\xi_k)^{-\frac{\alpha_k}{\pi}}d\eta.$$

如果 A_k 中有一个是∞，公式的形式不变，仍是式(9.9). 不妨设是 A_n 为∞，这时，对应地，有

$$\alpha_n = 2\pi - \sum_{k=1}^{n-1}\alpha_k,$$

即式(9.7)仍然成立. 这可以这样来理解：如图 9-6 所示，取对应两点 A'_n 和 A''_n. 对此 $n+1$ 边形，式(9.7)和式(9.9)均成立. 这时，对应的两个因子为

$$(\xi-\xi'_n)^{-\frac{\alpha_k}{\pi}}(\xi-\xi''_n)^{-\frac{\alpha_k}{\pi}}.$$

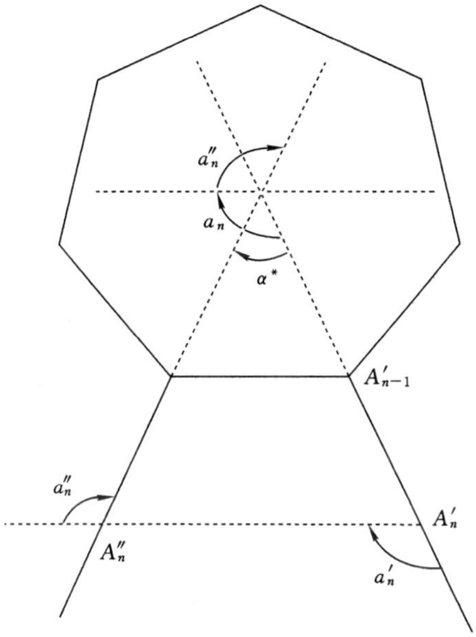

图 9-6　顶点 A_n 在∞

令 A'_n 和 $A''_n\to\infty$，则 $\xi'_n\to\xi''_n\to\xi_n$，对应的因子就变为

$$(\xi-\xi_n)^{-(\alpha'_n+\alpha''_n)/\pi} = (\xi-\xi_n)^{-\alpha_n/\pi},$$

有

$$\alpha_n = \alpha'_n + \alpha''_n = 2\pi - \sum_{k=1}^{n-1}\alpha_k.$$

如图 9-6 所示，以 a^* 表示对应两边的夹角，则有 $a_n=\pi+a^*$.

(2) 在变换 $F(\xi)$中参数的确定

在式(9.9)中，C 为与 $\xi=0$ 对应的 z 值. 设 $A=re^{i\psi}$，r 的改变只使多边形在相似条件下比例尺度发生变化，ψ 则只引起多变形的旋转变化. 因此，当式(9.9)中的积分部分完成后，可利用对应顶点 z_k 值给定 r 和 ψ.

令 $z_{n+1}=z_1$，$\xi_{n+1}=\xi_1$，有

$$l_k = |z_{k+1}-z_k| = |F(\xi_{k+1})-F(\xi_k)| \quad (k=1,2,\cdots,n),$$

$$\frac{|F(\xi_{k+1})-F(\xi_k)|}{|F(\xi_2)-F(\xi_1)|} = \frac{l_k}{l_1} \quad (k=1,2,\cdots,n). \tag{9.13}$$

这里一共有 $n-1$ 个方程. 在式(9.13)中 A 和 C 已经消除，故其中共含有 n 个待定量 ξ_1，ξ_2，…，ξ_n. 另外，由于 n 边形边角间应满足由(9.8)给定的两个边角关系式，这表明在(9.13)的

$n-1$ 个方程中只有 $n-1$ 个独立的. 因此 $\xi_1, \xi_2, \cdots, \xi_n$ 中,有三个可以任意取,余下的则由求解(9.13)中互相独立的 $n-3$ 个方程给出. 通常,为了简化表达式,在 ξ_k 中,把可指定的三个点取为 0,1 和 ∞.

9.5 用保角变换解二元调和函数边值问题的例子

9.5.1 对求解方法的简单说明

在实际应用中,一些问题常常可简化为求解二元调和函数边值问题,也就是解函数 $u(x, y)$ 满足拉普拉斯方程的边值问题,即 u 为下列定解问题的解:

$$\begin{cases} \nabla^2 u = 0, & (x, y) \in D \\ Bu = g(L), & \text{在边界 } L \text{ 上} \end{cases}$$

其中 B 称为**边界算子**,代表某种边界运算.

由于二元调和函数总可看作某一解析函数的实部(或虚部),因此,可用保角变换来给出此解析函数,再由其实部(或虚部)给出问题的解答. 这里分两种情况:

(1) 当用保角变换 $\omega(z) = u(x, y) + \mathrm{i}v(x, y)$ 将 z 平面上的边界曲线 L 映射到 ω 平面上的边界曲线 $\omega(L)$ 时,边界对应直接满足了边界条件 $B\{\mathrm{Re}\,\omega(L)\} = g(L)$. 由于 $\mathrm{Re}\,\omega(z) = u$ 满足拉普拉斯方程,故 u 即为所求之解.

(2) 引入中间变换 $\xi(z) = \xi(x, y) + \mathrm{i}\eta(x, y)$, $\xi(z)$ 为 z 的解析函数. 在 z 平面上,边界 L 的形状较复杂,难于直接求解,而 L 在 ξ 平面上的像 $\Gamma = \xi(L)$ 形状简单,对应问题易于求出 $\omega(\xi)$. 这时,同样由 $\omega(\xi(z))$ 的实部(或虚部)给出相关的解.

由于 $\xi(z) = \xi(x, y) + \mathrm{i}\eta(x, y)$ 是 z 的解析函数,故 ξ 和 η 均满足二维拉普拉斯方程,即有 $\nabla^2\xi = \nabla^2\eta = 0$. 同时,$\xi$ 和 η 间满足 C-R 条件

$$\frac{\partial\xi}{\partial x} = \frac{\partial\eta}{\partial y}, \quad \frac{\partial\xi}{\partial y} = -\frac{\partial\eta}{\partial x},$$

因而有

$$\left(\frac{\partial\xi}{\partial x}\right)^2 + \left(\frac{\partial\xi}{\partial y}\right)^2 = \left(\frac{\partial\eta}{\partial y}\right)^2 + \left(\frac{\partial\eta}{\partial x}\right)^2 > 0 \quad (\text{当 } \xi'(z) \neq 0 \text{ 时}) \tag{9.14}$$

$$\frac{\partial\xi}{\partial x}\frac{\partial\eta}{\partial x} + \frac{\partial\xi}{\partial y}\frac{\partial\eta}{\partial y} = 0 \tag{9.15}$$

由此,有

$$\begin{aligned} \nabla^2 u &= \frac{\partial^2 u}{\partial x^2} + \frac{\partial^2 u}{\partial y^2} \\ &= \left[\left(\frac{\partial\xi}{\partial x}\right)^2 + \left(\frac{\partial\xi}{\partial y}\right)^2\right]\frac{\partial^2 u}{\partial\xi^2} + \frac{\partial u}{\partial\xi}\nabla^2\xi + \left[\left(\frac{\partial\eta}{\partial x}\right)^2 + \left(\frac{\partial\eta}{\partial y}\right)^2\right]\frac{\partial^2 u}{\partial\eta^2} + \frac{\partial u}{\partial\eta}\nabla^2\eta \\ &= \left[\left(\frac{\partial\xi}{\partial x}\right)^2 + \left(\frac{\partial\xi}{\partial y}\right)^2\right]\left(\frac{\partial^2 u}{\partial\xi^2} + \frac{\partial^2 u}{\partial\eta^2}\right). \end{aligned}$$

可见,若 u 在 z 平面上满足拉普拉斯方程,则在 ξ 平面也满足拉普拉斯方程;反之亦然,即有

$$\frac{\partial^2 u}{\partial x^2}+\frac{\partial^2 u}{\partial y^2}=0 \Leftrightarrow \frac{\partial^2 u}{\partial \xi^2}+\frac{\partial^2 u}{\partial \eta^2}=0.$$

设边值条件经变换后的对应关系为 $Bu=g(L)\Leftrightarrow Fu=f(\Gamma)$. 这时，解 z 平面上的原定解问题就变成了解 ξ 平面上的定解问题

$$\begin{cases}\dfrac{\partial^2 u}{\partial \xi^2}+\dfrac{\partial^2 u}{\partial \eta^2}=0, & (\xi,\eta)\in G,\\ Fu=f(\Gamma), & (\xi,\eta)\in \Gamma.\end{cases}$$

在固体边界上，特别时在绕流问题中，通常会遇到$\dfrac{\partial u}{\partial n}=0$ 的边界条件.

设在 z 平面和 ξ 平面对应的边界 L 和 Γ 分别由方程 $F(x,y)=C$ 和 $G(\xi,\eta)=C$ 给出，这里 C 为一常量，有

$$F(x,y)=G(\xi(x,y),\eta(x,y)).$$

以 $\boldsymbol{n}=(n_x,n_y)^{\mathrm{T}}$ 和 $\boldsymbol{n}_1=(n_\xi,n_\eta)^{\mathrm{T}}$ 分别表示 L 和 Γ 的法向，$\dfrac{\partial u}{\partial n}$和$\dfrac{\partial u}{\partial n_1}$分别表示沿 L 和 Γ 法向的导数，有

$$n_x=\frac{\dfrac{\partial F}{\partial x}}{B},\ n_y=\frac{\dfrac{\partial F}{\partial y}}{B},\ n_\xi=\frac{\dfrac{\partial G}{\partial \xi}}{B_1},\ n_\eta=\frac{\dfrac{\partial G}{\partial \eta}}{B_1},$$

其中

$$B=\left[\left(\frac{\partial F}{\partial x}\right)^2+\left(\frac{\partial F}{\partial y}\right)^2\right]^{\frac{1}{2}},\quad B_1=\left[\left(\frac{\partial G}{\partial \xi}\right)^2+\left(\frac{\partial G}{\partial \eta}\right)^2\right]^{\frac{1}{2}};$$

$$\frac{\partial u}{\partial n}=n_x\frac{\partial u}{\partial x}+n_y\frac{\partial u}{\partial y},\quad \frac{\partial u}{\partial n_1}=n_\xi\frac{\partial u}{\partial \xi}+n_\eta\frac{\partial u}{\partial \eta};$$

$$\frac{\partial F}{\partial x}=\frac{\partial G}{\partial \xi}\frac{\partial \xi}{\partial x}+\frac{\partial G}{\partial \eta}\frac{\partial \eta}{\partial x},\quad \frac{\partial F}{\partial y}=\frac{\partial G}{\partial \xi}\frac{\partial \xi}{\partial y}+\frac{\partial G}{\partial \eta}\frac{\partial \eta}{\partial y}.$$

利用(9.14)和(9.15)两式，可得

$$B\frac{\partial u}{\partial n}=B_1\left[\left(\frac{\partial \xi}{\partial x}\right)^2+\left(\frac{\partial \xi}{\partial y}\right)^2\right]^{\frac{1}{2}}\frac{\partial u}{\partial n_1}.$$

这表明，有

$$\frac{\partial u}{\partial n}=0,z\in L\Leftrightarrow \frac{\partial u}{\partial n_1}=0,\xi\in \Gamma. \tag{9.16}$$

9.5.2　例子

例 9.3　如图 9-7 所示的一平板，边界时由两个大小不同并相切的圆组成的，小圆套在大圆内. 设小圆的半径为 R_1，大圆的半径为 R_2，$R_1<R_2$，在小圆和大圆周上分别保持恒温 t_1 和 t_2，求在经过一个长时间过程达到稳定态时平板上的温度分布.

以 t 表示温度场. 由于已达稳定态，t 与时间无关. 这时，在图示的坐标系下，方程和定解条件为

$$\begin{cases}\nabla^2 t=0, & (x,y)\in D,\\ t=t_1, & \text{在 } L_1:(x-R_1)^2+y^2=R_1^2 \text{ 上},\\ t=t_2, & \text{在 } L_2:(x-R_2)^2+y^2=R_2^2 \text{ 上}.\end{cases}$$

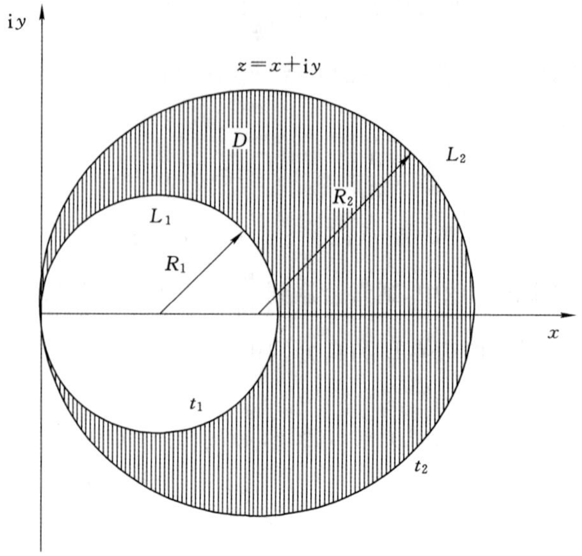

图 9-7 两圆构成的单连通区域

解 t 可看作是解析函数 $\omega(z)=t+\mathrm{i}s$ 的实部(当然能当作虚部),如果能找到一个变换 $\omega(z)=t(x,y)+\mathrm{i}s(x,y)$,它将 z 平面上的圆 $L_1=\{z \| z-R_1|=R_1\}$ 变为 ω 平面上与虚轴平行的直线 $\Gamma_1=\omega(L_1)=\{\omega|\omega=t_1+\mathrm{i}s\}$,则圆 $L_2=\{z \| z-R_2|=R_2\}$ 变为与虚轴平行的直线 $\Gamma_2=\omega(L_2)=\{\omega|\omega=t_2+\mathrm{i}s\}$,就可使问题得到解决.这时,$t$ 作为解析函数的实部,满足方程 $\nabla^2 t=0$,而在 L_1 和 L_2 上,分别有 $T(L_1)=\mathrm{Re}\,\omega(L_1)=t_1$,$T(L_2)=\mathrm{Re}\,\omega(L_2)=t_2$,即 t 同时满足了方程和给定的边界条件,就是所要求的解.

由于圆 L_1 和 L_2 均过原点 $z=0$,可用倒数变换 a/z 将两个圆变成两条互相平行的直线,并可适当选取 a,使两直线平行于虚轴,且两者相距为 $|t_1-t_2|$,这可分别由 a 的辐角和模来实现.然后,再作平移,使 $\mathrm{Re}\,\omega(L_1)=t_1$,$\mathrm{Re}\,\omega(L_2)=t_2$,综上所述,可采用变换

$$\omega(z)=b+\frac{a}{z} \tag{9.17}$$

由给定的点的对应关系:$\omega(2R_1)=t_1$ 和 $\omega(2R_2)=t_2$,得 a 和 b 满足方程

$$b+\frac{a}{2R_1}=t_1,\quad b+\frac{a}{2R_2}=t_2,$$

可解得

$$a=\frac{2(t_1-t_2)}{R_2-R_1}R_1R_2,\quad b=\frac{t_2R_2-t_1R_1}{R_2-R_1}.$$

由于 a 和 b 都是实数,知变换式(9.17)将 z 平面上的实轴变换为 ω 平面上的实轴,将实轴上的两点 $z_1=2R_1$ 和 $z_2=2R_2$ 对应到 ω 平面实轴上的两点 $\omega_1=t_1$ 和 $\omega_2=t_2$,并将过 z_1 和 z_2 的两圆 L_1 和 L_2 分别变成了过点 ω_1 和 ω_2 的两条直线.由变换的保角性,知 L_1 和 L_2 的像 Γ_1 和 Γ_2 与实轴垂直,即为两条与虚轴平行的直线.在 Γ_1 和 Γ_2 上,它们的实部分别为 T_1 和 T_2,即有 $\mathrm{Re}\,\omega(L_1)=\omega(2R_1)=t_1$,$\mathrm{Re}\,\omega(L_2)=\omega(2R_2)=t_2$.故 $\omega(z)$的实部满足了边界条件的要求.将式

(9.14)取实部即得所要之解为

$$T(x,y)=\mathrm{Re}\left(\frac{a}{z}+b\right)=\mathrm{Re}\left(\frac{a(x-\mathrm{i}y)}{x^2+y^2}+b\right)=\frac{ax}{x^2+y^2}+b.$$

例 9.4　绕无限长圆柱$|z|=r$的理想不可压流体的无环量流动，以φ表示速度势，$V=\nabla\varphi$表示速度，问题归结为求下列定解问题

$$\begin{cases}\nabla^2\varphi=0, & x^2+y^2>r^2,\\ \left.\dfrac{\partial\varphi}{\partial x}\right|_{x\to\infty}=u_\infty, & \left.\dfrac{\partial\varphi}{\partial y}\right|_{x\to\infty}=0,\\ \dfrac{\partial\varphi}{\partial n}=0, & \text{在柱面 } x^2+y^2=r^2 \text{ 上},\end{cases}$$

其中$\dfrac{\partial}{\partial n}$表示沿圆柱面的外法向$n$求导，$u_\infty$为$\infty$来流速度，如图 9-8 所示.

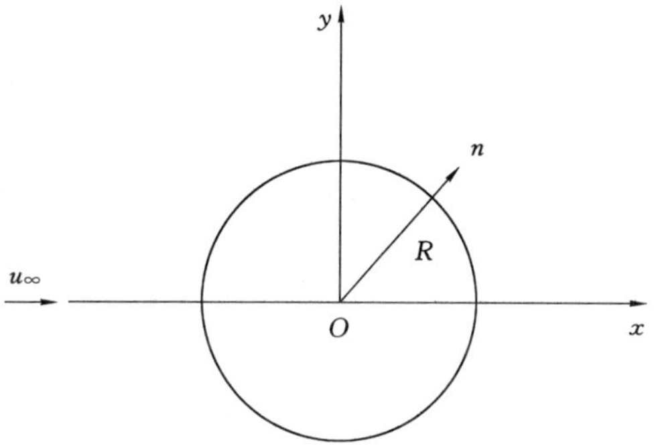

图 9-8　圆柱绕流

解　令

$$\omega(z)=\varphi(x,y)+\mathrm{i}\varphi(x,y).$$

作保角变换$\xi=\xi(z)$，把$|z|>r$的圆外按区域变为ξ平面上除去实轴的一段$[-2r,2r]$以外的全部区域，而圆$|z|=r$的上半圆和下半圆均变为ξ平面上实轴的一段$[-2r,2r]$. 这个变换就是儒科夫斯基变换

$$\xi=z+\frac{r^2}{z}=\zeta+\mathrm{i}\eta(|z|\geqslant R). \tag{9.18}$$

对$|z|\geqslant r$，此变换在除去$z=\pm r$的两个点外均有$\xi'(z)\neq 0$，故除去$z=\pm r$的两个点外该变换处处保角. 这表明，$|z|=r$的法向相应于ξ平面上直线段$(-2r,2r)$的法向，即沿η轴方向. 这时，

$$\frac{\partial\varphi}{\partial n}=0\ (z\in\ |z|=r).$$

对应于

$$Re\left(\frac{\partial\omega}{\partial\eta}\right)=\frac{\partial\varphi}{\partial\eta}=0\quad(\xi\in(-2r,2r)).$$

变换(9.18)将z平面中圆外实轴$|x|>r,y=0$对应于ξ平面上的实轴$|\zeta|>2r,\eta=0$；$x\to-\infty$对应于$\zeta\to-\infty$.

由于

$$\frac{\mathrm{d}\omega}{\mathrm{d}z}=\frac{\partial\varphi}{\partial x}+\mathrm{i}\frac{\partial\varphi}{\partial x}=\frac{\partial\varphi}{\partial x}-\mathrm{i}\frac{\partial\varphi}{\partial y}=\frac{\mathrm{d}\omega}{\mathrm{d}\xi}\frac{\mathrm{d}\xi}{\mathrm{d}z}$$
$$=\left(1-\frac{r^2}{z^2}\right)\frac{\mathrm{d}\omega}{\mathrm{d}\xi}=\left(1-\frac{r^2}{z^2}\right)\left(\frac{\partial\varphi}{\partial\zeta}-\mathrm{i}\frac{\partial\varphi}{\partial\eta}\right).$$

当 $x\to-\infty$ 时，$\zeta\to-\infty$，$\frac{r^2}{z^2}\to0$. 由上式可以看出，有

$$\lim_{x\to-\infty}\frac{\partial\varphi}{\partial x}=\lim_{\zeta\to0}\frac{\partial\varphi}{\partial\zeta}=u_\infty,\quad \lim_{x\to-\infty}\frac{\partial\varphi}{\partial y}=\lim_{\zeta\to-\infty}\frac{\partial\varphi}{\partial\eta}=0.$$

于是，在 ξ 平面上，相应的定解问题变为

$$\begin{cases}\dfrac{\partial^2\varphi}{\partial\zeta^2}+\dfrac{\partial^2\varphi}{\partial\eta^2}=0, & \text{在直线段 } \Gamma:|\zeta|\leqslant 2r,\eta=0 \text{ 外},\\ \dfrac{\partial\varphi}{\partial\eta}=0, & \text{在 } \Gamma \text{ 上},\\ \left.\dfrac{\partial\varphi}{\partial\zeta}\right|_{\zeta\to-\infty}=u_{-\infty}, & \left.\dfrac{\partial\varphi}{\partial\eta}\right|_{\zeta\to-\infty}=0.\end{cases}$$

在 ξ 平面上，这相当于负无穷远处有一个平行于 ζ 轴的速度为 U_∞ 的来流，绕在 ζ 轴的 $(-2r,2r)$ 处有一个无限薄的与来流平行的平板的流动. 除在点 $\xi=\pm r$ 处外，这个平板不会对流场产生任何扰动. 故在 ξ 平面上，这是一个速度为 U_∞ 的平行于 ζ 轴的均匀平行流，即有

$$\omega(\xi)=U_\infty\xi+c=U_\infty\left(z+\frac{r^2}{z}\right)+c,$$

其中任意常数 C 对计算流场的各物理参量没有任何价值，故通常取为 0.

对上式，在略掉 C 后再取实部，即可得到绕圆柱无环量流动的解为

$$\varphi(x,y)=\mathrm{Re}\left[U_\infty\left(z+\frac{r^2}{z}\right)\right]=U_\infty x\left(1+\frac{r^2}{r^2}\right)$$
$$=U_\infty\cos\theta\left(R+\frac{r^2}{R}\right)\quad(R\geqslant r).$$

这里采用了极坐标系 $z=R\mathrm{e}^{i\theta}$. 在物面上，$R=r$，得 $\varphi=2U_\infty r\cos\theta$.

这一结果在低流速下是一个极好的近似，但对高流速，由于黏性效应，会在圆柱避风面出现涡旋和脱体涡流动，存在一个尾迹区. 这时，在物面附近和尾迹区内，位势流的结果不再适用.

习 题 9-5

1. 说明下列变换将给定区域变为 z 平面上的什么区域?

(1) $z=\int_0^\tau\frac{\mathrm{d}\tau}{(1-\tau^2)^{1/3}}$，$\mathrm{Im}\,\tau\geqslant0$；

(2) $z=\int_0^\tau\frac{\mathrm{d}\tau}{(1-\tau^3)^{1/2}}$，$\mathrm{Im}\,\tau>0$；

(3) $z=\int_0^\tau\frac{\mathrm{d}\tau}{(1-\tau^4)^{2/3}}$，$|\tau|\leqslant1$.

2. 试求把带形区域 $0<\mathrm{Im}\,z<\pi$ 映射成单位圆盘 $|w|<1$ 的保形映射变换 $w=f(z)$.

3. 试求把单位圆盘 $|z|<1$ 保形映射成单位圆盘 $|w|<1$，并且把 $|z|<1$ 内的一点 $z_0\neq0$ 变成 0 的分式线性变换.

参考文献

[1] 丁同仁,李承志.常微分方程教程[M].2版.北京:高等教育出版社,2004.
[2] 丁同仁.常微分方程定性方法的应用[M].北京:高等教育出版社,2004.
[3] 谷超豪,郭柏灵,李翊神,等.孤立子理论与应用[M].杭州:浙江科学技术出版社,1990.
[4] 韩茂庵,朱德明.微分方程的分支理论[M].北京:煤炭工业出版社,1994.
[5] 黄琳.稳定性理论[M].北京:北京大学出版社,1992.
[6] 李继彬,冯贝叶.稳定性、分支与混沌[M].昆明:云南科技出版社,1995.
[7] 梁昆淼.数学物理方法[M].3版.北京:高等教育出版社,1998.
[8] 盛昭瀚,马军海.非线性动力系统分析引论[M].北京:科学出版社,2001.
[9] 王高雄,周之铭,朱思铭,等.常微分方程[M].3版.北京:高等教育出版社,2006.
[10] 吴崇试.数学物理方法[M].北京:北京大学出版社,2003.
[11] 叶彦谦.多项式微分系统定性理论[M].上海:上海科技出版社,1995.
[12] 张锦炎,冯贝叶.常微分方程几何理论与分支问题[M].2版.北京:北京大学出版社,1987.
[13] 邹光远,符策基.数学物理方法[M].北京:北京大学出版社,2018.